老旧小区综合改造
技术与政策指南

尹伯悦　等编著

中国建筑工业出版社

图书在版编目（CIP）数据

老旧小区综合改造技术与政策指南 / 尹伯悦等编著
. — 北京：中国建筑工业出版社，2023.6
ISBN 978-7-112-28822-9

Ⅰ. ①老⋯ Ⅱ. ①尹⋯ Ⅲ. ①居住区 — 旧房改造 — 中国 — 指南 Ⅳ. ① TU984.12-62

中国国家版本馆 CIP 数据核字（2023）第 112569 号

责任编辑：张礼庆
责任校对：赵 颖
校对整理：孙 莹

老旧小区综合改造技术与政策指南
尹伯悦 等编著
*
中国建筑工业出版社出版、发行（北京海淀三里河路9号）
各地新华书店、建筑书店经销
北京点击世代文化传媒有限公司制版
建工社（河北）印刷有限公司印刷
*
开本：787毫米 × 1092毫米 1/16 印张：21 字数：420千字
2023年7月第一版 2023年7月第一次印刷
定价：**80.00** 元
ISBN 978-7-112-28822-9
（41136）

本书组织委员会

中国城市科学研究会

河北雪龙机械制造有限公司

汉尔姆建筑科技有限公司

北京茅金声振科技有限公司

浙江科信华正工程咨询股份有限公司

江苏鑫佳苑建筑装配科技有限公司

国建（广东）装配建筑集团有限公司

山东冠球宅配家居有限公司

山东恒基建设项目管理有限公司

山东惠晟建筑科技有限公司

海南省建筑产业化股份有限公司

北京化工大学

苏州金螳螂建筑装饰股份有限公司

优优新材料股份有限公司

盐城百固建筑材料科技有限公司

东南电梯股份有限公司

北京中科建制标工程设计院有限公司

广州大学建筑设计研究院有限公司

南粤工匠（广州）建筑设计工程有限公司

中国建筑材料工业规划研究院

北京清大博创科技有限公司

中国建材工业经济研究会·新型工业化和智能化建筑产业分会

江苏金贸建设集团有限公司

海鑫建工发展集团有限公司

兴泰建设集团建设有限公司

浙江星月安防科技有限公司

烟台飞龙集团有限公司

凯莱能源发展有限公司

广东宝通实业有限公司

中装建标（北京）工程设计研究有限公司

本书编委会

前 言 | PREFACE

由于建设时受经济和技术条件限制，缺少成体系的法律法规和技术标准体系，绝大多数老旧小区建筑存在着结构老化、抗灾能力弱、能耗高、设施配套不齐全等问题，已难以满足居民的生活和居住需求，亟需进行改造更新。但截至目前，对老旧小区改造的关键技术和政策没有成体系的综合指南，本书的主要目的是为政府、企业、研究机构、高校提供老旧小区改造工作的指导和参考。

城市住宅小区是一个城市文明发展的重要标志，是政治、经济、文化、社会建设的重要载体。党的十八大以来，以习近平总书记为核心的党中央高度重视群众生活的改善，先后发布了一系列政策和指示要求，随着我国社会经济的快速发展和城市建设的大力推进，城市居民的物质生活需求和精神生活需求都在不断地提高，他们迫切希望得到与社会同步发展的现代而舒适的生活环境。老旧小区改造以提升居住安全性和宜居性为主要内容，根本目的是改善人居环境、提高人民群众的幸福指数，使人民群众安居乐业，共享改革发展的成果，与全面建成小康社会和“两个一百年”奋斗目标的实现密切相关。

我国老旧小区的主要特征：一是居民低收入和老龄化，对社区服务、公共空间等有特殊要求，而老旧小区大多数未安装电梯、缺少无障碍设施、社区服务不足等，难以满足老年居民的日常生活需要。二是建筑和配套设施老化。老旧小区建设时期采用的设计和建造标准低，加之长时间缺乏维护，在抵御和预防雨、雪、风、火灾、地震等灾害方面的能力较差。三是老旧小区室内居住功能配套不齐全，共用厨房或卫生间等情况依然存在，造成居民生活的不便。四是老旧小区基础配套性能较差。水、电、暖、气、通信等设施设备不齐全、功能老化，难以满足居民日常生活的需求。五是老旧小区更新改造各种法规和技术标准不清晰。老旧小区在土地、容积率、高度、日照、防火通道等和新建建筑存在较大差异，需要根据老旧小区的特点，由政府各部门相互协调，制定切实可行的标准和策略。六是老旧小区改造的资金筹集面临较大困难。传统的融资模式单一，主要依靠政府财政拨款，受地方经济发展水平的限制，对地方财政的压力较大。通过机制创新，引入和发挥社会资本的力量，探索新的融资模型，是老旧小区改造实践和研究的重点之一。

本书从我国老旧小区现状出发，研究了老旧小区的现状和存在的问题等，总结了老旧小区改造更新的关键技术和有关政策，并从法规、政策、技术标准制定的角度分析了老旧小区改造中面临的主要问题，阐述了以市场为主体的投融资解决方案，为政府工作人员、研究人员、设计和施工技术人员以及物业服务人员等参与老旧小区改造更新工作提供了参考。

目　录 | CONTENTS

第1章　老旧小区综合改造概述

近年来，随着我国经济快速发展，城市建设突飞猛进，人们的居住水平得到了显著提升，但城市老旧小区居住环境仍然存在一些问题。在20世纪八九十年代建造的老旧小区中，无论是居民居住的室内环境质量，还是小区的外环境建设方面都较差。老旧小区的各项居住功能落后已成为一个亟待解决的社会问题，这关系到我国社会和谐发展的整体局面。同时因当下社会突出的住房问题已经引起了居民的普遍关注，老旧小区的改造变得颇具现实意义。老旧小区改造是社区更新实践的需要，更是城市可持续发展的需要。

1.1　老旧小区综合改造相关概念和范围

老旧小区是指建设年代久远，至今仍在居住使用，但建设标准不高、使用功能不全、配套设施不齐、年久失修存在安全隐患、缺乏物业服务等不能满足人们正常或较高生活需求的居住小区。老旧小区可以通过综合改造，按照新的政策标准，采用新的技术加以更新，提升和增加各种功能，满足小区居民的日常生活需求。

近年来，通过系列民心工程，老旧小区改造效果已得到很大的提升，但仍需要加大推进的力度。

老旧小区是城市化进程的产物，需引起各方面高度重视。但老旧小区各项指标及标准体系尚未有统一的界定，不同时期和不同地区对于老旧小区的定义和改造范围界定不一致，如表1-1所示。

不同时期和不同地区老旧小区的定义和改造范围　　表1-1

机构或地区	文件	老旧小区的定义和改造范围
建设部	《关于开展旧住宅区整治改造的指导意见》（建住房〔2007〕109号）	旧住宅区是指房屋年久失修、配套设施缺损、环境脏乱差的住宅区
国务院办公厅	《国务院办公厅关于全面推进城镇老旧小区改造工作的指导意见》（国办发〔2020〕23号）	城镇老旧小区是指城市或县城（城关镇）建成年代较早、失养失修失管、市政配套设施不完善、社区服务设施不健全、居民改造意愿强烈的住宅小区（含单栋住宅楼）
北京市	《北京市人民政府关于印发北京市老旧小区综合整治工作实施意见的通知》（京政发〔2012〕3号）	老旧小区为“1990年（含）以前建成的、建设标准不高、设施设备落后、功能配套不全、没有建立长效管理机制的老旧小区（含单栋住宅楼）”

续表

机构或地区	文件	老旧小区的定义和改造范围
天津市	《天津市人民政府办公厅关于印发天津市老旧房屋老旧小区改造提升和城市更新实施方案的通知》（津政办规〔2021〕10号）	老旧房屋改造对象：针对城市建成区范围内没有独用卫生间或厨房的非成套住房，以及经鉴定确定的危险房屋，在保护历史文化和城市风貌的前提下，进行成套化改造，完善功能设施，改善人居环境。 老旧小区改造对象：针对全市城镇范围内建成年代较早、失养失修失管、市政配套设施不完善和社区服务设施不健全、居民改造意愿强烈的住宅小区（含单栋住宅楼）实施改造，改善居民居住条件
山东省	《山东省人民政府办公厅关于印发山东省深入推进城镇老旧小区改造实施方案的通知》（鲁政办字〔2020〕28号）	老旧小区是指2005年12月31日前在城市或县城国有土地上建成，失养失修失管严重、市政配套设施不完善、公共服务和社会服务设施不健全、居民改造意愿强烈的住宅小区。 老旧小区改造是指对老旧小区及相关区域的建筑、环境、配套设施等进行改造、完善和提升的活动（不含住宅拆除新建）
广东省	《广东省人民政府办公厅关于全面推进城镇老旧小区改造工作的实施意见》（粤府办〔2021〕3号）	各地结合实际，将城市或县城（城关镇）建成年代较早、失养失修失管、市政配套设施不完善、社区服务设施不健全、居民改造意愿强烈的住宅小区（含单栋住宅楼）纳入改造范围，重点改造2000年底前建成的老旧小区。计划征收拆迁和纳入棚改范围的小区（独栋住宅）不得作为改造对象。符合要求的国有企事业单位自建或混建、军队所属城镇老旧小区，按属地原则纳入改造范围
广州市	《广州市人民政府办公厅关于印发广州市老旧小区改造工作实施方案的通知》（穗府办函〔2021〕33号）	老旧小区是指我市行政区内建成年代较早，失养失修失管、市政配套设施不完善、社区服务设施不健全、居民改造意愿强烈的住宅小区（含单栋住宅楼），重点改造2000年底前建成的老旧小区
厦门市	《厦门市老旧小区改造工作实施方案》（厦府办〔2020〕98号）	重点改造2000年底前建成、失养失修失管、市政配套设施不完善、社会服务设施不健全的老旧小区（含单栋住宅楼）；提倡将相邻的街区、片区一并纳入改造范围，实施成片式改造的项目可适当延伸至2010年底前建成的基础设施不完善的小区。优先对居民改造意愿强、参与积极性高的小区（片区）实施改造

从各地老旧小区改造实践来看，虽然对老旧小区的界定有所差异，但都反映出“老”“旧”“小”“乱”的状况，比如房屋年久失修、配套设施缺损、小区规模小、环境脏乱差等。

本书中的老旧小区是指2000年底以前建成，至今仍在居住使用的、但安全性能已不符合现行标准、室内外建筑功能及配套设施不齐全、保温隔热性能差、年久失修、物业服务缺失、无适老化设计等，已不能满足居民正常或较高的生活需求的居住小区（含单栋住宅楼）。

老旧小区不包括历史文化街区，历史文化街区是指有一定的年代，并能反映一定历史事件、有影响的人物、突出的建筑技术和艺术，目前还有一定的保留和完善价值的，可通过加固完善并继续保留和使用的街区。

1.2　老旧小区现存问题

1. 老旧小区规划设计与现今居民需求脱节

老旧小区由于建设时间较早，设计和建设标准具有一定时代局限性。改革开放以来，我国居民生活水平有了很大的提升，对居住条件和基础设施的要求也在不断提高。以现在的设计和技术条件来看，老旧小区在建设时基础设施配套不足，设计不合理，导致老旧小区不能很好地满足当下居民的物质和精神文化生活。

例如很多老旧小区在设计时未考虑绿化场地、公共活动区域、停车等问题，随着私家车保有量的提高，停车难已经成为困扰老旧小区的难题，伴随老龄化社会的到来，小区对于电梯的需求也越来越迫切。另外，基础设施，特别是供水和排水设施的老化，严重影响了居民的生活品质和身体健康。

2. 老旧小区内居住人群复杂，自治意识及能力差

老旧小区的主要居住人员为老年人以及经济条件差的租户与住户，这两个群体收入较低，经济支付能力较差。而且由于老旧小区大多空间狭窄，维护公共空间的意识较弱，住户在公共空间乱搭乱建的现象非常普遍。另外，这些小区缺乏业主委员会等居民自治组织，或者虽然成立了业主委员会，但业主委员会普遍缺乏专业能力，在老旧小区改造中难以达成统一意见和推行相关工作。

3. 老旧小区物业收费难、管理和服务水平低，难以形成正向循环

在收取物业费方面，一方面，有些老旧小区居民已经形成单位全包的服务形式；另一方面，有些小区内多为低收入家庭或者外来务工人员，支付能力较低，导致物业公司收费困难，只能勉强开展工作。由于缺少资金支持，物业公司对提高管理和服务水平缺乏动力，物业管理人员缺乏学习新事物的意识，大多还是依靠传统的档案管理模式开展工作，使用的业务管理软件较简单，只有一些如查询和统计的基本功能。大部分老旧小区受制于物业缴费比例过低的问题，难以获取资金改善物业服务水平及采用更为科学的管理技术，无法形成正向循环投入。

1.3　老旧小区综合改造的意义

时代的发展提高了人们的生活水平，老旧小区由于建设时间久远，已经不能满足人们的需求。另外，老旧小区存在着多重难题，在一定层面上制约着城市的

发展，所以城市老旧小区综合改造非常迫切。

老旧小区综合改造的意义主要包括以下几个方面。

1. 降低碳排放，顺应新时代发展与环保的历史趋势

对现存老旧小区进行全方位的改造是节约资源、降低碳排放的重要手段。对老旧小区再利用，既避免了拆除带来的人力、物力资源的浪费，又有效降低了对新建筑资源的占用。另外，我国现存老旧住宅建筑有保温性能差、能耗较高的情况，如能对这些建筑进行节能改造，就可以有效降低碳排放。这些老旧住宅在进行结构加固后可以继续使用，因此充分利用既有建筑进行改造，使其在设计年限内最大限度发挥作用，是符合新时代可持续发展要求、顺应时代发展趋势的做法。

2. 建设和谐社会，满足国家经济繁荣发展的要求

当前老旧小区中主要居住人群多是城市中收入较低者，其中包括离退休职工、外来务工人员等。这些人作为社会的弱势群体也有着改善其居住环境的诉求，只是因为能力有限而较难实现。对老旧小区进行改造，不仅能提高小区居民的生活水平，而且也体现了保障特殊人群利益的社会原则。另一方面，对老旧住宅采取改造而不是拆除，能产生一定的经济效益。首先避免拆除旧建筑的成本与拆除后的经济赔偿资金，其次节约了拆除后建设新建筑的建设费用，缩短了建设周期，从而加快解决居民住房问题的进程。因此，老旧小区的改造，具有社会与经济两方面回报，对构建和谐社会起到积极的作用。

3. 增强城市文化，响应城市历史文脉传承的号召

老旧小区改造对于小区自身而言，因为原有生活状态的保留而保持了住区内居民之间的舒适度与社交范围，保证了居民之间的熟识度与归属感。进而，对于城区传承而言，老旧小区的保留有助于城市的历史风情、地理人文的积累，有利于城市文脉的留存与历史的延续，更有利于塑造城市特色景观，进而打造城市特色。老旧小区已建成多年，形成了稳定的社会关系网，如果能够通过适宜合理的改造模式使得老旧小区避免大拆大建改变环境，将有利于维系小区多年来形成的归属感，创造和谐的社会氛围，进一步增进居民的邻里交往。这些老旧小区大部分都集中在城市的中心区或次中心区，这些城区因为年代久远早已形成出各自不同的人文特点与风俗习惯。因此，对这些老旧小区在维持现状的基础之上进行更新，留存其各自的文脉肌理，对于传承城区的历史文化也有着深远的意义。

4. 缓解住房压力，改善民生关系的社会问题

随着现代生活各方面需求的增加，城市居民渴望提高自身的生活居住水平。

然而近年来新建商品房购置成本升高，令越来越多的人望而却步。价格相对便宜的经济适用房又因建设数量有限、购置条件等不能满足广大人民群众的购置需求。所以，如果能合理改造这些具有修缮价值和居住功能的老旧建筑，改造室内老旧管线，更新陈旧的卫生设施，在条件允许范围内适当扩大居住面积，在居民能够承受的范围内适当收取改造费用，这将在很大程度上提升居民的居住条件，有助于缓解当前的住房压力。

1.4　老旧小区综合改造的关键痛点

根据老旧小区的相关调研分析，目前主要问题集中在法律法规和技术标准体系不完善、市场的参与度低、改造模式单一等方面。同时，因为气候文化等地域差异、经济发展水平的不同各自有着不同的特点。

老旧小区改造需求大致可以分为图 1-1 三个层次。

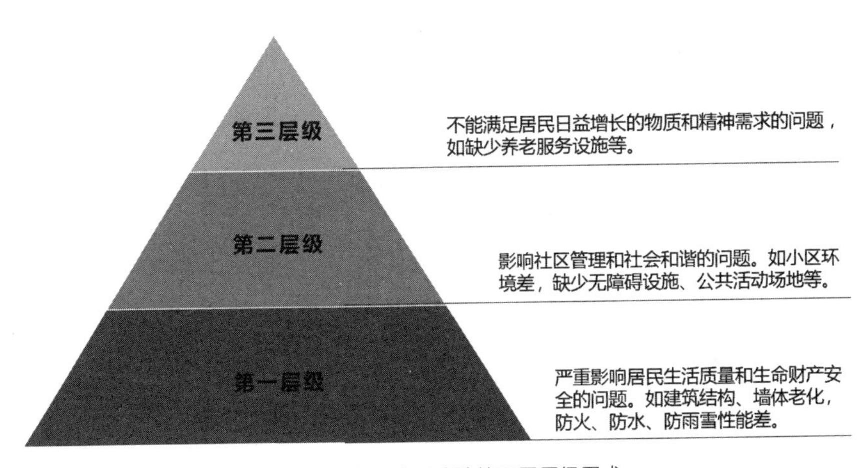

图 1-1　老旧小区改造的不同层级需求

影响老旧小区综合改造的关键因素与主要问题（图 1-2）主要分为以下几点。

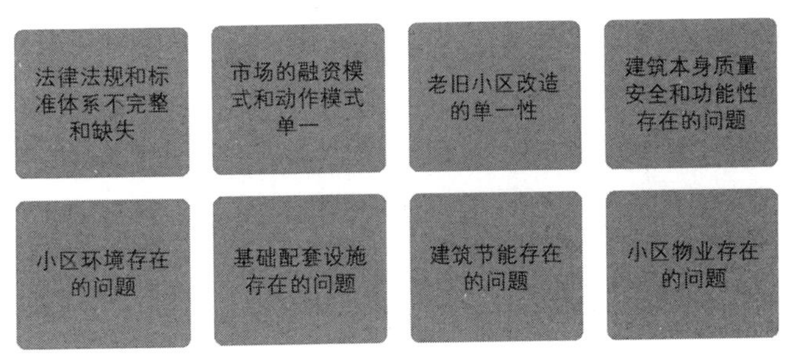

图 1-2　影响老旧小区综合改造的关键因素与主要问题

1. 法律法规和标准体系不完善

（1）缺乏高层次、专项独立的法律法规；

（2）地方立法缺失、差异性大，适用范围受限；

（3）国家和地方性法规存在过于宽泛，缺乏可操作性等问题；

（4）改造的要求和标准不统一，且大多限于单项改造，如节能改造或者立面改造等，缺少一套和新建建筑类似，针对改造的完整技术标准体系。

2. 市场的融资模式和运作模式单一

过去以政府为主导、企业和个人部分参与的经营模式，缺乏多样化的融资模式，造成缺少改造资金，后期的维护没有长期性。

3. 老旧小区改造方式单一

过去老旧小区改造主要是单项改造，或者几项组合在一起，造成重复投资，没有系统考虑建筑的全生命周期的安全性、耐久性。

4. 建筑本身质量安全和功能性存在的问题

（1）房龄老，不同程度地存在不均匀沉降、墙体开裂、屋面渗水等质量问题和安全隐患，由于年久失修和设计缺陷，大部分老旧小区的建筑防火、燃气设备等难以满足不了现行消防安全标准，消防通道不畅，消防设备自然损坏、人为破坏现象严重；

（2）设计和建设的标准低，使用功能不全，普遍缺少电梯，甚至10层以上的高层住宅建筑也没有电梯；部分缺少独立的厨房、卫生间、起居室等；

（3）建筑抗震等级较低，建筑结构安全性能差，由于早期设计和施工标准的差异，大部分建筑抗震性能已不能满足新实行的抗震设计规范要求等；

（4）防火、风、雨、雪、泥石流等自然灾害能力差，由于设计、建造和使用等原因，房屋抵御自然极端天气的能力较差。

5. 小区环境存在的问题

（1）道路年久失修、破损严重，缺乏停车设施；

（2）绿化缺乏统一建设管理，绿地率不达标；

（3）环境卫生设施缺乏，管理不到位，存在脏乱差现象；

（4）未设有居民休闲、玩耍和交流的空间；

（5）小区存在违章建筑和违章圈地现象，占用应急通道，影响消防救援车辆的通行；

（6）缺乏安防监控技术设施和人防管理，易出现社会治安问题。

6. 基础配套设施存在的问题

（1）管网老化，失修失养，跑冒滴漏堵现象严重，影响居民正常生活；
（2）电力系统需增容增压，部分老旧小区缺乏基础设施；
（3）无障碍设施、养老服务设施、适老化设施、健身文化设施缺乏；
（4）有线电视网络和其他线路交叉密集，安全隐患较大。

7. 建筑节能存在的问题

（1）大部分老旧小区建筑外围护结构未达到现行节能标准要求。供暖设备及管线陈旧老化，有跑冒滴漏堵情况，没有分户计量和控制装置；
（2）北方集中供热地区供热计量执行率低，南方地区开展建筑节能改造比例低。

8. 小区物业存在的问题

（1）缺乏市场化、专业化的物业管理，主体不明确，居民付费意愿低，专业物业公司不愿提供服务；
（2）历史遗留问题多，私搭乱建现象严重，各种矛盾化解难度大。

1.5　城市更新相关理论综述

1.5.1　城市住区更新理论演变

1. 国外住区更新理论演变

西方发达国家，尤其是西欧和北欧国家，由于城市化和工业化进程处于世界领先地位，其开展城市老旧住区的更新工作早于世界其他国家，并在此过程中总结了大量的经验和教训。西方国家有关城市住区更新的研究已有了较为完整的理论体系，演变阶段如图 1-3 所示，代表理论及著作演变过程如表 1-2 所示。

图 1-3　国外住宅更新理论演变阶段

国外城市更新代表理论及著作演变过程　　表 1-2

"二战"结束至 20 世纪 60 年代初	20 世纪 60 年代至 70 年代末	20 世纪 80 年代以后
"光辉城市"设想 现代城市理论 《我们城市的老旧小区改造》 ……	《城市发展史》 《美国大城市的死与生》 《拼贴城市》 《倡导规划与多元社会》 《联邦推土机：批判式分析 1949 到 1962 年的城市更新》	"可持续发展" 《城市意象和城市的复兴——转型中的欧洲城市》 《城市复兴项目的实施》 《走向城市的复兴》 《文化政策和城市复兴》 《城市中心的复兴》

（1）"二战"结束至 20 世纪 60 年代初

第二次世界大战给西方多国城市带来深重的损伤，住房成为当时最亟待解决的问题，因此西方各国开展了一轮大规模的城市更新运动。该时期的城市更新主要是为了满足城市居民对于周边环境、出行、购物、娱乐及其他生活活动的期望。此时的城市更新运动受到现代主义的巨大影响，现代主义的建筑和规划理论以功能理性为主要思想，过分推崇经济和技术的力量。反对复古主义和形式主义，认为应该通过大规模空间改造来解决城市问题。一方面，现代主义理论顺应了时代发展的需求，当时有很大的进步意义；另一方面，却对历史文化遗产采取虚无主义，因受此影响，在其后很长一段时期内西方城市有关历史建筑保护和旧建筑改造的工作停滞不前。这一时期的代表性研究有：现代主义的代表人物勒·柯布西耶提出的"光辉城市"设想，国际现代建筑协会（CIAM）提出的现代城市理论，瑞士建筑师汉斯·帆尔努利发表的著作《我们城市的老旧小区改造》等。

（2）20 世纪 60 年代至 70 年代末

这一时期，许多西方学者开始从不同角度对大规模城市改造的后果进行了反思，并对形成现代主义思想的社会经济深层次原因进行了检讨。

美国城市理论家刘易斯·芒福德在 1961 年出版的《城市发展史》中指出：在过去的 30 年间所进行的城市更新活动中的很大一部分只是给城市的表面换上了新的外衣，而对城市的有机机能造成了实质上的破坏，不仅盲目并且留下了许多需要日后再改造的问题。他在书中对这种典型的巴洛克思想方法进行了批判，认为改变城市的生活内容使其从属于城市的外表形式是错误的，这种做法只会造成高昂的经济与社会损失。

美国社会工作者简·雅各布斯在 1961 年发表的专著《美国大城市的死与生》中指出：大规模城市改造满足了政治家、房地产商的利益需求，实现了建筑师们的宏大理想，却牺牲了城市中一代居民的生活。投资巨大的城市改造一方面并没有真正消除城市贫困，只是将贫困人口驱赶到城市边缘地区，助长了城市建设中的投机行为。另一方面大拆大建的改造形式对城市原有的建筑物和城市空间来说是一场灾难，彻底毁灭了城市原有的特色、色彩和活力。

英国后现代派建筑师和规划师柯林·罗在 1975 年出版的《拼贴城市》里批判了城市设计中对于艺术构图和理想化的过分追求思想。他认为应该在文脉的引导下充分利用现代的、历史的或不受时间限制的象征类型，将城市编织成一个紧密结合的整体。该理论着眼于社区，将建筑与其文脉环境联系起来，逐步地、动态地、有机地结合为城市实体。

这一时期相关的代表性研究还有：建筑师 C·亚历山大在 1965 年发表的《城市非树型结构》，P·达维多夫在 1955 年发表的《倡导规划与多元社会》，M·安德森出版的《联邦推土机：批判式分析 1949 到 1962 年的城市更新》等。这些研究在批判大规模城市建设方式的同时，分别从各个方面阐述了小规模改造与更新的优势，强调了动态可持续的城市改造模式。

（3）20 世纪 80 年代以后

1980 年，西方国家结合社会经济领域对战后经济模式的反思，出现了更加注重人居环境、生态环境和社区可持续性发展等新的价值观，在其引导下西方城市更新运动进入可持续、多目标、和谐发展的新阶段。

“可持续发展”的思想是在 1987 年由挪威首相格罗·哈莱姆·布伦特兰夫人在任联合国环境与发展委员会主席时首次提出的，可持续即为在满足当代人所需的同时，减少对后代生活环境构成损害的活动，在强调社会进步和经济增长的重要性和必要性的同时，更加注重城市质量的不断提高。

这一时期的代表性专著有：Frank Eckardt 和 Peter Kreisl 合著的《城市意象和城市的复兴——转型中的欧洲城市》《城市复兴项目的实施》《走向城市的复兴》，Franco Bianchini 和 Michael Parkins 合著的《文化政策和城市复兴》，Richard Evans 编著的《城市中心的复兴》等。同时，西方国家开始重视发展社区规划，强调“人本主义”，试图通过社区的可持续发展与和谐邻里建设来增强城市经济活力。

1996 年 6 月，联合国第二届人居大会（Habitat Ⅱ）在土耳其伊斯坦布尔召开，大会的一大成就是通过并发表了《伊斯坦布尔人居宣言》，确立了未来奋斗的两大主题——“每个人都能享有合适的住房”和“城市化进程中住区的可持续发展”，为新世纪世界城市住区的更新活动提出了目标和指导方向。

2. 我国住区更新理论演变

由于历史原因和国情的特殊性，中国的城市化进程较西方国家而言起步较晚，对城市老旧小区的更新活动在较长一段时间都停留在技术层面的改造，而理论研究开展的时间相对较短，住区更新理论演变阶段如图 1-4 所示。

（1）新中国成立初期至 20 世纪 70 年代

新中国成立后，中国开始了历史上前所未有的城市建设热潮，大规模城市改

图1-4 我国住区更新理论演变阶段

造给居住环境的改善带来了积极的影响。但是在改造过程中，由于对城市构成的复杂程度和城市建设的艰巨性应对不足而导致产生了一些问题。例如在旧住宅区的改造中过分强调空间的最大化利用，压缩城市非生产性建设空间，为了节省投资降低住宅区建设改造标准，为其后的城市更新改造埋下了很多隐患。

这一时期对旧城建设和改造的研究刚刚起步，研究重点主要集中在如何利用原有空间、如何挖掘空间潜力等问题。

（2）20世纪70年代末至80年代末

改革开放以后，中国的城市化发展渐渐从只注重生产功能向实现综合功能提升转变。为了弥补新中国成立后30年以来住房建设落后、生活设施配套不足的问题，城市开始紧急大量修建住宅区。这一时期我国的经济环境虽然有所好转，但并不富裕，对旧住宅区的更新改造主要采取局部改良和填空补实的做法，在一定程度上造成旧住宅区的空间愈加拥挤。

这一时期进行城市旧住宅区改造相关研究的主要是城市建设规划领域的专业人员，其中由吴良镛先生提出的“老旧小区改造理论”是这一时期理论研究的最大亮点，其中心思想是在可持续的基础上寻求城市的更新与发展，倡导城市更新要顺应城市内在的发展规律，不破坏城市肌理。“更新”包括三个方面：其一是改造、改建或开发，是指较为完整地除去现有环境中的某些部分，目的是创造空间、充实空间内容以及提高环境质量；其二是整治，是指对现有环境进行合理的利用，调整局部或者进行小范围的改动；其三是保护，是指保护现有的环境和空间格局并加以维护，不允许对原有环境进行改动。“老旧小区改造”包含城市整体的有机性、细胞和组织更新的有机性及更新过程的有机性。结合北京菊儿胡同改造工程，该理论还提出了“老旧小区改造”的基本原则：更新的整体性、自发性、延续性、阶段性、经济性、人文尺度和综合效益。

（3）20世纪90年代以后

20世纪90年代至2000年是我国老旧小区更新改造研究最为集中的时期，一方面经济体制改革带来了房地产开发活动的热潮，因此许多学者从不同角度对其中产生的问题进行了深入探讨和理论研究；另一方面我国学者对国外城市住区更新经验的引入和借鉴也变得丰富起来。

1）城市住区更新理论的发展成熟

2001年出版的《城市规划原理》（第三版）将城市更新定义为：一种将城市

中已经不适应现代化城市社会生活的地区做必要的、有计划的改建活动。有学者专家提出了小规模改造理论，这是其在对“老旧小区改造理论”的进一步延伸。小规模改造是指以使用者为主体、以解决使用者实际问题为目的的一系列小规模的社会经济和建设活动，包括与旧城居住区的更新密切相关的小规模的住房改建、翻建、加建、养护、修缮以及资金投入较少的环境整治和改善等，除包括居民住房条件的改善，也包括旧居住区的就业、生活与工作环境的提高。小规模改造的优点主要体现在灵活性和高效性两个方面：一方面由于改造规模小，对被改造城市地区原有功能之间的共生关系影响也较小，保持了地区的多样性，并且破坏程度小，易于补救；另一方面由于改造过程造价低，使城市中的中低收入者也能享受到改造更新的权利，易于适应城市各种各样的社会经济关系。

2）规划管理角度的相关研究

这一时期也有很多研究关注从城市规划管理角度探讨旧城市住区改造的变革和应对。陈业伟在 1997 年发表了《旧城改造要加强城市规划的宏观调控作用》一文，其中指出社会主义市场经济的企业运行机制和利益关系必须注重企业利益和社会利益并重的双重性目标，然而在旧城改造和房地产开发中，只顾自身利益而忽视城市总体利益、其他经济主体利益、社会利益、生态环境利益的情况时有发生，因此必须在旧城和住区改造中加强城市规划的宏观调控作用。

3）社会人文角度的相关研究

国内社会人文角度的研究起步相对较晚。唐历敏在 1999 年发表了《人文主义规划思想对我国旧城改造的启示》一文，其中提出了在规划方法中重视人文主义的渗透将给旧城改造活动带去新启发和新视角，提倡以人为本，重视生态环境和可持续发展，强调规划设计中社会文化的融合与多元化。

进入 21 世纪，我国关于城市住区更新的研究还在继续深入并出现了不断分化的现象，同时，研究运用到多个学科领域知识的特征越来越明显，包括市场运作、体系建立、规划管理、政府职能、公众参与等多个方面。

1.5.2 城市住区更新实践

1. 国外城市住区更新实践概述

“二战”结束之后，西方国家的老旧住区更新实践大致都经历了三个阶段：清除贫民窟运动与城市再开发—城市更新与邻里重建—城市复兴与社区更新，各个阶段的目标和做法都发生了较大的改变。

（1）大规模改造主导的物质更新阶段

这一阶段的城市住区更新实践以战后重建和城市美化为背景，强调政府意志和大规模拆除重建。由于受到两次世界大战的破坏和 20 世纪 30 年代经济大萧条的双重打击，西方主要国家开展了以城市中心复苏与贫民窟清理为主要内容的大规模城市更新运动，以实现振兴城市经济和解决住宅匮乏问题的目标。推倒贫民窟，迁出原有居民，并在原址上建设新的居住区以美化城市形象。城市住宅更新以大规模拆除重建为主，通过住宅的产业化大幅度提高房屋建造能力和建造速度，以功能分区为目的的规划建设对城市的历史文化肌理和风貌造成严重破坏。

美国在 1949 年颁布了《住宅法》，在总结之前十几年清除贫民窟的经验教训的基础上提出了被认为是首次的美国官方城市更新计划，包括两方面内容：其一是拆除破旧的住房，建设环境优美、生活舒适的高质量居住区；其二是加强和改造城市中心的功能，重新树立城市中心的重要地位。由于联邦政府在其中承担的作用是征地和拆除，“联邦推土机”因此得名。但是，由于城市中心过度的商业开发造成中心区服务业的高度集中和环境的急剧恶化，不久便出现了城市中心区的衰败，过去的城市肌理在短时间内被新的城市形态所取代，原有的邻里关系逐渐消亡，犯罪案件不断出现，城市居民心中的不安感日益强烈。

（2）社会均衡发展的综合更新阶段

这一阶段的城市住区更新实践以完善社会服务设施、城市基础设施为内容，以局部改造和更新维护代替拆除重建的更新机制，强调政府主导和社会福利，由注重经济发展向注重社会均衡发展转变。

20 世纪 60 年代，西方国家普遍进入了经济快速增长时期，房荒问题已基本解决，建筑和施工技术也得到了长足的发展。大规模的推倒重建受到来自社会各界的强烈批判，各国开始尝试对旧住宅进行局部改造或者修缮维护。虽然无法完全避免老建筑被拆除，但此时更新改造不再单纯考虑物质因素和经济因素，而是综合就业、教育、社会公平等社会福利因素来权衡。相应的法规和各种以社区为资助对象的援助计划也随之相继出台，规定了公共资金供给与分配的模式，各国政府对旧住宅改造更新的经济投入也逐步加大。

美国在 1973 年废除了《住宅法》，并于 1974 年颁布了《住房与社区发展法》（Community Development Program），这一法案主要注重多目标性、公众参与、历史环境保护三大方面。这个多目标的计划注重于经济发展和低收入社区的重建，同时强调城市人文环境的保护和复兴。联邦政府为此专门由中央拨款设立了社区发展基金和都市发展行动基金，同时赋予地方政府更大的支配权，用于社区环境的改善或是有利于当地居民的开发计划。

（3）可持续且多目标的现代更新阶段

这一阶段的城市住区更新实践强调人居和谐发展的主旨，意在尊重多样化的生活模式和满足大规模消费的情况下实现新自由主义经济和新型城市管治，强调更新过程中的社会参与而非政府福利。

20 世纪 70 年代末至 80 年代初，以石油危机为导火索，西方主要国家普遍陷入新的经济危机之中，各界开始对以政府为主导的城市更新机制进行更深一步的反思和调整。更新政策逐渐从大规模更新改造转向较小规模的社区改造，由政府主导转向公、私、社区三方合作关系。20 世纪 80 年代以后，西方各国与城市住区更新相关的政策法规纷纷出台，有关旧住宅区的改造计划和用于更新改造的资金大幅增加，实施旧住宅区改造工程的覆盖范围也不断扩展。英国把旧住宅维修改善作为住宅发展计划的中心内容。德国对于旧住宅改造给予了相当程度经济政策上的支持，政府投入大量资金部分直接用于改造旧住宅，部分用于资助居民对房屋进行自助改造。丹麦建立了组织严密的全国住房维修分级管理执行系统，规定旧住宅在改造完成后必须同时制定日后的年度维修计划，并严格按计划实施。

进入 20 世纪 80 年代后，美国出现了以小尺度和居民参与为特征的住宅与居住环境改善行动，代表性的有“绅士化运动”与“逐步更新”两种方式。“绅士化运动”是指中上阶层居民移入某一社区，对这一社区进行彻底的更新改造并将社区的原住居民挤走。“逐步更新”是指原住居民继续在该社区居住并与政府、社区共同出资对社区渐进式地开展更新改造。新的更新方式对市场的依赖性更大，对政府的依赖性相对较小，带动了更新活动中的公共参与积极性与社区合作程度。其普遍采取的方法是通过一部分政府资助、一部分私人投资的方式筹集建设资金，用于旧住宅区改造中小规模公共中心的建设、社会邻里关系的维护等。

西方国家城市住区更新实践针对的问题主要是内城衰退和城市复兴，实践依据的基本理论从目标单一、倡导大规模改造的现代主义规划理论渐渐转向了目标广泛、倡导逐步老旧小区改造的可持续发展思想，而主导更新的力量也从政府主导逐步转为政府、社会团体、居民共同参与。

2. 国内城市住区更新实践历程

由于国情和历史原因，中国与西方各国相比，城市化和工业化起步较晚，直到新中国成立之后，我国的工业和城市才开始有真正的发展，城市住区更新改造才迈出实质性的一步。我国城市住区的更新改造可大致分为以下三个阶段。

（1）物质环境改造主导阶段

这一阶段我国的城市住区更新实践以服务工业生产、满足基本生活需求为目的。新中国成立初期百废待兴，为缓解住宅短缺的情况，国家进行了大量的住宅建设，同时也对新中国前的城市私有住房和卫生环境特别恶劣的棚户区进行了改造。“一五”后期，受当时国情影响，中国的基本建设工作重点转向了国防和工业，普通建筑和老旧住宅建筑以及旧住宅区整体的修缮改造相对滞后。为了服务工业生产，许多城市开始大量建设位于城市远郊靠近工业区的工人新村，由于较低的住宅建设标准和低廉的建筑造价，使得此时建造的住宅质量、耐久性较差，住宅维修的任务巨大。

1958 年以后中国的社会经济发展经历了新中国成立后第一次重大挫折和调整，过分重视重工业发展致使国民经济急剧恶化，另一方面城市工业的迅速发展和城市人口的快速增加也导致居住水平持续降低。国家经济计划委员会于 1962 年颁布了《关于城市住宅维修的注意事项》和《关于城市旧有住宅翻修项目划分问题》，要求专款专用保障居民房屋维修和改建扩建工作。然而由于受到政治运动的影响，没有能够形成长效机制。

（2）物质环境改造与再开发阶段

这一阶段我国的城市住区更新实践以政治和经济改革为背景，初步形成了我国城市旧住宅更新改造的发展轮廓体系。改革开放后，在 1978 年 3 月召开的第三次全国城市工作会议上强调了城市建设在国民经济中的重要地位。面对之前 20 年城市建设遗留下来的大批危房和旧住宅区，根据此次会议制定的《关于加强城市建设工作的意见》强调了城市在国民经济发展中的重要地位和作用，要求城市适应国民经济发展的需要，提出了城市整顿工作的一系列方针、政策。这次会议是城市建设历史性转折点。接着在 1985 年国家科委蓝皮书《城乡住宅建设技术政策要点》中明确提出现有住宅改造的多项政策，同时还开展了关于房屋完损等级评定、修缮范围标准、房屋拆迁管理、维修技术等方面的政策标准研究。得益于此，我国老旧小区更新机制有了基本的法律与制度框架，但同时与西方国家一样，也出现了更新过程中由于历史文化保护意识淡薄导致的城市风貌特色丢失的弊端。

1985—1995 年的 10 年间是我国城市住宅建设和旧住宅更新改造最好的发展时期，旧住宅改造在规模上达到了前所未有的境地。1994 年 3 月，国务院审议通过《中国 21 世纪议程》，其中也提到了要制定旧住宅改造行动方案。显而易见，此时我国对于城市旧住宅的改造更新政策已有了新的发展，不再局限于维护、加固等技术层面上的改造，在更新过程中也开始注重历史人文价值和地方特色，并在保护历史街区、历史风貌方面做出了许多新的尝试。

（3）兼顾社会效益的物质环境更新阶段

这一阶段我国的城市住区更新实践以社会经济转型和社会制度改革为背景，强调房地产开发、小范围改建和土地功能优化。1994 年国务院颁布了《关于深化城镇住房制度改革的决定》，福利分房制度逐步取消，开启住宅商品化时代。1999 年福利分房制度彻底取消，随之带来房地产业的迅猛发展。在经济利益的驱使下，城市大规模拆除旧街区、兴建新的商品房，加上许多地方政府带有不正确的政绩观，一味追求形象工程，进一步助长了拆除重建的风气。直至 2003 年国务院接连颁布了《城市房屋拆迁管理条例》和《城市房屋拆迁估价指导意见》等规定之后，对城市旧住宅的随意拆迁现象才有所缓解，住宅的更新改造慢慢回到正轨。

进入 21 世纪以来，很多城市陆续开展了类似于物业改造、城市更新等住区活动，但是部分工程只追求以城市的视角来提高住区的外在美观度，结果只是做了表面工程，受到了许多批判。目前我国城市住区更新实践正在朝着更多地注重住区功能完善和实现住区可持续发展的方向探索。

1.6　我国老旧小区综合改造的状况

在 1970—1990 年的 20 年间，城市住宅建设快速发展，同时也是城市住宅改造的起步阶段，在此阶段，伴随着城市住宅的大量建造，改造的相关技术也在逐步探索。目前各省市的老旧小区改造对象虽然有细微的差别，但是多集中于 2000 年以前建成的老旧小区。而本节主要对我国老旧小区的总量以及改造现状进行汇总，并对北京、上海、厦门和广州四个老旧小区改造开展较早、经验丰富的地区改造情况进行介绍。

1.6.1　我国老旧小区总量统计结果

1. 老旧小区总量概况

根据住房和城乡建设部 2015 年 8 月完成的 2000 年前老旧小区情况汇总表，全国 31 个省、自治区、直辖市共有老旧小区 159412 个，4212.953 万户，建筑面积为 34.91 亿 m^2。近年来进行过不同程度改造的 10.69 亿 m^2。

其中，基础设施老化、环境较差的小区数量为 155547 个，占小区总数的 97.6%（图 1-5），影响到约 1.2 亿人的居住生活品质。无抗震设防建筑面积 90961.27 万 m^2，未达到节能 50% 的建筑面积约 171870.3 万 m^2，未进行无障碍改造的建筑面积约 193668.8 万 m^2，套房内无独立厨房、无卫生间建筑面积约 16660.42 万 m^2，分别约占总建筑面积的 26%、49%、55.5%、4.8%（图 1-6）。

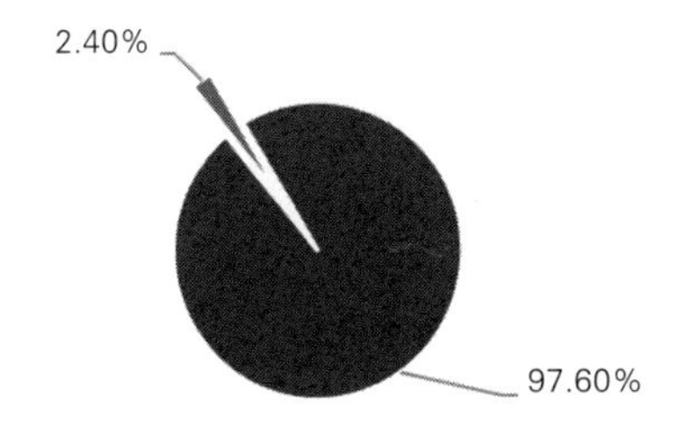

图 1-5　全国老旧小区基础设施环境分析

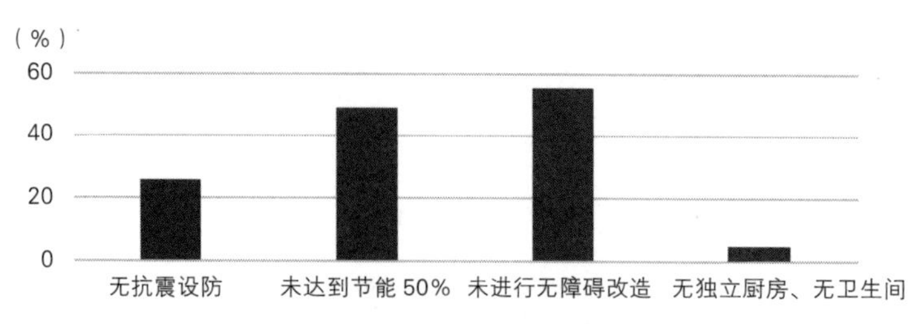

图 1-6　老旧小区现状问题统计结果

2. 按照行政区域划分分布的老旧小区

全国 31 个省、自治区、直辖市和新疆生产建设兵团，因为气候地域差异和经济发展水平、改造措施执行力度的不同，在老旧小区的存量建筑面积和个数上存在较大差异（图 1-7、图 1-8）。

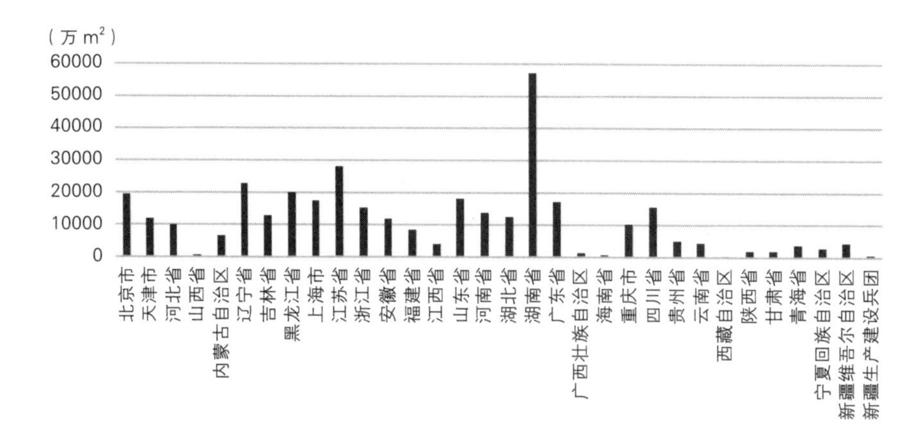

图 1-7　2000 年前老旧小区建筑面积对比图

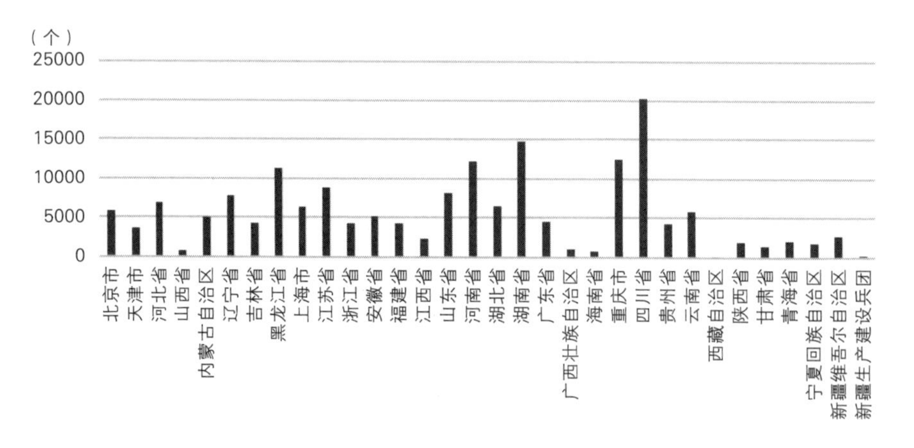

图 1-8　2000 年前老旧小区个数对比图

3. 不同气候区域老旧小区分布统计

本书就老旧小区的划分主要按照不同气候区域分为三类，一是严寒、寒冷地区的老旧小区，二是夏热冬冷地区的老旧小区，三是其他地区的老旧小区（表 1-3）。

不同气候区域老旧小区分布统计表　　表 1-3

序号	名称	所在地区	小区数量（个）	建筑面积（万 m^2）	总人口数（万人）
1	严寒、寒冷地区	北京、天津、河北、山西、内蒙古、辽宁、吉林、黑龙江、山东、河南、西藏、陕西、甘肃、宁夏、新疆、青海	70233	151165.90	5818
2	夏热冬冷地区	上海、江苏、浙江、安徽、江西、湖北、湖南、重庆、四川	68445	161559.3	5724
3	其他地区	海南、广东、广西、云南、福建、贵州	20734	36361.7	1097

（1）严寒、寒冷地区

老旧小区个数约为 70233 个，建筑面积约为 151165.9 万 m^2，总人口数约为 5818 万，约占全国老旧小区总个数的 44.1%，约占全国老旧小区总建筑面积的 43.3%（图 1-9）。

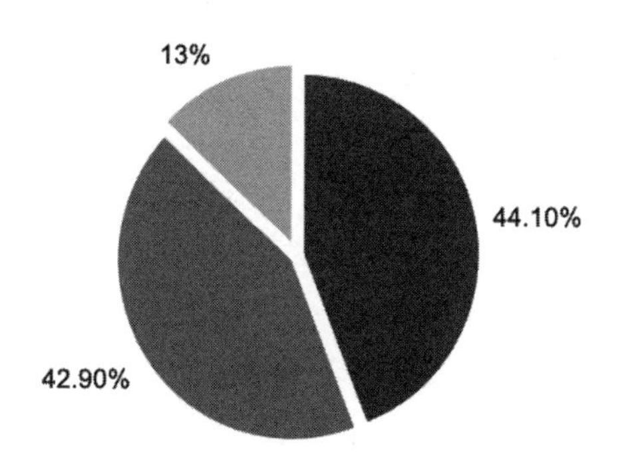

图 1-9　不同气候区域老旧小区数量对比图

此类地区的老旧小区主要分布在东北地区、华北地区、西北地区、部分华东地区。这些地区经济发展差异性比较大，其中东北、西北等严寒地区经济欠发达。2000 年前的老旧小区存在节能性很差、改造资金较少、抗震性能比较差的问题。主要特征：一是缺乏无障碍设施，未进行无障碍改造的建筑面积约占总建筑面积的 48.3%；二是节能性差，达到节能 50% 标准要求的约占总建筑面积的 36.9%；三是抗震设防能力差，无抗震设防建筑面积 40417.01 万 m^2，约占总建筑面积的 26.7%（参考依据：2015 年住房和城乡建设部的有关统计数据）。

（2）夏热冬冷地区

截至2015年，老旧小区个数约为68445个，建筑面积约为161559.3万m^2，总人口数约为5724万，约占全国老旧小区总个数的42.9%，约占全国老旧小区总建筑面积的46.3%。

此类地区主要位于长江流域，人口较密集，经济较发达，在2000年前基本未采用相应的隔热保温措施，隔热能力较差。长江上游和中部欠发达地区的抗震设防能力较差，主要是四川、重庆等省市。这些地区老旧小区的主要特征：一是使用功能不全，套房内无独立厨房、无卫生间的住房建筑面积占6.4%；二是节能性差，未达到节能50%标准要求的约占总建筑面积的62.9%；三是抗震设防能力差，无抗震设防建筑面积41822.02万m^2，约占总建筑面积的25.9%（参考依据：2015年住房和城乡建设部的有关统计数据）。

（3）其他类地区

截至2015年，老旧小区个数约为20734个，建筑面积约为36361.69万m^2，总人口数约为1097万，约占全国老旧小区总个数的13%，约占全国老旧小区总建筑面积的10.4%。

此类地区的老旧小区主要特征：一是使用功能不全，套房内无独立厨房、无卫生间的约占总建筑面积的7.8%；二是节能性差，未达到节能50%标准要求的约占总建筑面积的39.7%；三是抗震设防能力差，无抗震设防建筑面积约8722.24万m^2，约占总建筑面积的24%（参考依据：2015年住房和城乡建设部的有关统计数据）。

4. 老旧小区产权划分

从房屋产权上分：一是直管公产和单位的集体产权；二是原破产后或改制企业遗留的职工宿舍、家属区；三是征地拆迁的还建房、自建房小区；四是商品房和参加房改的个人产权房屋（图1-10）。

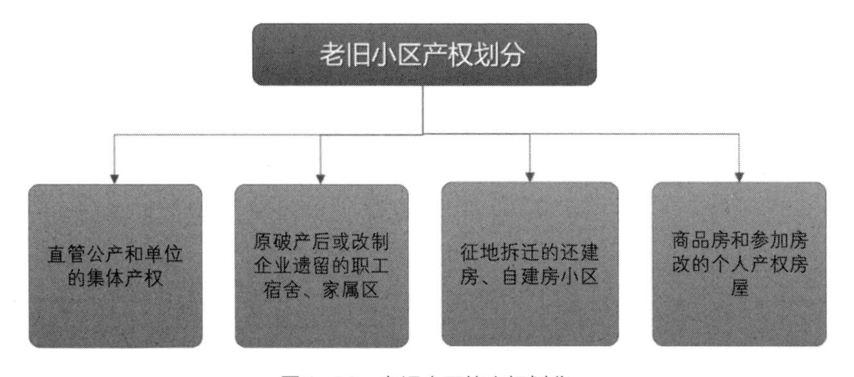

图1-10　老旧小区的产权划分

从房屋权属上，在城镇住房制度改革之前，既有居住建筑产权属于公有，所有权人为政府、房管部门、机关、社会团体及国有企业事业单位。随着城镇住房制度改革的推进，特别是公有住房出售，产权形式逐步多元化，有房改房、承租公房、回迁房、商品房，由此形成了较为复杂的所有权结构，产权界定模糊不清，部分小区“脱管、失管、弃管”，处于无人管理和维护的状态。不同权属老旧小区面积占比如图 1-11 所示。

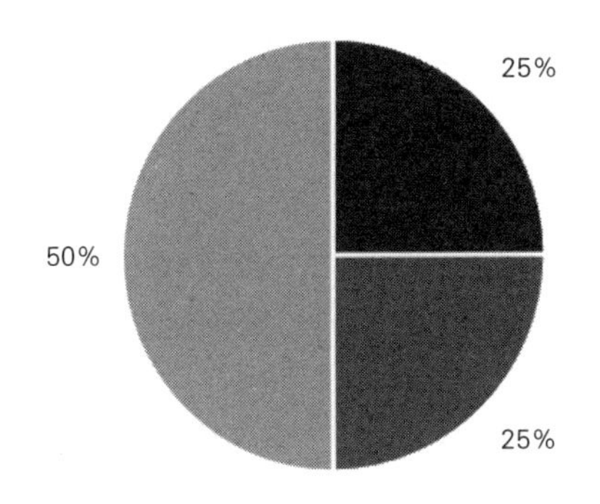

图 1-11　不同权属老旧小区面积占比

从共用设施设备权属上，由于历史原因，很多房改房小区的共用设施设备依然登记在原售房单位名下，同时房改房业主并未取得建设用地使用权，仍由原售房单位承担共用设施设备的维护保养管理义务。对于商品房小区，水、气、热管线进小区前由各自产权单位管理，进小区后由小区管理，进户后属于住户管理；道路进入小区后由小区管理；环卫设施由小区管理，垃圾清运根据合同约定执行。

1.6.2　我国老旧小区综合改造情况统计

1. 各省老旧小区改造历年新开工数量

党的十八大以来，全国累计开工改造老旧小区 16.3 万个，惠及居民超过 2800 万户。老旧小区改造成为各级政府关注的重点，2019 年和 2020 年《政府工作报告》相继提出：城镇老旧小区量大面广，要大力进行改造提升更新水电路气等配套设施，支持加装电梯和无障碍环境建设，健全便民市场、便利店、步行街、停车场等生活服务设施，发展居家养老、用餐、保洁等多样社区服务。

2019 年 10 月，住房和城乡建设部会同国家发展改革委、财政部、人民银行、银保监会等部门组织山东、浙江两省和上海、青岛、宁波、合肥、福州、长沙、苏州、宜昌 8 个城市开展深化试点工作，重点探索了财政体系、统筹协调、融资模式、长效管理等方面的做法和经验。随着全国老旧小区改造工作的全面开展，在一些城市的实践中形成了较为成熟的工作经验，有效改善了老旧小区居民的生活居住环境。

2019—2021年，全国累计新开工改造城镇老旧小区11.4万个，惠及居民2000多万户。住房和城乡建设部发布了多批城镇老旧小区改造可复制政策机制清单，有针对性地总结各地解决问题的可复制政策机制和典型经验做法，涉及动员居民参与、改造项目生成、金融支持、市场力量参与、存量资源整合利用、落实各方主体责任、加大政府支持力度等方面。

截至2022年12月末，根据住房和城乡建设部发布的《2022年全国城镇老旧小区改造进展情况》，2022年全国计划新开工改造城镇老旧小区51148个、839.23万户。经汇总各地统计上报数据，2022年1—12月，全国新开工改造城镇老旧小区52544个、876.3万户，均超额完成年度目标任务，具体数据见表1-4。

2022年全国城镇老旧小区改造进展情况（截至2022年12月末）　表1-4

序号	省份	新开工改造小区数（个）		涉及居民户数（万户）	
		计划任务数	开工数	计划任务数	开工数
1	北京	400	411	21.30	21.30
2	天津	177	177	10.12	10.19
3	河北	3698	3698	53.00	53.26
4	山西	1779	1894	21.94	23.50
5	内蒙古	1540	1571	21.37	22.37
6	辽宁	1203	1203	52.53	52.53
7	吉林	1142	1159	19.66	19.88
8	黑龙江	1705	1705	41.01	41.01
9	上海	200	200	16.30	18.93
10	江苏	1405	1578	45.72	56.02
11	浙江	607	616	18.95	20.03
12	安徽	1411	1418	25.44	25.96
13	福建	1533	1623	18.78	20.11
14	江西	1062	1062	34.34	34.34
15	山东	3889	3892	67.14	68.03
16	河南	3787	3831	37.86	38.94
17	湖北	3053	3248	43.31	50.67
18	湖南	3222	3300	48.10	48.85
19	广东	1397	1802	32.75	39.36

续表

序号	省份	新开工改造小区数（个）		涉及居民户数（万户）	
		计划任务数	开工数	计划任务数	开工数
20	广西	1322	1466	12.21	12.95
21	海南	608	631	5.10	5.39
22	重庆	1277	1304	29.86	30.28
23	四川	5400	5413	57.12	57.19
24	贵州	1501	1508	21.32	21.36
25	云南	1923	1923	15.42	15.42
26	西藏	31	27	0.53	0.38
27	陕西	2200	2200	20.61	20.61
28	甘肃	1599	1599	15.72	15.72
29	青海	400	400	4.09	4.09
30	宁夏	333	333	4.35	4.35
31	新疆	1273	1273	20.39	20.39
32	新疆兵团	71	79	2.89	2.89
合计		51148	52544	839.23	876.30

2. 不同气候区域老旧小区改造统计

不同气候区域的老旧小区改造情况在总量分布、居民户数、改造需求等方面存在较大差异，表 1-5 和图 1-12 按气候区域划分并统计了 2022 年（截至 12 月末）各区域新开工小区数量和惠及户数。

不同气候区域老旧小区改造统计表（2022 年，截至 12 月末）　　表 1-5

序号	名称	所在地区	小区数量（个）	总户数（万户）
1	严寒及寒冷地区	北京、天津、河北、山西、内蒙古自治区、辽宁、吉林、黑龙江、山东、河南、西藏、陕西、甘肃、宁夏、新疆、青海	25452	419.44
2	夏热冬冷地区	上海、江苏、浙江、安徽、江西、湖北、湖南、重庆、四川	18139	342.27
3	其他地区	海南、广东、广西、云南、福建、贵州	8953	114.59

其中严寒及寒冷地区老旧小区新开工改造进展较快，新开工数量达到 25452 个，惠及居民 419.44 万户，约占全部开工数量的 48%。夏热冬冷地区老旧小区新开工改造个数达到 18139 个，惠及居民 342.27 万户，约占全部开工数量的 35%。

其他地区老旧小区新开工改造个数达到 8953 个，惠及居民 114.59 万户，约占全部开工数量的 17%。

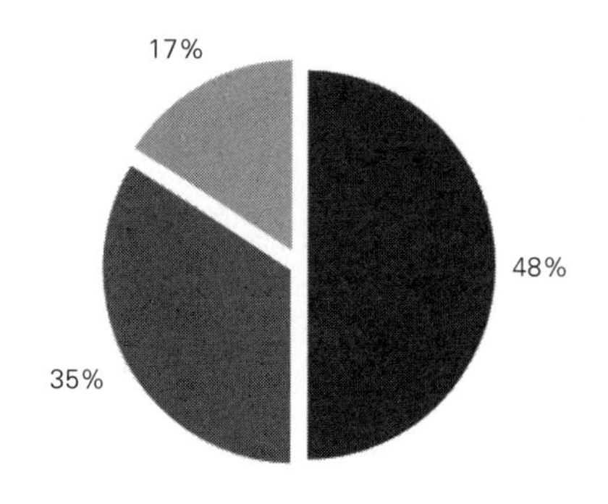

图 1-12　2022 年全国不同气候区域老旧小区改造新开工情况（截至 12 月末）

1.6.3　国内代表性城市老旧小区改造的情况

老旧小区改造是在城市更新的大背景下进行的。我国的老旧小区更新改造大致经历了物质环境改造主导阶段、物质环境改造与再开发阶段和兼顾社会效益的物质环境更新阶段。本节将对部分城市老旧小区更新改造的阶段性情况进行介绍，包括北京、上海、厦门和广州（各城市总结时间不同）。

1. 北京市老旧小区改造情况

1990 年，北京市政府成立了危旧房改造小组，小组的工作重点为加快老旧危住房改造进程，尽快解决居民住房困难问题，并决定在全市范围内开展“危旧房改造”计划，计划在 2000 年前完成全北京市所有老旧危住房的改造工作。北京市政府于 1991 年 4 月下发了《关于危旧房改造现场办公会会议纪要》，要求各部门支持危改工作，并制定了一系列推动危改的具体办法及优惠政策。市政府还确定了北京市城区危旧房改造的分期计划，并于 1991 年颁布了《北京市实施城市房屋拆迁管理条例细则》，为拆迁提供依据。推进住房制度的改革给危改工作的顺利进行创造了条件。

1992 年及之后的两年间，北京市全市共有约 170 个老旧小区进行更新改造。北京市政府于 1994 年出台《关于进一步加快城市危旧房改造若干问题的通知》（以下简称《通知》），《通知》规定对危老旧小区改造的项目审批不必经市政府通过审批，区政府在将危改项目向市政府汇报通过后拥有直接审批权。《通知》还规定全市所有老旧小区的危改工作必须在 2000 年前完成。随着《通知》的下发，北京市各区县积极展开老旧小区改造工作，改造工作不再局限于急需改造的个别老旧小区，而是面向全市标准低下的老旧小区大规模连片进行。随着改造工作的不断推进，北京核心旧城区内的老旧小区改造也逐步有所涉及。

1995 年初，我国经济快速发展导致的历史街区破坏，环境污染严重等一系列问题开始凸显。面对这种状况，国家紧急出台“适度从紧”的经济调控政策。此后，房地产建设工程数量急剧减少，危改工作也大量减少。经过两年的宏观调控后，情况有所好转，国家开始逐步实施放宽经济建设的政策。主要加大市政基础设施方面的建设工程量及建设资金。经过几年的经验反思与改造理论的进步，北京旧城文脉得到了有效的保护与恢复，于是政府在 2000 年重新启动老旧小区改造工作。

在新的房改政策鼓励之下，北京市老旧小区的改造工作得到了一定程度的推进发展，但因为老旧小区危改项目中多涉及迁置矛盾及经济赔偿等一系列社会问题，加之因容积率控制，新建建筑面积有限，一般很难得到大量的资金回报。因此，危改项目多以吸引房地产开发商参与其中为主要方式。在此阶段的老旧小区改造工作中，仍有大量的危旧住宅没有被纳入到改造之列。

2000 年起，为了更好地改善国计民生，完善城市功能，北京市政府决定“十二五”时期对全市老旧小区开展综合整治。北京市政府颁布了《北京市加快城市危旧房改造实施办法（试行）》，提出了“到 2005 年基本完成城八区现有 303 万 m^2 严重损坏和危险房屋的改造任务，重点是旧城区和关键地区”的工作目标，真正掀起了危旧房进行大规模改造的高潮。改造主要针对建于 1990 年及以前的建筑，因为当时建设标准较低导致小区功能配套设施落后且不全面，未建立长期有效管理机制的老旧小区或单栋住宅楼。

2012 年，自《北京市老旧小区综合整治工作实施意见》出台，新一轮老旧小区改造工作拉开帷幕。政府要求在“十二五”时期，完成 1582 个、总建筑面积多达 5850 万 m^2 老旧小区的综合整治工作。其中按照北京市政府环境整治的规划，到 2012 年 9 月 15 日前，要完成影响市容的老旧小区的整治工作。这些小区多分布于环线、重点地区周边；按照计划，全市所有老旧小区综合整治工作全面完成的时间是 2015 年，仅有 3 年时间。本次老旧小区的综合整治工作的目标不仅是解决老旧小区房屋的居住安全问题，也是将小区的环境整治列入工作内容。北京市政府针对本次改造下达了高标准、高质量的要求，以通过本次改造使老旧小区解决居住安全问题之余，使小区环境也达到绿色小区和人文环境建设的标准。

2. 上海市老旧小区改造情况

上海市在 20 世纪 90 年代前建造了大量住宅小区，这些小区基础设施不断完善的同时，也面临逐渐老旧的问题。目前，上海市共有各类居住房屋超 7 亿 m^2，其中，老旧住房约 1.4 亿 m^2（1998 年以前建设的房屋）。大量老旧房屋存在日照及卫生条件差，建造年代较早，单户面积小，厨卫设施欠缺，上下水系统不畅，线路老化架空，公共服务设施落后等问题，在许多方面已经无法满足基本生活要求，亟须改善居住条件、完善居住功能和提高环境质量。

据《上海市老年人口和老龄事业监测统计调查制度》统计，截至2014年12月31日，上海全市户籍人口1438.69万人，其中60岁及以上老年人口413.98万人，约占总人口的28.8%。预测到2025年，上海老年人口比重将达到39.6%，上海已进入深度老龄化阶段。福利性和营利性养老院所覆盖的群体在10%左右，意味着90%的老人需要“居家养老”。随着老龄化时代的到来，上海市老旧小区中居住的大部分都是老年人，他们对房屋的适老化改造、加装电梯、管线更新等需求迫切。

上海市老旧小区更新改造以旧住宅修缮改造工程为依托，修缮工程主要分为成套改造、厨卫等综合改造、屋面及相关设施改造三类。由于市场条件、技术条件、物业条件上较为完备，部分老旧小区加梯加固加层条件已趋于成熟。资金筹措途径仍以政府投资为主。以下是上海市在老旧小区改造方面取得的经验和做法。

（1）注重法规建设，明确责任主体，完善工作程序

上海市政府自2012年起共出台住宅修缮管理规范20个、住宅修缮安全质量管理规范18个、住宅修缮工程招标投标管理规范15个、住宅修缮技术管理规范4个。四个方面共计57个规范性文件，初步形成了旧住宅修缮法规体系。

上海市于2015年3月1日起施行《上海市旧住房综合改造管理办法》，确立市住房保障房屋管理局是上海实施旧住房综合改造的管理部门，市规划国土资源局是旧住房综合改造的规划管理部门。该文件还对工作程序进行了详细规范设计，如图1-13所示。对建筑间距、建筑退让、高度控制、结构安全、房屋面积、厨卫基本条件、屋顶水箱、电表、防火抗震、环境整治等技术条件进行了规范，同时对改造资金来源、权属分配等进行了原则性规定。

图1-13　上海市旧住房改造工作程序

加强群众工作。上海市徐汇区住房和房屋管理局将旧房修缮改造工程与基层

党建工作相结合，市长与老百姓在街道、社区召开现场会，提高居民自治意识，加深居民对旧房修缮政策的理解程度，让老百姓真正分享成果。加强媒体宣传，充分利用电视、网络、报纸、广播等当地主流媒体，跟踪报道老旧小区实践成果，提高居民对旧住房改造工作的关注度。

（2）加强安全排查，科学合理分类，专项旧宅修缮

截至 2015 年 11 月，上海市已累计花费 8900 万元对全市房龄在 20 年以上，以及部分房龄在 20 年以内，但日常巡查中安全隐患多、报修次数多、居民安全投诉多的小区进行隐患排查。将排查结果分为一般损坏、疑似严重损坏、疑似危险或局部危险三类。采用“一事一议、专家领衔、专项改造”的原则，针对各个小区情况分别制定修缮方案，如长宁区虹旭小区的架空线入地项目，解决“黑色污染”问题。

（3）明确更新标准，深化更新内容，充分尊重民意

2014 年 3 月上海市编制完成了《上海市成套改造、厨卫等综合改造、屋面及相关设施改造等三类旧住房综合改造项目技术导则》，明确了三类旧住房综合改造项目的改造内容，统一改造标准，规范技术管理，根据上海市老旧小区存在的各类问题，提出了必修项目和选修项目，具体包括屋面、外立面、承重构件、公共部位、设备设施、小区附属设施、其他等 7 大项改造内容，以及 50 余个修缮科目、100 余个修缮类目。

在解决房屋安全隐患、提升改造标准、增加实施内容的基础上，从最初的改善居住条件到完善居住功能再到提高综合环境质量，不断深化老旧小区更新内容。

旧住宅修缮改造关系到群众切身利益，与居民的日常生活息息相关。因为群众的理解、支持和配合是修缮改造工程顺利推进的关键，为此上海市建立了“三会制度”，即开工前的“征询会”、施工中的“协调会”、施工后的“评议会”，充分尊重民意，同时设立 962121 房管热线和 12345 市政府热线，负责受理市民对住宅修缮工程的投诉举报和意见反馈。

（4）强化工程监管，确保工程质量，完善评价体系

一是对各类在建的住宅修缮工程严格项目监管和网上监控，确保工程规范开展，加强市、区两级对住宅修缮工程的监督检查、项目监管和工程现场质量安全检查，开展施工自查、监理复查、区修缮管理部门巡查、市修缮管理部门抽查、区对口部门检查等“五个抓手”联动监督检查。二是旧住宅修缮改造工程施工小区设立公告栏，全过程接受市民群众和社会监督。三是推进旧住房修缮改造工程项目标准化管理，即“程序管理标准化、技术规范标准化、承发包管理标准化、施工现场管理标准化、群众工作标准化”。四是完善验收评价体系，项目验收除施工单位、监理单位、设计单位等各方责任主体外，还有来自小区居民的参与（权重占 50%）。

3. 厦门市老旧小区改造情况

2016 年，厦门市出台了《厦门市老旧小区改造提升工作意见》，明确列入改造的老旧小区指“1989 年底前建成并通过竣工验收的非商品房小区（项目）和非个人集资房小区（项目）”。在思明区和湖里区出台的《老旧小区改造提升工作实施方案》中同时明确老旧小区改造的重点是供水、供电、供气、弱电（通信、有线电视）、市政道路等。厦门市委、市政府将老旧小区改造列为“为民办实事项目”并提出在三至五年内，基本完成全市老旧小区改造提升工作。总体上看，厦门市老旧小区从社区空间、功能、人文三个方面对老旧小区进行提质整改。

（1）以整治为主题，从空间结构入手，释放了老旧小区的公共空间

老旧小区中部分居民占用公共空间的现象非常普遍，导致公共空间被挤压，老旧小区不仅显得杂乱脏，还变得拥挤、狭窄。为此，厦门市首先开展老旧小区整治脏乱差工作，为老旧小区腾空间。2011 年厦门市投资 1000 万元，重点整治了 12 个老旧小区，实现了道路平整，雨、污管网改造，安装防盗系统，楼道粉刷，设置围墙，新增门岗及休闲设施，增加停车位、规范停车秩序及提升小区景观绿化，大大提升了小区品质，方便了居民生活。

2013 年整治包括思明区的寿彭路 1 号、厦禾路 813 号和 815 号，以及湖里区的源泉山庄、康乐新村一期五个安置房项目，包括小区围墙建设，房屋单元电子防盗门和电子监控器的安装或改造，化粪池清污及地下管网改造，道路、绿地、停车场改造等事项，进一步改善老旧小区居住环境，完善生活配套，提高居民居住的舒适度和幸福感。2015 年改造前的先锋营整个小区空间可以说是“黑天”（小区天上各类管线多）“黑地”（小区门口占道经营多，路面不平，道路破损；地下污水管网超期年久失修），改造后平整宽敞的透水砖铺遍小区，管线入地，垃圾分类收集，墙面涂料粉刷一新，空间明显变大。神山社区三航小区面对占用公共空间这一难题，社区发挥示范引领作用，居民纷纷让出空间、让出道路、拆除私搭乱建，总面积超过 $1500m^2$。思明区对小学社区的楼房立面进行了重新粉刷，道路翻新并铺设彩砖，重新埋设地下管道，规整弱电线路，统一更换店招，增加绿化，整治后的小区释放更多公共空间，为道路畅通和居民生活提供便利，基本上完成了老旧小区的“面子工程”。

（2）以改造为主题，从功能结构入手，完善老旧小区的基础功能

老旧小区普遍存在公共基础设施陈旧老化，以致功能残缺的现象，比如电力设施老化、供水管道陈旧、排水设施满足不了排水需求、天然气管道由于先前规划前瞻性不够而缺乏、有线电视和网络信息化滞后等，这些功能的不完善影响了居民的基本需求。在老旧小区中，进一步完善一套合理、便捷、完善的配套服务设施系统，将会大大地提升居民生活品质，这将是老旧小区更新中的重点。老旧

小区改造不仅仅是“面子工程”，改变外观形象，更在于切实解决老百姓迫切需要解决的供水、供电、燃气等问题。对此，厦门市充分调动水、电、气、消防、电信等相关单位积极性，由政府为主改造了建筑物本体外的供水、排水、供电、供气、通信、有线电视等问题。在改造水的方面，厦门市 2013 年为老旧小区居民更换节水器具 2000 套，2015 年完成首批 13 个老旧小区节水改造 2000 套，2016 年启动老旧小区居民家庭便器水箱节水改造工作。

在燃气改造方面，2013 年 9 月启动了“美丽厦门・蓝焰行动”，把老旧小区的燃气提升改造作为重点推动，三年中已完成 67 个改造项目，共 57 个小区实现通气，13633 户居民受益。2015 年配合岛内老旧小区改造试点，让阳台山小区、先锋营街小区、神山三航小区、金鼎社区、海洋新村小区等 5 个老旧小区的 1000 多户居民甩掉了使用多年的煤气罐，用上了管道天然气。2016 年，继续对岛内 32 个老旧小区实施燃气改造。在改造灯的方面，截至 2016 年 9 月，厦门市政部门对老旧小区区域的路灯进行改造、升级，新装或更换 2000 多盏路灯。

（3）以提升为主题，从人文结构入手，营造老旧小区的人文氛围

“内外兼修”让老旧小区焕发新活力。老旧小区“硬件”的改造满足了居民的基本生活需要，而“软件”的提升则丰富了居民的精神生活。通常，老旧小区容积率低、用地紧张，由于缺乏老年活动室、棋牌室、居委会等交流场所和平台，老旧小区人文活力相对不足。为此，厦门市政部门从人文氛围营造方面，认真探讨了建设的可能性并在部分老旧小区进行了合理规划。一是植入人文因素。比如，以墙面做文章，“美丽家园文化长廊”（思明区小学社区）、“风景墙”（巡司顶巷海龙小区）、“礼让墙”、“笑脸墙”和“艺术箱”（海沧海翔社区）、储物间走起“中国风”（殿前街道高崎北二路的盐业公司宿舍），等等，现身于厦门市诸多改造的老旧小区内。为了丰富居民的文化生活，厦港街道巡司顶社区设置了一间 24h 自助图书馆。二是打造公共交流场所。例如，为方便居民议事，思明区海洋新村建立职工活动室。位于殿前街道高崎北二路的盐业公司宿舍，在小区庭院里的大人参果树下，将这里建成一个休闲区，放上石桌石凳，供居民泡茶聊天，旁边还设置健身器材。为了让居民有休闲娱乐的场所，思明区小学社区建设小型公园和健身步道；建于 20 世纪 90 年代的安置房小区——莲坂小区也通过改造新添健身器材、羽毛球场等。三是提升配套服务。一套合理、便捷、完善的配套服务设施系统会大大地提升居民生活品质。厦门市要求对具备相关基础条件的老旧小区，各区还可统筹完善社区综合服务站、幼儿园、室外活动场地、卫生服务站、慢行系统、公共服务等配套设施。

4. 广州市老旧小区改造情况

2015 年 12 月中央城市工作会议以后，广州市委市政府率先部署开展老旧小区微改造。

2016年2月6日中共中央、国务院又出台了《关于进一步加强城市规划建设管理工作的若干意见》（中发〔2016〕25号），提出“有序推进老旧住宅小区综合整治”的要求，加快推进城市更新，把提升群众幸福感上升到国家层面。

2017年3月17日，《广州城市更新总体规划（2015—2020）》（以下简称《规划》）公布，明确了广州城市更新中期目标：到2020年，计划推进城市更新规模85～100km^2，计划实施完成城市更新规模42～50km^2。《规划》还对广州各区的城市更新给出功能指引，包括荔湾、越秀、天河、海珠在内的中心城区将以老旧小区微改造为主，同时构建新旧城联动发展机制，旧城内强调控量提质、疏导功能，新城预留发展空间承接旧城人口与产业外迁。中心城区的城市更新策其一为：按照改造更新与保护修复并重的要求，充分利用广府文化及近代历史文化遗产，推进实施城市老旧社区“微改造”，加强文化特色风貌营造，吸引高端服务产业项目进驻，为城市绿地、公共空间、大型公共服务设施预留空间，打造城市名片。

2017年6月，广州市政府印发了《广州市人民政府关于提升城市更新水平促进节约集约用地的实施意见》（以下简称《实施意见》）。《实施意见》立足于将城市更新作为广州城市建设的大战略、大规划来谋划和设计，提出多项创新措施：鼓励产业转型升级，旧厂房变身新产业、新业态的，5年内免收地价；推进城中村全面改造，允许自然村作为改造主体申请全面改造；减少审批环节，将老旧小区微改造、旧村庄微改造、旧厂房微改造和旧楼宇微改造项目实施方案的审定权下放区政府等。

2017年底，广州被选为全国老旧小区改造试点唯一的一线城市，进一步探索可在全国复制推广的广州经验。根据计划，将对2000年前建成的环境条件较差、配套设施不全或破损严重、无障碍建设缺失、管理服务机制不健全、群众反映强烈的779个老旧住宅小区分3年推进改造。其中，1980年以前建成的、群众反映强烈的以及位于中心城区、重点区域和主干道、铁路、机场、高铁站周边的老旧小区优先纳入改造计划。

2018年2月底，广州市政府公布的《广州市2018年城市更新年度计划（第一批）》中，165个老旧小区微改造项目纳入其中；第一批年度计划中安排市财政资金3.5亿元，其中投入老旧小区微改造项目的资金共计2.31亿元。截至2018年4月底，共推进老旧小区微改造项目274个、30.3km^2，投入财政资金7.4亿元，惠及居民近100万人。

2018年5月，广州市政府审议通过了《广州市2018年城市更新年度计划（第二批）》，列入本次计划的正式项目共计428个，其中老旧小区微改造项目422个、24.20km^2，市财政投入资金共计12.4亿元，占2018年第二批城市更新计划安排资金总量的99%。加上列入2018年第一批城市更新计划中的165个老旧小区微改造项目，列入2018年城市计划的老旧小区达587个。

此外，广州市城市更新领导小组还审议通过了《广州市老旧小区微改造三年（2018—2020）行动计划》，其中明确，2018—2020 年，推进 779 个老旧小区微改造工作。同时还明确了改造内容和建设标准，小区公共部分和房屋建筑本体共用部位等 60 项改造内容，包括基础完善类 49 项、优化提升类 11 项。

第 2 章　我国老旧小区改造中典型问题及对策

我国老旧小区改造面临诸多问题，其中最为典型的包括改造更新中的权属问题、权责关系划分问题、改造资金统筹问题、改造中的法律法规问题、改造后的物业管理问题（图 2-1）。这些问题普遍且对老旧小区改造形成了巨大的阻力，是开展老旧小区改造前需要解决的，本章将针对老旧小区面临的典型问题进行概述并对其解决对策进行论述。

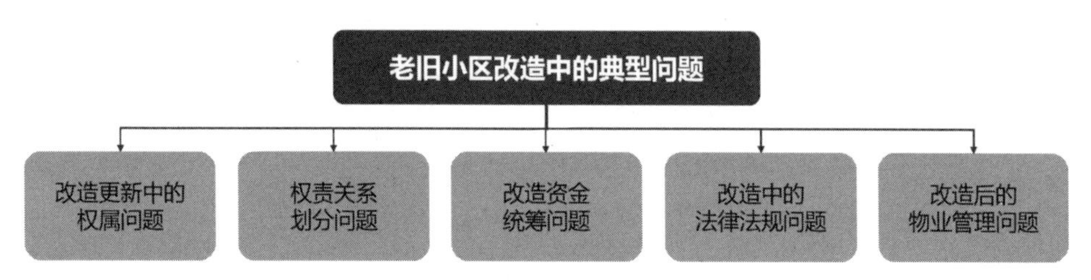

图 2-1　我国老旧小区改造中的典型问题

2.1　老旧小区改造中的法律法规问题及其对策

1. 老旧小区更新改造涉及的法律法规问题

（1）缺乏高层次、专项独立的法律法规

从国内的法律法规梳理情况分析，我国老旧小区改造更新缺乏层次高的文件，已有的文件多集中在新小区建管方面，对老旧小区改造更新缺乏指导性。

第一，目前我国法律法规中涉及老旧小区改造的内容主要分散于《中华人民共和国物权法》《中华人民共和国城乡规划法》《中华人民共和国建筑法》《中华人民共和国节约能源法》《中华人民共和国消防法》《中华人民共和国防震减灾法》《中华人民共和国老年人权益保障法》《无障碍环境建设条例》《物业管理条例》等法律法规中，多数法律条文为原则性描述，在实际执行当中缺乏可操作性。第二，老旧小区涉及内容广，地方差异性大，改造更新形势迫切，民生所向，亟需一部针对老旧小区专门的、系统性的法规，为地方开展老旧小区改造更新提供法律指引。例如：日本老旧小区改造发端于 1969 年颁布实施的《都市再开发法》，2001 年颁布实施《都市再生特别措置法》，至 2010 年，日本主要法规已经历了 12 次修正，到目前为止已经形成了比较完善的政策体系。

（2）地方立法层次低、差异性大，适用范围受限

通过针对典型区老旧小区改造更新的地方性法规梳理分析发现：第一，地方上基本已探索出适合自身特点的“改造之路”，但由于其立法层次较低，使用地域范围受限，改造效率大大降低；第二，从全国范围来看，各地开展老旧小区改造更新工作差异性较大，老旧小区法律法规体系建立滞后。因此，迫切需要推动老旧小区改造更新的相关立法工作，从高位立法上规范各方行为，争取将老旧小区改造更新一步到位，避免造成多次改造、劳民伤财。

（3）国家和地方性法规均内容不够全面

目前，和发达国家相比，我国关于老旧小区改造更新的法律法规相对较少。国家层面法律法规 10 项左右，地方法律法规多分散于城市更新、旧房修缮、旧住宅综合整治、节能改造等地方性文件中，专门针对老旧小区的专项文件较少。从规定的内容分析，缺乏全面系统的规范。系统全面的规范除改造目标、改造范围、改造主体、改造程序以外，还应包括老旧小区所涉及的产权认定、多方利益相关者权责划分、资金筹措渠道来源等。

2. 我国老旧小区改造出台的针对性政策

城镇老旧小区改造是重大民生工程和发展工程，对满足人民群众美好生活需要、惠民生、扩内需、推进城市更新和开发建设方式转型、促进经济高质量发展具有十分重要的意义。为全面推进城镇老旧小区改造工作，2020 年 7 月 20 日，国务院办公厅发文《国务院办公厅关于全面推进城镇老旧小区改造工作的指导意见》（国办发〔2020〕23 号）。主要包括总体要求；明确改造任务；建立健全组织实施机制；建立改造资金政府与居民、社会力量合力共担机制；完善配套政策；强化组织保障六个方面。

2.2　老旧小区改造更新权属问题及对策

1. 老旧小区改造中有关权属问题的相关规定

关于老旧小区改造更新中所涉及的权属问题，我国现有法律法规缺乏较为明确的专项法律规定。

（1）面积扩展及楼层加层

2007 年，建设部《关于开展旧住宅区整治改造的指导意见》（建住房〔2007〕109 号）中规定：“要引导旧住宅区居民分摊部分共用部位、共用设施设备的整治改造成本，对于扩大居住面积、修缮更新住房产权人专有的设施设备等项目的支出，应由受益的住房产权人承担。”该规定为老旧小区改造中带来的扩展面积的产权归属提供了明确指引。而关于楼层加层的权属认定仍然缺乏较为明确的法文

规定。

（2）加装电梯

《中华人民共和国物权法》第七十六条规定，“筹集和使用建筑物及其附属设施的维修资金”和“改建、重建建筑物及其附属设施”，“应当经专有部分占建筑物总面积三分之二以上的业主且占总人数三分之二以上的业主同意。决定钱款及其他事项，应当经专有部分占建筑物总面积过半数的业主且占总人数过半数的业主同意”。

第七十九条规定：“建筑物及其附属设施的维修资金，属于业主共有。经业主共同决定，可用于电梯、水箱等共有部分的维修。维修资金的筹集、使用情况应当公布。”

第八十条规定：“建筑物及其附属设施的费用分摊、收益分配等事项，有约定的，按照约定；没有约定或者约定不明确的，按照业主专有部分占建筑物总面积的比例确定。”以上规定，对加装电梯的实施及电梯费用分摊等提供了指导。

（3）增设停车设施

《中华人民共和国物权法》第七十四条规定：“建筑区划内，规划用于停放汽车的车位、车库应当首先满足业主的需要。建筑区划内，规划用于停放汽车的车位、车库的归属由当事人通过出售、附赠或者出租等方式约定。占用业主共有的道路或者其他场地用于停放汽车的车位，属于业主共有。”该规定明确了小区内停车设施应优先满足本小区内业主需求，并对其处置方式作了明确规定。

（4）管网改造

《物业管理条例》第三十一条规定：“建设单位应当按照国家规定的保修期限和保修范围，承担物业的保修责任。”第五十二条规定：“供水、供电、供气、供热、通信、有线电视等单位，应当依法承担物业管理区域内相关管线和设备设施维修、养护的责任。”

《城市供水管理条例》第二十七条规定：“城市自来水供水企业和自建设施供水的企业对其管理的城市供水的专用水库、引水渠道、取水口、泵站、井群、输（配）水管网、进户总水表、净（配）水厂、公用水站等设施，应当定期检查维修，确保安全运行。”

《中华人民共和国电力法》第十九条规定：“电力企业应当加强安全生产管理，坚持安全第一、预防为主的方针，建立、健全安全生产责任制度。电力企业应当对电力设施定期进行检修和维护，保证其正常运行。”

建设部《关于开展旧住宅区整治改造的指导意见》（建住房〔2007〕109号）中规定：“对于更新改造供电、电信以及供水、供气等市政公用设施的专项成本支出，应由各运营单位承担。”

以上规定对管网改造中涉及的权属问题具有较为明确的方向指导。

2. 老旧小区改造更新权属问题现有的经验

在老旧小区改造更新中，我国地方对改造中涉及面积扩展、楼层加层、加装电梯、增设停车设施、管网改造等改造技术进行了有益探索，积累了宝贵的经验。

（1）面积扩展及楼层加层

北京：针对改造后楼房面积增加的问题，北京一般采取所增面积费用由房屋所有权人承担，居民支付建筑造价，低收入居民可相应减免，但对增加的楼层面积仍未明确其权属关系，而且对于因此而收取的费用缺乏合理的入账渠道。针对改造后增加的楼层，北京采取将增加的楼层作为政府保障房出售，出售资金用于弥补财政补贴的改造费用。

上海：对于改造带来的新增面积采取向原住户收取费用的方式；对于改造新增楼层，上海引入市场机制，采取将新增楼层优先向一层居民供应的原则，开发商通过出售加层补贴电梯安装和初期维修的费用。

《上海市旧住房综合改造管理办法》中明确规定了相关权属："旧住房改造后，建筑面积发生变化的，当事人应当按照本市房屋权属调查的相关规定，委托房屋权属调查机构进行房屋权属调查（测绘）。改造中属加层的房屋、新增小区停车场（库）、物业管理用房、小区公共配套设施等应当按照本市房地产登记的相关规定，办理房地产初始登记。根据协议归建设单位所有的部分，由建设单位申请登记；归公房产权单位的部分，由公房产权单位申请登记；归全体业主共有的部分，可以由建设单位一并提出登记申请，由登记机构在房地产登记中记载，不颁发房产证。除第二款情况外，改造后的房屋建筑面积发生变化的，应当按照本市房地产登记的相关规定，申请办理建筑面积的变更登记。整个项目变更登记后，原业主根据协议办理相应的建筑面积变更登记。"

（2）加装电梯

上海：加装电梯费用收缴困难，对此，上海引入了市场机制，开发商通过出售楼层加层，所得款项用于补贴电梯安装和初期维护费用，电梯运行费用采取一楼住户无须支付电梯运行费用，二楼住户支付一半的费用，其余楼层住户则需全额支付的原则。

深圳：对于加装电梯过程中，不同楼层居民意愿不同，难以达成一致意见的情况。深圳规定，未安装电梯的老旧住宅小区，只要居民意见一致，房屋条件许可，资金条件具备的，既有住宅业主均可申请电梯加装，增设电梯方案将及时向全体业主公布，加装电梯应属于小区共有部分，按照物权法的相关规定，其所需费用应由全体业主共同承担。

（3）增设停车设施

北京：针对小区增设停车设施、原住户不愿购买、要求无偿赠予等情况，实践中目前仍缺乏有效的处理方式，可根据《中华人民共和国物权法》第七十四条的规定来界定相关权属："建筑区划内，规划用于停放汽车的车位、车库应当首先满足业主的需要。建筑区划内，规划用于停放汽车的车位、车库的归属由当事人通过出售、附赠或者出租等方式约定。占用业主共有的道路或者其他场地用于停放汽车的车位，属于业主共有。"

（4）管网改造

上海：针对管线归属问题，采取"表前表后"原则，如电表等表后至户内部分归业主负责，权属归业主所有；公共区域部分属共有部分，其与红线至表部分的权属归业主委员会。

吉林：老旧小区涉及二次供水问题，其中关于涉及的权属关系则依据《中华人民共和国物权法》和《物业管理条例》等法律法规的相关规定，接收后的二次供水设施所使用的土地和建筑物按合同约定产权归属不变，但维护、养护和更新职责属供水单位。对由供水单位出资改造的二次供水设施，供水单位可以采取同用户协商的方式，将水泵、水池（箱）、电气自控设备、二次管网等设施设备的产权通过双方签订协议，明确给供水单位。

3. 老旧小区改造更新涉及权属问题的政策建议

在老旧小区改造更新过程中，能否明确地界定所涉及的相关权属问题直接决定了各利益相关者的权责，进而影响着人们及所涉及权属单位的参与意愿，最终将影响老旧小区的改造进程。

（1）通过立法明确相关权益的边界及归属

根据《中华人民共和国物权法》中关于建筑物区分所有权的规定，出台可操作性强的关于明确界定所涉权属问题的法律规定；同时借鉴国际有益经验，明确老旧小区内专有部分及共有部分的产权归属问题，从而明确界定改造实施过程中各方责任与义务，并在实践中加以落实，减少改造过程中由于权属归属不清问题导致的利益冲突，提高改造进程和效率。

1）面积扩展

改造过程中增加的面积应归业主所有，业主需承担建造费用，明确其产权所属，所收费用除弥补成本外可作为小区维修基金。

2）楼层加层

涉及楼层加层改造，所加楼层采取对外出售的方式，所得资金用于楼宇加装电梯费用和其他改造费用，明确产权归购房人所有；或可引入市场化机制，由企业出资进行综合改造，加层面积产权归该企业所有。

3）加装电梯

对于加装电梯，应在业主同意的前提下，费用由全体业主共同承担，并按照物权法的规定，电梯产权归业主共同所有。

4）增设停车设施

小区增设停车设施应本着服务本小区内业主的原则，合理科学规划改造后，向业主出售或出租。若出售，停车设施产权归购买者所有，出售资金扣除停车设施改造成本和参与改造企业合理利润后，用于整个小区改造；若出租，停车设施产权及相应收益归小区全体业主，所有小区外公共用地上的新增停车设施，建议采取 BOT 模式（“建设 – 经营 – 转让”模式），通过特许经营模式运作。

5）管线改造

管线改造涉及权属关系的，应界定清楚政府、权属单位及个人业主的权属范围，具体要做到一户一表，权责明确，表后及入户部分费用应由住户自行负责，小区公共部分由业主委员会或管线所属单位承担，小区红线外部分归属于企业，其应承担维护费用。

（2）加大法律宣传引导力度，提高居民的权利义务对等意识

在法律层面上，个人权利与义务是对等的，在享受权利的同时，也应承担相应的义务。在混合型并区分所有权小区内，专有权与共有权共存，对于其共有的部分而言，居民在享受其带来便利与服务的同时，应相应承担起维护改造所需的费用，是符合法律上权利义务对等理念的。在现实中，居民往往只关注权利的享有，而不乐意承担义务；或者只关注改造带来的义务增加，而未意识到其所带来的权利，造成在老旧小区改造，尤其是公共部分改造中的资金筹集困难。特别是改造后，关于现代物业管理体系的建立，居民只关注眼前利益，缺乏长远意识。在意识到要承担缴纳物业费的义务时，并未意识到物业的建立使其能享受到便利的服务。居民对建立现代物业体系态度不积极，因此应加大法律宣传引导力度，提高居民的权利义务对等意识。

2.3　老旧小区改造的权责关系划分问题及对策

关于老旧小区的改造更新，各地方政府做了许多有益的探索；然而地方政府所做的工作多是自发性的、零散性的，一些关键问题还未得到妥善处理，未能达到老旧小区改造的高度与层次。未来老旧小区改造应主要集中在三个关键问题上：

一是老旧小区改造中的政府、社会和个人权责关系；

二是老旧小区改造的资金来源问题；

三是推进机制的探索建立。

1. 老旧小区改造涉及的内容及主体

一般来说，老旧小区的改造大致可以分为四类：一是小区环境的综合整治，

包括拆违、绿化、道路、停车、环境整治等；二是配套基础设施改造，包括上下水、地下管网改造、供热、缆线入地、光纤入户等；三是房屋修缮与节能改造，包括旧住宅维修、供热计量改造、内外墙保温，隔热门窗、节能及遮阳设施安装等；四是老旧小区建筑抗震加固、加装电梯、无障碍设施和坡道改造等。

老旧小区改造过程中涉及几个核心的参与主体：一是政府职能部门，以房管、规划、城建、自然资源等部门为核心代表；二是参与改造的企业，包括改造设计、施工、管线设施及其他相关企业等；三是老旧小区的属地民意代表组织，如居委会、业主委员会；四是全体小区居民。

2. 老旧小区权责关系划分的主要问题

关于老旧小区改造的责任主体，《中华人民共和国物权法》《物业管理条例》等法律法规确立了权责相对的原则，权利和义务应与房屋权属关系相对应。对于房屋本体维修改造由其所有权人负责，对于共有部分（如建筑区划内的非公共的道路、绿地等公共场所和设施）归全体业主所有，其维护由业主按单个所有权所占比例来承担。然而，在实践中也存在一些问题，主要表现如下。

（1）权属关系明确，难以落实主体责任

在实践中，虽然有的房屋权属关系明确，但是因为一些历史原因，造成当前业主不愿意承担改造的责任，比如房屋本身的建筑质量并不达标，原产权单位已经破产、解散等实际情况。此外，有些更新的过程会对居民的生活产生诸多影响，多数老旧小区居民经济条件不好，存在“搭便车”“占便宜”的心态，不愿意承担应有的责任与义务，甚至部分住户并不赞同对其房屋进行改造，更加倾向于有巨额补偿的拆迁，这都给权责相对原则的执行带来了困难。

（2）权属关系不清，权属关系不对等从而影响维护

这种情况主要体现在小区公共的管线设施改造中，根据《中华人民共和国物权法》第七十条的规定：“业主对建筑物内的住宅，经营性用房等专有部分享有所有权，对专有部分以外的共用共有部分享有共有和共同管理的权利”，第七十二条的规定：“业主对建筑物专有部分以外的共有部分，享有权利，承担义务；不得以放弃权利为由不履行义务。”

然而，《物业管理条例》第五十二条又有如下规定：“供水、供电、供气、供热、通信，有线电视等单位，应当依法承担物业管理区域内相关管线和设施设备维修、养护的责任。”实践中小区管线设施所有权关系模糊的问题，维护权责关系的不对等，造成维护不力。

3. 老旧小区改造的权责关系划分对策建议

老旧小区改造中应遵循“权责相对、程序规范、产权明晰、互利共赢”的原则。

其中，权责相对、程序规范是开展各项工作的基础，改造的责任是依据权属关系而来，而且为避免改造过程中及改造后的各种争议，应该按照规范的程序来推动这项工作。产权明晰、互利共赢，主要针对参与老旧小区改造的企业来源。通过对相关管线设施的产权明晰化，将其维护改造的责任固化，给予改造维护的企业利润空间，增强其参与老旧小区改造的动力，具体如下。

（1）依据权属关系，规范老旧小区改造程序

依据权责相对原则，改造中的各项工作可以根据权属确定权责关系。

针对房屋本体的改造更新，可以根据房屋产权关系确定责任主体，房屋产权人应承担改造更新的责任。如公房应由政府承担维修改造责任，房改房、集资房、商品房应由产权人承担维修改造责任。对于房屋产权面积有所增加的，比如加面积加层、厨卫设施等情况，面积增加的部分应由受益人承担责任。对于增加的共有部分，如增加电梯应由共同所有人共同承担。

针对老旧小区基础设施的改造，区分改造和新增确定责任主体。基础设施改造应遵循“表前表后”原则，根据其是否能够经营划分为公益性和可经营性两类，公益性的基础设施，如绿化、文体设施等应由政府承担相应责任，可经营性的基础设施，如新建停车设施、新增管线设施等应由投资方承担责任并享受经营收益。

老旧小区改造本是个造福民生的工程，但是类似道路管线配套设施的更换、抗震加固，甚至涉及房屋内部的维修改造，不可避免地会对小区居民的生活造成一定影响，因此必须按照规范的程序推动。政府可以制定老旧小区的区分认定标准，明确改造项目顺序和流程，形成规范的施工、监理、验收，制定协商机制和争议处理办法，政府主管部门应致力于规则制定，监督改造过程中的各个环节，避免过度参与具体的改造工作而造成行政上的被动。

（2）按照互利共赢原则给予改造企业利润空间

根据以上思路，对于老旧小区改造过程中新增加房屋产权面积和可经营性的新建基础设施等，可考虑按照互利共赢的原则，给予参与改造的企业盈利空间。

如老旧小区改造更新过程中涉及增加楼层的，可以考虑引入社会投资。投资者承担改造责任，所增加的房屋产权面积属于投资者。

此外，小区管线、路网设施（水电气等）的改造可考虑将部分设施明晰产权所属，给予改造企业合理的利润回报，增加企业参与的积极性。实践中，上海市的老旧小区改造将电力设施的产权归属划归电力企业，以提高电力企业在电力设施、管线改造过程中的积极性。此类设施中如水、燃气设备的改造均可参照进行相应的确权工作，谁的产权谁负责更新维护，在此基础上明确责任分配和收益，政府可以通过相关优惠政策、财政补贴、贴息贷款等多方面支持企业参与老旧小区更新改造，实现政府、企业、小区居民三者共赢。

（3）各司其职、明确核心参与主体的任务分工

在老旧小区改造中，核心参与主体的工作主要分工如下：

政府相关职能部门，以房管、规划、城建、自然资源等部门为代表，工作应主要集中于制定规范的流程、标准，不应过分参与微观事务，从宏观上把握协调改造工作的有序开展，避免出现出力不讨好的被动局面，核心在于做好裁判员的工作，做好组织、引导、协调工作，并给予必要的财政补贴，以调动其他经济主体的参与。

相关改造企业，包括管网改造企业、房屋改造施工、监理企业等都应遵照规范及合同进行相应的工作，按程序、守时间、受监管、保质保量地完成改造任务。

属地民意代表组织，居委会和业委会，甚至是物业企业需发挥属地协调的作用。目前老旧小区改造并不存在技术难度，核心的难点在于住户的意见难以统一，这在加装电梯的过程中，表现尤为明显。低层住户对加装电梯意愿不足，而高层住户却有强烈意愿。这也正是老旧小区属地民意代表组织发挥作用的重要方面，协调好各住户关系从而形成统一意见，是开展老旧小区改造的重要基础。

鉴于老旧小区的改造是个长期的过程，早期的住宅建筑存在一些不规范的情况，应致力于构建一套规范的程序与制度，培养居民权利与义务对等的意识。

2.4 老旧小区改造资金统筹的问题及对策

我国老旧小区存量巨大，据初步测算，2000 年以前建成居住小区总面积为 65 亿 m^2 左右，其中无抗震设防住宅面积为 9.1 亿 m^2、未达到节能 50% 标准住宅 17.2 亿 m^2、未成套住宅 1.7 亿 m^2。综合改造按照每平方米 1000 元计算，我国老旧小区综合改造资金总缺口在 10 万亿元左右，由此可见，我国老旧小区综合改造资金需求量巨大。图 2-2 为我国 2015 年到 2019 年棚改趋势图。

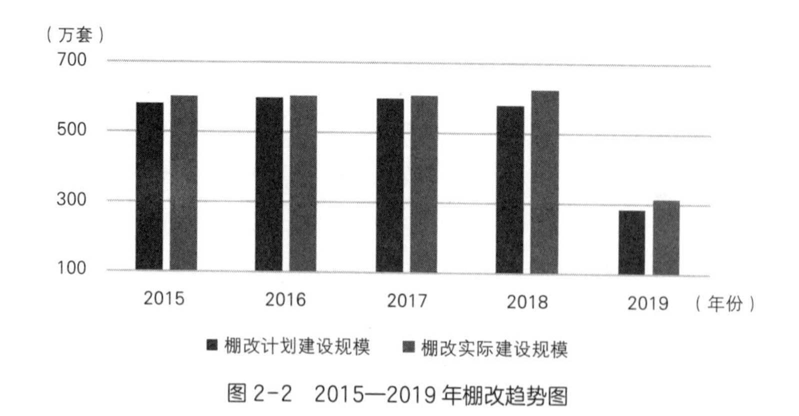

图 2-2　2015—2019 年棚改趋势图

2020 年，我国共需改造的老旧小区总体量为 700 万户，按照每户 $100m^2$ 计算，共需改造资金为 7000 亿~ 10000 亿元，中央财政城镇保障性安居工程专项资金用于老旧小区综合改造资金共计 300 亿元，但是这对于总体量的资金投入还是远远不够的。

1. 老旧小区改造资金筹集的主要问题

（1）资金缺口大，并且现有的资金投入较为分散

老旧小区体量巨大，改造工作是个长期过程，改造过的小区一段时间后可能还需要改造（比如改造后十年可能还需要进行新一轮的改造）。在实地调研中，老旧小区改造需要大量资金投入：如杭州市的小河直街和五柳巷两个老旧小区的改造（包括路面及管网设施）约为 5000 元 $/m^2$（属于历史文化建筑的修缮保护，成本已经高于重建成本，经济效益差）。并且，当前的资金缺口较大，老旧小区有很大一部分是房改房，根据《住宅专项维修资金管理办法》的相关规定，房改房的住宅专项维修基金个人缴纳部分仅为房改成本价的 2%，而原售房单位多已解散，远远不足以支撑老旧小区改造的资金需求。

此外，老旧小区改造涉及面广，包括建筑的抗震加固改造、小区管网改造、节能改造等。现有的资金投入多以具体项目为依托，例如北京市抗震节能综合改造最高按 4000 元 $/m^2$，节能改造按 500 元 $/m^2$，补助资金需依托抗震加固、节能改造、管网更新等标准予以资金投入相应的名目。

（2）政府投入较大但是住户出资的积极性不高

目前的资金来源渠道多为政府财政补贴、各项专项基金的资金支持，市级政府与所在区县政府承担了较大部分的投资。例如上海市、杭州市等都明确了市级财政与区级财政按一定比例出资支持，但是反观老旧小区改造的直接与最大受益者——住户，其出资积极性不高，部分居民不愿出资，倾向于政府包办，甚至是寄希望于动迁的意愿强烈。这又降低了本愿意出资居民的积极性，给老旧小区改造的资金筹集带来了巨大的难度，市场有参与的积极性但是因为产权等方面的问题难以进入。

老旧小区改造过程是经济效益，例如可通过楼层加层，增加厨房卫生间设施，设立停车设施等会形成产权面积的增加，带来一定的收益。部分企业愿意参与到老旧小区改造的事业中，但目前政策规范的不完善、缺乏成熟运作模式等增加了企业参与其中的顾虑。

2. 资金问题对策建议

老旧小区改造是个长期的过程，需要大量的资金投入，政府不应也没有能力全额承担所有的资金投入，在具体的资金筹措中，应遵循权责相对，多方共担，

财政补贴与市场化机制并行的全方位融资模式，具体如下。

（1）权责相对，根据权属关系理顺出资关系

各利益相关方根据权属关系承担相应的责任，缴纳相应的改造资金。

对于房屋本体的改造，区分产权面积不变和增加产权面积两类。产权面积不变的房屋更新改造应由原产权人出资。对于增加产权面积的改造，可由新增产权的所有者出资，共有产权按照所占比例共同出资。

对于基础设施的改造更新，区分改造和新增两类改造部分，按照“表前表后”原则确定责任主体出资，公益性新增基础设施由政府出资，可经营性的基础设施由最终受益人出资。

权责相对是资金承担的基础性原则，地方政府切忌大包大揽，不越位，不错位，不缺位，逐渐向老旧小区居民传递权利与义务对等的意识，政府应了解帮助老旧小区住户改造居住环境与品质的目的，其主要工作是制定规范和监督工作，以免出力不讨好。

（2）多方共担，共同承担老旧小区改造巨量的资金需求

老旧小区改造包含一整套的维修完善工作，其资金花费也是巨大的，以抗震加固和节能改造为例，仅花费的资金可能都会超过重建成本（北京的抗震加固成本约为 4000 元 /m^2），考虑到拆除重建可能会产生其他更多的成本，较高的改造成本也是可以选择的。但大量的资金来源需要多方共同承担，需要调动好各相关部门、单位的积极性，利用好各种资金。政府财政补贴承担一部分，原房屋产权单位承担一部分，相关改造企业承担一部分，居民个人负担一部分。比如，路面管网设施改造不涉及居民房屋自身，让住户承担这部分的资金难度较大，可考虑从管网设施的权属制度创新出发，让参与改造的企业承担部分资金。此外，对于有盈利、可经营的改造更新项目，可以通过出售出租的方式进行融资，以平衡改造的资金，比如楼层加层面积可以出售，新增停车设施也可以出售出租。

（3）整合资金渠道，统一老旧小区改造的施工进程

各地的老旧小区改造条块分化，资金使用也较为分散。比如有城市棚户区改造资金，建筑节能改造资金等，因此需要整合使用各种资金，拓宽资金来源，统一调度与使用。此外，在老旧小区改造的过程中，应注重工作的整体推进，统一进场，通过改造提高效率，以减少浪费，节约资金，降低对小区居民的干扰。

（4）财政补贴发挥政府资金的引导性、民生性作用

虽然政府应摒弃大包大揽的行为，但是实践中确实存在原建筑质量不合规范等问题；并且政府层面的资金投入可以带动其他投资，起到了惠民的作用。因此可以提供适当的财政补贴，由中央政府整合建立一个专项的老旧小区改造基金，资金的使用必须符合程序要求，财政补贴目的在于引导与示范，而不是包办；市政府、区级政府按照一定比例共同承担部分引导资金投入。

（5）市场化机制，发挥多种融资方式的差异化优势

各小区的改造项目多种多样，应该根据项目的收益性优劣进行分类，对于收益性差的项目，应发挥财政资金的民生性作用；对于收益可观的老旧小区改造项目，应将资金来源的重点放在市场化融资机制之上，调动社会、单位、个人的积极性，利用好各种金融机构的贷款以及相应的资金支持，形成良性的资金来源。

1）采用政府和社会资本合作的项目模式（PPP 模式）

PPP 模式是公共基础设施中的一种项目融资模式，在该模式下鼓励私营企业、民营资本与政府进行合作，参与公共基础设施的建设，而老旧小区改造正具备这样的运作潜力。民营资本具有资金优势，但是需要给予其利润空间，这对老旧小区的权属关系创新提出了新的要求，如楼层加层，增设电梯和停车设施、新增面积的权属划分以及运营方式等，均可考虑进行市场化运作，以拓宽资金来源。

2）金融工具创新支撑

老旧小区的改造会使得居住小区产生增值收益，无论是加层、单位面积增加，还是房价上涨（实地调研中，改造后的小区确实会一定幅度提升房价），甚至是新增的停车设施也会带来持续的收益，这部分增值收益恰恰是进行金融创新的基础。可以探索将增值收益打包成相应的资产，通过资产证券化、贴息贷款等多种形式的市场化运作模式为老旧小区改造筹措资金，并且，国家开发银行住宅金融事业部已经在棚户区改造领域进行了相应的实践，市场化方式发行住宅金融、专项证券、政策性支持贷款等融资渠道都是值得研究和探索的方向。

3）争取各种项目资金支持

以清洁发展机制（CDM）为例，它是《京都议定书》中引入的灵活履约机制之一。核心内容是允许缔约方（即发达国家）与非缔约方（即发展中国家）进行项目级的减排量的抵消额转让与获得，在发展中国家实施温室气体减排项目。老旧小区普遍存在能效不高的问题，可以参考日本经验，通过建筑物节能改造等领域的努力，减少相应的温室气体排放，获得资金支持。

（6）激发存量资金，创新住户的资金承担机制

在老旧小区改造过程中，住户也需承担部分改造资金，但是当下情形下，新缴费进行维护的难度较大，可行性较低。应着重用好用活已有的存量资金，未来逐步建立完善持续的个人资金供给渠道。

当下可以直接利用的个人资金主要是住宅专项维修资金。《住宅专项维修资金管理办法》明确了："住宅专项维修资金应当专项用于住宅共用部位、共用设施设备保修期满后的维修和更新、改造，不得挪作他用。"然而，现实中住房维修基金可能会较少，甚至存量的住房维修基金数额较少（尤其是公房的缴存基数和比例低），不足以满足老旧小区改造的资金需求。

应在此基础上创新个人住房公积金的使用，使得居住者甚至受益人可以使用

个人住房公积金余额覆盖老旧小区改造中个人承担部分。《住房公积金管理条例》规定，职工翻建、大修自住住房的情况，可以提取职工住房公积金账户内的存储余额。这使得住房公积金用于支持老旧小区改造成为可能。

总之，资金筹措方面的核心在于：一是谁受益谁出钱，摒弃政府大包大揽的资金分担模式；二是综合考虑实际情况，整合好、利用好财政资金的引导作用；三是想方设法通过机制创新、金融创新，引入市场资金支持；四是用好目前已有的资金，创新住户的资金承担机制。

2.5 老旧小区物业管理的问题及对策

老旧小区的居住环境改善一方面取决于改造，另一方面取决于老旧小区物业管理。随着生活水平的提升，居民对于居住环境有了更高要求的同时，对物业的管理水平和所提供的服务要求也越来越高，我国物业管理行业迎来转型升级。近年来，伴随新型基础设施推广与落地，信息化管理技术趋近成熟，建设并采用信息化物业管理模式，物业产业逐步实现转型升级。

1. 制约老旧小区信息化建设的关键性问题

（1）老旧小区物业管理缺失的问题

老旧小区大多属于计划经济时代的福利性住房，主要为政府机构的直管房屋和企事业单位的自管房屋，小区的管理则依靠政府和企事业单位的直接管理。依托于经营状况较好的企事业单位的老旧小区，其物业管理也相对更完善。但某些老旧小区，由于破产或改制等原因导致原管理单位退出，市场化的物业管理公司因产权问题难以进入，很多小区实质上处于弃管的状态，少数小区则通过获取政府补贴勉强维持在较低的管理水平，但仅能提供环卫保洁等最基础的物业服务。

（2）老旧小区物业服务能力差、管理水平低的问题

老旧小区建设的年代较早，建设标准低，主要是为了满足居住需求，导致小区内公共空间相对匮乏，物业公司难以提供更加多元丰富的物业服务。老旧小区改造在做好基础设施更新的同时，更应该注重于完善社区服务。这需要在老旧小区改造启动前进行统筹考虑，适当地增加公共空间，为丰富社区服务留出可能的空间。

日常各项收费、物业安保、维修是小区物业的主要管理工作，老旧小区物业管理内容更加繁杂，更加需要精细化的管理运作。如果使用传统的管理方式，耗费大量人力物力却不能取得良好的效果。要想用较少的人力完成复杂的管理，就必须要有一套科学、高效、严密、实用的物业收费和维护工作方式。物业服务是一个劳动密集型的行业，随着现代物业管理的发展，更多信息化、智能化技术以及新的管理理念也在不断更新并应用，但很多物业管理人员的工作方式并未跟上

时代的步伐，物业从业人员需要更多的物业管理方面的培训，并投入更多有助于提高管理效率的新工具新设备。

（3）物业管理公司盈利问题

小区居民对物业服务的付费意愿低，主要原因是受过去福利住房时代观念的影响，物业服务过去多由单位包揽并作为一种福利提供给居民，居民缺少为良好物业服务缴纳费用的意识。此外，物业公司的管理能力不足，经营失误、管理不规范，物业公司、业委会、居委会之间缺乏有效的沟通交流，居民对物业服务不满，也导致了物业费收缴困难。老旧小区因存在各种公共设施损坏和缺失的问题，其维护管理的开支更加巨大，物业企业难以单独依靠市场化运营实现盈利，这也导致大部分物业企业不愿入驻，往往需要政府给出一定的优惠条件，或约定在入驻后的数年内给予一定的补贴，才能维持正常的物业管理和服务。

2. 对策建议

针对以上困境，总结现有经验，基于多元主体的不同特点，并综合考虑老旧小区基础设施落后、人员复杂、管理混乱等问题，为进一步提高老旧小区物业管理水平，现提出如下建议：

（1）统筹改造工作和改造后的运营管理工作。老旧小区情况复杂，设施现状、管理方式等均具有较大的差异性，改造初期应注重长期建设规划，从老旧小区现状出发，从满足居民生活需要的方面着手，要把居民实际需要和外部条件结合起来统筹考虑。在老旧小区改造的启动阶段，应深入对老旧小区各方面进行调研，包括老旧小区组织模式，管理主体，参与方，小区内设备、场地现状，居民情况等内容，作为物业公司入驻和开展管理服务工作的基础。

（2）注重多方利益群体的统筹协调，明确权责划分。加大协调力度，建议实施组织协调机制，建立多元主体协同共治为核心的老旧小区物业管理体系，建立独立的运营一体化统筹机制，构建组织架构与运营管理模式，明确物业公司的职责，定期开展工作联席会议，协调解决老旧小区物业管理的重点难点问题，巩固改造成果。

（3）优化现有监管机制，提升监管效率。设立监管部门，对各方主体的服务效果或履约情况加强监管，通过物业信息化管理平台提升物业公司的服务水平，优化社会资本参与的模式，提高行政机关、相关政府及事业单位的参与度。

（4）完成物业建设资金筹措。加大财政投入，动员单位支持，引入社会资金，实现资金多元化。调整改造资金调配，提高信息化改造资金占比，在启动阶段完成资金筹措。提升入驻物业企业自身的资金造血能力，加强改造后小区的韧性。利用信息化物业管理平台，增加老旧小区资金内循环创收点。长期运行中相关拓展性服务以及依托于系统可实现的运营资金增长点进行分析研究。

第3章　老旧小区改造策略与运作模式

老旧小区改造是综合性的民生工程，在具体的实施过程中不仅涉及改造的具体工程技术，还涉及小区业主的协调、资金筹集、运作模式等诸多方面。因改造与小区居民利益密切相关，改造策略的制定应充分听取居民意见。遵循居民自愿、政府引导、多方参与、因地制宜、保护改造并重、共同管理的原则。本章将综合介绍老旧小区改造应当遵循的基本原则和策略，通过案例详细介绍全国多个城市老旧小区改造的典型模式，并对各种典型模式进行对比分析，总结每种典型模式的特点、适用范围及可供借鉴的经验。

3.1　老旧小区改造策略

1. 掌握居民更新需求，搭建多方参与平台

老旧小区改造直接关系到居民的切身利益，应充分尊重和满足居民的居住功能诉求和精神追求，体现以人为本的理念。通过问卷调查和访谈，居民的需求按照急迫程度由高到低分别是建筑功能提升（改造室内空间布局、增加电梯等适老设施、增加安保设施、加装外保温层、提高结构抗震性能等）、公共配套服务设施更新、道路及停车设施改造、住区安全与管理提升、公共环境整治、市政管道设施（小区供热、给水、排水、照明、燃气等）、人文环境提升等。

老旧小区改造一方面要顺应现代人的物质和精神需求对老旧小区的规划布局、公共空间、公共服务设施和市政设施等进行优化，对质量较好的建筑进行保护，对质量较差的进行修缮、整治，通过制定完善的住宅修缮计划和措施，尽可能减少对居民日常生活的干扰；另一方面要通过搭建社区民主议事平台，建立多方共同参与机制，发动小区居民积极参与，确保居民的知情权、参与权、选择权和监督权，加强居民的认同感和归属感，合力推进更新改造；另外，通过提高居民参与的主观能动性，有助于维护已有社会网络的稳定，使居民顺利适应新的住区环境和生活，实现老旧小区设施设备长效管养，建管并重，标本兼治，巩固改造成果。

2. 开展全生命周期的持续评估，完善指标体系

建立和完善老旧小区全生命周期的分析和评估体系。改造前，应对老旧小区

的状况进行客观、科学、系统的评估，发现存在的问题和隐患，为改造工程提供科学评价标准和定量依据，从而确定改造方向、改造目标和改造程度；改造中，应根据实际情况及时调整改造策略；改造后，对照预设目标，对实施效果进行再评估，建立与老旧小区寿命一致的持续性评估体系，更好地推进更新改造。

评价指标体系主要针对居民的居住状况（居住面积、日照、通风等）、居民经济生活状况（收入水平、职业状况、家庭及人口结构等）、公共设施的配置（人均指标、质量、便捷程度、使用率及使用主体等）、居民日常生活主要步行路线，现有公共空间的使用频率和使用时间、居民之间相互协作程度、居民文明程度、生活便利性、公共安全系统等方面进行评价，可以结合各地区实际情况进行调整。如广州市针对老旧小区的建筑年代、建筑结构、楼栋公用设施、消防设施、安防设施、供水设施、用电设施、供气设施、小区管线、排水设施、道路、步行系统、停车设施、环卫设施、照明设施、康体休闲设施、绿地率、社区基层组织建设、居民改造意愿等 20 个方面进行评估，每个方面又细分为 3 ~ 4 个子项，共 62 个选择，总分为 100 分，分值高的小区优先纳入改造计划。

3. 识别多样化的更新类型，提供多种改造选择

城市中众多的老旧小区情况各异，从区位、交通、建筑、环境到历史、文化、人群、要求等千差万别、各有特色。通过历史资料查询、实地踏勘、问卷调查和分类访谈等方式，获取老旧小区各方面的数据和各利益相关人群的意见，在分类整理的基础上，结合老旧小区建筑年代、街区肌理、居民意愿、文化、特色产业等因素，可将老旧小区按改造迫切性分为急需改造、可以改造和暂缓改造三大类。

老旧小区改造必须充分尊重多样性，具体问题具体分析讨论，改造内容和方式应针对性地根据不同地区、不同类型，体现因地制宜、实事求是的原则，“一区一策”，采用“规定动作 + 自选动作”相结合的菜单式改造方式，以满足不同住区的更新需要。按照轻重缓急制定老旧小区更新工作方案和改造标准，分年度、分步骤、分类型实施改造，先易后难、统筹兼顾，突出重点、有序推进。

4. 注重实用功能，贯彻绿色低碳的生活理念

老旧小区改造应注重实用功能，切实为居民服务，防止形式主义。积极运用能源低碳技术、污染治理技术、资源利用技术等绿色适宜技术降低老旧小区的日常使用能耗，从绿色建筑、节水节能、污水处理、垃圾分类、社区绿化等方面入手，通过结构优化、功能提升等手段提高住宅的性能；通过水资源循环利用、太阳能光伏采集、可再生能源利用等手段提升资源利用程度；通过限制机动车出行、提倡公共交通优先、完善静态交通，建立适宜居民低碳出行的道路交通系统；通

过改善住区微气候和增加住区绿量，构筑住区自然生态的绿化景观系统；通过公共活动空间的塑造和公共服务设施的优化，提高公共空间环境的使用效率，降低住区的碳排放量；通过舒适的光环境、安全的防卫消防系统、保持安静的生活环境，形成住区良好的物理环境，通过加强低碳生活意识的教育，把环境管理纳入社区管理，推动大众对环保的参与，构建具有高效节能、环保健康、舒适绿色、生态平衡特征的居住环境，实现老旧小区的绿色再生。

5. 挖掘和传承历史文脉，重塑社区精神家园

老旧小区承载着城市的记忆，是城市生活的重要载体，一些旧住宅不仅反映了一个时代的居住生存环境特征，而且还见证了城市的发展历史，是散落的历史碎片，具有一定的历史纪念价值。老旧小区的更新应注重挖掘历史文化内涵，尽量保持环境的历史延续性和意象特征，彰显文化特色，提高居民的文化生活品质，重塑精神家园。

老旧小区改造的前提是不破坏城市的整体环境，保持城市固有的风格和文化底蕴，改造前应详细列明老旧小区改造的具体目标、指标和文化要求，杜绝简单、粗暴、随意的改造开发。

6. 拓宽融资渠道，探索持续更新机制

老旧小区改造是一项技术性、政策性都很强的复杂系统工程，政府和市场均无法完全占据主导位置，只能采用政府主导、公众参与、市场化运作的方式推进老旧小区改造。在具体操作层面，如何从传统运动式改造向渐进式、常态化更新转变还需要机制的创新。

在资金筹措方面，应积极探索老旧小区的投资链与收益链，以“市场之手”寻找老旧小区综合改造的效益和商机。挖掘老旧小区的先天区位优势，合理利用小区闲置土地和简陋房屋进行再开发，明确老旧小区增加面积产权，小区停车位、屋顶光伏、幼儿园托老所等公共设施建设运营等方面的综合收益归属，设立城市更新基金，拓宽改造资金渠道，调动社会各方力量共同参与老旧小区改造。

在建设管理方面，分析对比老旧小区改造与新扩建工程的异同点，找准现有审批程序中存在的障碍，缩减审批手续与费用，形成规范化、标准化、科学化的改造建设管理模式，制定详细的改造方案，协调规划、建设、消防、环保等政府部门，形成上联政府、下至社区、各司其职、科学高效的管理格局和运行机制，强化群众的监督管理，确保有效实施。

在法律、法规方面，研究破解老旧小区绿地和停车场运营权益再分配、增设电梯、容积率突破、基础设施产权与维护产权分离等一系列问题的方法。

3.2　老旧小区综合改造运作典型模式

进入城市更新时代后，为了满足人们对美好生活的向往，老旧小区改造内容更加多样化，但仍以完善类和提升类为主。改造内容的增加使项目需要更多的资金支持，导致原来用于老旧小区改造的财政资金出现了不足，因此老旧小区改造的融资、建设和运营方式也出现了巨大的变化，并逐渐形成了以下 7 个突出特点：

（1）政府主导，市场运作；

（2）多元融资，成本共担；

（3）片区统筹，资金平衡；

（4）盘活存量，经营资产；

（5）党建引领，社群互动；

（6）留改拆建，综合更新；

（7）多方参与，共建共享。

在老旧小区改造提升的创新实践中，围绕着上述特点的实现，逐渐形成了 7 种运作模式（图 3-1），分别为 PPP 模式、劲松模式、片区统筹、整租运营、综合整治、文商旅融合和拆除重建。

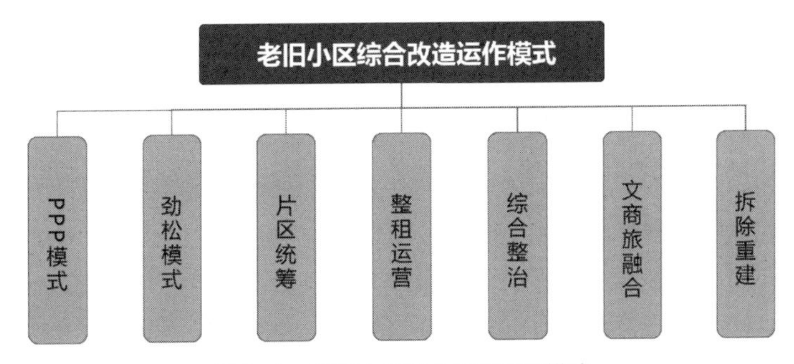

图 3-1　老旧小区综合改造运作模式

3.2.1　PPP 模式

1. 模式特点

（1）政府通过提供引导资金，给予水、电、施工建设、经营资源等配套支持，引入市场主体从融资、设计、建设、后续物业管理等全过程规模化实施“建设管理运营一体化”，挖掘片区闲置资产再利用，统筹实施基础类、完善类、提升类改造内容，实现可持续运营。

（2）PPP 模式极大地缓解了政府投资压力，发挥社会资本资产管理优势，重塑片区商业环境，激活片区低效及闲置资产。

（3）PPP 模式既能减轻政府财政支出压力，又能盘活社会资本，同时保证工程质量和服务水准，从而达到三方共赢局面。

2. 模式案例：重庆市九龙坡区城市老旧小区改造项目

为确保项目的资金投入，保障城市更新的长效运营效果，为市民提供可持续的高品质生活，重庆市九龙坡区 2020 年城市老旧小区改造项目采用 PPP 模式公开招采有资金实力和运营能力的社会资本，进行项目的投资、设计、融资、建设、运营全过程服务，并加强在实施过程中党建引领的作用，提升居民参与度、支持率以及获得感。

（1）项目基本概况

老旧小区改造项目范围包括了九龙坡区红育坡老旧小区、劳动三村、杨家坪农贸市场周边片区老旧小区、兴胜路片区、兰花小区、埝山苑片区六个小区及周边相关配套设施。

（2）创新模式：全国首个采用 PPP 模式的老旧小区改造项目

项目投资额：项目总投资约 3.7 亿元，九龙坡区政府运用市场化方式，采用“改建 - 运营 - 移交”（ROT）模式引入社会力量，提供资金“活水”。

（3）项目的经验借鉴

1）改造资金——创新 PPP 模式、多方筹集

PPP 模式可极大地缓解政府投资压力，发挥社会资本资产管理优势，重塑片区商业环境，激活片区低效与闲置资产。通过“建设管理运营一体化”，挖掘片区闲置资产再利用，统筹实施基础类、完善类、提升类改造内容，实现可持续运营。

2）改造方案——党建引领、民主协商

构建“五议”工作机制，提升居民参与度、支持率和获得感。一是居民提议，社区党委召开院坝会收集意见，运营单位上门入户开展问卷调查；二是大家商议，梳理群众“急难愁盼”的改造重点开展方案设计，及时公示、会商；三是社区复议，对大部分居民同意的事项，由社区党委会同社会资本召集有不同意见的居民群众开会沟通疏导或上门入户做工作，争取意见最大化统一；四是专业审议，对基本确定的方案由市、区住房和城乡建设部门先后召集现场踏勘并会同相关部门，进行共同审议、把关确定；五是最终决议，审议后的方案再与居民统一思想，落地实施，确保支持率近 100%。

3）长效运营——专业 + 自治、传统 + 智慧

引入专业物业公司和居民自治相结合，探索智慧化管理模式。一是实施专业管理，引入专业物业公司入驻，负责项目改造后的区域化物业管理服务工作；二

是实施自治管理，构建四级组织架构，即街道党工委、社区党委、网格党支部、党小组分级领导下的小区自治领导小组，统筹组织、引导发动好整个片区、各个小区的自治工作，并组建四支志愿者队伍，会同物业共建共治共管；三是实施智慧管理，在公共区域增设视频监控、违停抓拍等设施，增设化粪池安全监测及自动报警系统、智能门禁系统等，有效提高了老旧小区的安全防范和应急处置能力。

3.2.2 劲松模式

1. 模式特点

（1）在民生导向下的老旧小区改造市场化模式上探索突破；

（2）在党建引领下的老旧小区改造长效机制和共治平台上探索突破；

（3）在善治目标下的老旧小区改造“软硬兼顾”“共同缔造”上探索突破；

（4）在运营视角下的老旧小区专业化综合服务上探索突破。

2. 模式案例：北京市朝阳区劲松（一、二区）老旧小区改造项目

北京市朝阳区劲松街道劲松北社区作为改革开放后第一批成建制住宅，总占地面积 0.26km^2，有居民楼 43 栋，项目涉及总户数 3605 户，老年居民比率 39.6%、其中独居老人占比 52%。社区配套设施不足，生活服务便利性差，居民对加装电梯、完善无障碍设施、丰富便民服务、提升社区环境要求很高。

2018 年 7 月，劲松北社区改造更新工作启动。项目总投资 7300 万元，其中政府财政投资 4300 万元、社会资本投入自有资金 3000 万元，改造后由社会资本进行整体运营。

（1）项目建设内容

打造了以“一街”（劲松西街），“两园”（劲松园、209 小花园），“两核心”（社区居委会、物业中心），“多节点”（社区食堂、卫生服务站、美好会客厅、自行车棚、匠心工坊等）为改造重点的示范区，打造平安社区、有序社区、宜居社区、敬老社区、熟人社区、智慧社区，改造前后对比如图 3-2 所示。

平安社区建设： 实施消防安全基础工程，畅通消防通道，改造消防隐患护栏，规范电动车充电，清除楼道堆置物，开展社区消防培训；科学布设治安岗亭、应急救援站等基础设施；实施架空线入地；合理配置物业管理“专职管家”，建立有机融合的日常治安防控队伍及常态化治安巡控机制。

有序社区建设： 加强社区功能性改造，合理设置社区人、车出入通道；规划完善社区人、车交通动线，改造相关设施打通交通微循环；系统改造自行车停放设施，针对性满足电动自行车停放、充电等需求。

宜居社区建设： 改造社区公园，实现集园林绿化、体育健身、休闲交流、文

化宣传等多功能于一体；完善社区绿化景观建设；合理规划、引入适合居民需要的早餐店、菜市场、修补站、老字号、便利店等便民服务业态；系统改造现有自行车棚，除满足停车需求外提供更多“缝缝补补”式便民服务。

敬老社区建设：完善社区公共场所、楼门入口、楼道等场所无障碍设施，结合实际加装电梯；建设社区老年食堂；物业服务建立孤寡老人、高龄老人、重症老人等群体定期走访、精准服务制度。

熟人社区建设：设计、建设具有鲜明特色的劲松社区颜色及标识系统；建设劲松文化墙，完善文化宣传展示设施，凝聚乡愁元素，唤醒荣耀记忆。

智慧社区建设：打造多功能合一的社区智能服务一卡通“劲松卡”，结合居民尤其是老年人较多的实际情况，不断完善社区智慧治理解决方案，如：单元门内摄像头，记录老人出行数据，长期未出门物业进行上门关怀。

改造前

改造后

图 3-2　改造前后对比

（2）项目的经验借鉴

1）在民生导向下的老旧小区改造市场化模式上探索突破

除由劲松街道按程序申请市、区两级财政资金担负社区基础类改造费用外，由社会资本投入自有资金约 3000 万元实施提升类、完善类项目改造，通过赋予社区低效空间经营权和物业服务、停车服务收费等实现投资平衡。

2）在党建引领下的老旧小区改造长效机制和共治平台上探索突破

强化项目各个阶段中党建的主导、引导、指导、督导、倡导和领导作用，由区级领导统筹建立街道党工委（办事处）、区相关部门、社区党委（居委会）、居民议事会和社会资本共建共治的“五方联动”工作机制和工作平台，实现各关键环节和利益诉求的“闭环管理”；并搭建起社区党委牵头，项目公司临时党支部、物业服务企业党支部、房管所党支部、居民党支部等参与的“党建共同体”，实现工作联动。

3）在善治目标下的老旧小区改造“软硬兼顾，共同缔造”上探索突破

抓好整体性设计、专业性改造和规范性运营，从“街区、社区、邻里”三重维度，整合专业力量，形成规划“总图”，确保“一张蓝图管到底”，最大限度减少对居民生活的影响。既注重硬件设施提升，又注重美好生活社区共同缔造，围绕多维政策目标，以平安社区、有序社区、宜居社区、敬老社区、熟人社区、智慧社区“六个社区”统领更新改造。

4）在运营视角下的老旧小区专业化综合服务上探索突破

面对劲松北社区原有物业“政府兜底、街道代管”模式和居民缺乏付费意识的难题，组织了为期 1 个多月的物业入驻入户宣贯，该社区成为北京市首家以“居民过半、建筑面积过半”形式入驻的老旧小区。物业入驻后实施清单式管理，让居民在感受到生活品质切实提升基础上，逐步接受物业服务付费理念，再通过 4 个月先尝后买期，于 2020 年 1 月启动收费工作，2021 年度物业费收缴率已达 85.42%。为促进物业服务企业自运转，街道设置为期 3 年的物业扶持期，将原来承担的兜底费用向物业公司购买服务，帮助物业公司度过缓冲期，增强自身造血功能，3 年后物业企业完全自负盈亏。

3.2.3 片区统筹

1. 模式特点

基于老旧小区数量较多、涉及范围较大、资源分布情况不均衡的情况，遵循三个层面逐步实现全域整体更新。

（1）资源较丰富社区实现社区自平衡改造；

（2）打破单一社区的物理空间边界，以街道为基本单位统筹相邻社区组成的“街区”乃至区域整体资源，以区域内强势资源带动自平衡及“附属型”弱资源社区，形成资源互补的组团联动改造，实现“片区统筹、街区更新”；

（3）复制多元协同、资源统筹模式，带动相邻街道、社区积极挖掘潜在资源，逐步覆盖全域。

2. 模式案例：北京市大兴区清源街道兴丰街道项目

2020 年 1 月 2 日，大兴区召开社区治理试点工作推进会，引入社会资本，以

清源街道枣园社区、兴丰街道三合南里社区为试点，正式启动老旧小区改造试点工作。

（1）建设内容：

1）清源街道枣园小区——超大社区老旧小区改造

枣园社区是20世纪90年代建成的回迁、商品混居社区，建筑面积28.7万m^2，现有51栋楼、272个楼门、3380户居民、13100人、85家底商、5家辖区单位，是典型的超大社区。在居民的共同参与下，公共区域内景观绿化提升、道路安防优化、休闲设施打造、便民配套新增等已全部完工。通过简易低风险政策，新建便民服务配套，提升社区居民生活便捷度；社区内引入厨余垃圾处理设备，打造共享菜园花圃；利用闲置配电室改造为居民议事厅，用于举办党建活动等室内活动场所使用。

2）兴丰街道三合南里组团——点状分散社区改造（图3-3）

三合南里社区包含3个自然小区，分别为建馨嘉园、书馨嘉园和三合南里南区。三个小区总建筑面积8.9万m^2、含16栋楼、1147户社区居民、3000余人。组团还包含社区外闲置锅炉房、堆煤场、底商等闲置资源。通过产权单位资源置换，实现物业服务引入及社区改造提升，补充社区便民配套功能；并统筹片区资源，打造街区综合便民服务中心，打造“十五分钟美好便民生活圈”。

建设进度及计划安排：示范区及锅炉房的建设改造已完工，2020年年底前楼本体及公区改造项目完工。

图3-3　改造后的社区

在大兴区老旧小区数量多，范围广，资源分配不均匀的情况下，大兴区委区政府在经过多个老旧小区的实地走访，调研街道社区相关闲置低效资源，形成了以老百姓实际需求为导向，统筹规划社区、街区、片区资源，充分利用城市更新的政策红利，撬动社会资本在投融资、设计、运营等方面的投入，将政策有效落实的同时为老百姓带来切实的利益，并将该模式在大兴区逐步进行推广。

（2）项目的经验借鉴

1）片区统筹，充分挖掘空间资源

大兴区老旧小区数量较多，涉及范围较大，资源分布情况不均衡。通过自平衡改造，形成资源互补的组团联动改造，实现“片区统筹、街区更新”。复制多元协同、资源统筹模式，带动相邻街道、社区积极挖掘潜在资源，逐步覆盖大兴全域。

2）落实政策，为居住社区补短板

结合前期居民调研及社区周边配套市场调研结果，利用社区内闲置空间，通过简易低风险政策（京规自发〔2019〕439 号）、北京老旧小区综合整治工作手册（京建发〔2020〕100 号）等政策，新建便民服务配套，提升社区居民生活便捷度。改造后社区居民不用走出社区，便可享受社区食堂、养老托幼、文体活动室、缝补维修、无障碍卫生间等便民服务。

针对居民核心诉求，利用社区外街区内闲置的锅炉房和堆煤场，打造辐射周边各社区居民的街区级便民服务中心。引入便民菜店、社区食堂、缝补裁衣、便民理发、文具办公、图书阅读、体育运动等生活服务功能，打造集便民服务配套和文化体育活动为一体的综合便民服务场所——三合·美邻坊，实现 15 分钟美好便民生活圈落地。

3）高位统筹，建立多元协同机制

区委区政府高位统筹，多次调研试点建设、批示试点专报、召开试点专题会议等，推动项目建设，并建立周例会、周专报、周督办机制，确保项目顺利落地。

改造方案设计初期，采集 2000 余份居民调查问卷，结合数月的实地勘探结果，深入挖掘居民核心需求及痛点，融入改造设计方案及居民服务体系中。改造方案初稿形成后，召开“拉家常”议事会，采集居民意见，优化设计方案。改造实施中，吸纳社区居民代表、各领域专家作为小区改造的“居民顾问”，成立“社区智囊团”，实施监督、建言献策。

3.2.4　整租运营

1. 模式特点

（1）该模式是一种整村房屋长期整体租赁的城中村改造模式；

（2）实施“规划、设计、建设、运营”全链条服务；

（3）党、群、青（青年）、社（社会资本）四位一体共建共治；

（4）提供城中村综合服务体系，探索出一套城中村可持续发展模式。

2. 模式案例：深圳元芬新村整村统租运营项目（图 3-4）

2018 年，深圳市龙华区元芬社区与社会资本展开合作，对元芬新村进行综合整治，将原本生活处处不便的城中村打造成了符合年轻人租住需求的微棠新青年社区（图 3-5），帮助越来越多的深漂青年找到了在这座城市中温暖的归属感。

图 3-4 改造后的元芬新村

图 3-5 微棠新青年社区

由龙华区大浪街道党工委主导，大浪街道陶元社区党委、元芬社区股份合作公司党支部穿针引线，引入社会资本，以整村统租方式，对元芬新村实施整体规划、全面改造、空间重塑、风貌提升以及优质服务供给。

（1）项目基本概况

数据显示，深圳城中村总建筑面积超 4 亿 m^2，占深圳建成区面积的 36%。同时，城中村租赁住房约占全市租赁住房总量 82.9%，容纳人口占全市人口总量的 57.9%。

城中村居住环境品质不高、公共服务平台缺乏、生活配套设施短缺、服务体系不完善、专业化运营管理缺位等，均亟待破题。

（2）项目实施历程

《深圳市国民经济和社会发展第十四个五年规划和二〇三五年远景目标纲要》中提出，“鼓励城中村规模化租赁，持续改善城中村居住环境和配套服务”，而大浪街道在 2018 年就已经在这方面进行了先行探索。

2018 年 6 月，在大浪街道党工委主导下，引入社会资本达成战略合作。在战略方向和具体工作上，街道党工委最终明确：坚持“党委引领、政府市场协同、居民参与”的思路，以元芬城中村为试点，以居民为中心，通过引入社会资本，协同街道社区在元芬新村实施整村规划、功能分区、便民设施建设、楼栋安全改造、公共空间打造等工作，并提供可持续、专业、精准的物业管理与运营服务，建设宜居、智能、高效、优质的城中村综合服务体系，探索出一套具有内生循环动力的城中村可持续发展模式。

（3）项目的经验借鉴

1）“整村改造 + 专业服务”

塑造时尚宜居新生态历时 3 年，以规模化租赁为纽带，在党委、政府支持下，打造社区项目，令整个元芬新村内外气象一新（图 3-6）。

图 3-6　社区客户服务中心

改造出租楼外立面、架设高空防坠网、建设文化广场、铺设彩虹道、更新生活服务设施等，通过改造改善城中村的整体样貌。

在实操层面，社区项目运营方通过引进物业管理、市政、环卫、绿化、工程、消防等各类型的专业技术人才，对元芬新村全域实行一体化规划，将整村规划设计为健康生活区、综合服务区、特色文化区、创新创业区和商业区，分期分阶段实施建设与改造，如图 3-7、图 3-8 所示。

目前，社区项目已覆盖元芬新村 100 余栋出租楼，占据新村近半空间。楼宇加固、高空防坠网加装、楼栋内部消防设施管网改造已完成，运营方进一步通过统一楼宇外观和公寓色调、道路彩虹彩绘、布局特色主题广场等创新方式，以及重点规划健身房、烘干室、自习室、社区食堂等生活服务设施，充分凸显城中村“青年社区”的辨识度。同时，社区充分保留元芬本土客家历史文化，做好古井等历史建筑修缮保护。

图 3-7　社区文化广场

图 3-8　社区体育场

2）打造“一站式”数字服务平台

在整村改造过程中，社区尤其注重服务品质，将社区网络力量和专业运营力量统筹使用，结合数字技术手段，及时满足居民对品质生活的需求。

常规服务“一键可通”。借助公众号、App、物联网系统平台等数字服务系统，居民可在线完成租住、交水电费等业务，并线上享受保洁、保安、维修、咨询、销售、活动发布等家政服务；生活服务品质提升，运营方升级社区生活商业业态，招商引入头部零售商业品牌，在线配套生鲜超市、零食小铺、特色餐饮等便利服务；个性服务“即时可获”。

值得一提的是，规模化租赁与整村改造并未带来租金的飞涨。据当前已入住租客的调研显示，房租占租客收入平均值为 16.84%，社区实现了租金合理、环境宜居、预期稳定的宜居与可支付并存的居住生态。

3.2.5　综合整治

1. 模式特点

（1）由单一实施主体进行片区整体更新；

（2）根据建筑现状进行判断和分类施策，将现状保留、微改造、拆除重建等多种方式相结合进行更新；

（3）这种模式可以通过拆除重建部分的收益，来实现片区综合开发的整体资金平衡；

（4）在住房和城乡建设部禁止在城市更新中大拆大建之后，原来类似深圳城中村那样成片拆除的项目比例会降低，但是为了实现老旧小区的改造提升改造需要筹措资金，又不得不拆建一部分来增加现金流。因此，在今后这种混合了“留、改、拆、建”多种更新方式的片区综合更新会日益成为主流的模式。

2. 模式案例：广州环市东商圈更新改造项目（图 3-9 ~ 图 3-11）

（1）项目基本概况

项目周期约为 3 年。项目规划总用地面积 169hm^2。启动区规划设计范围约 43hm^2。环市东片区总体定位为“广州中央活力区”，从传统中央商务区转型升级为中央活力区，构建以贸易总部、创新金融、健康医疗为主导，城市服务为支撑，科技为驱动，文化为特色的现代服务业体系。

首先，通过“留、改、拆”混合改造，实现片区老旧小区改造。尊重现有城市肌理，对片区历史价值原型进行延续与重构。综合价值判断与产业定位，采取整体保留、微改造、拆除重建三类改造方式。以花园酒店、友谊商场、白云宾馆等围绕环东文化打造环东品牌形象与文化地标，建设友谊广场。通过地下 - 地面联通的立体广场，结合环市东路南北城市空间，连接建设街、天胜村、华侨新村三大主题文化街区。

此外，进行城市功能多元复合，打造面向未来城市的乐活街区。应用乐活街区理念，在最小尺度上实现功能业态的最大混合，通过数字化体验设计打造环东未来社区。公共服务设施扩容提质，提升居住片区和产业片区的整体服务水平。

（2）模式的经验借鉴

环市东商圈片区更新项目探索“政府主导、国企参与、市场运作”模式，将现状保留、微改造、拆除重建相结合，通过成片连片更新改造，全面改善人居环境品质、增加产业空间载体，让老城市焕发新活力。

图 3-9　改造效果图

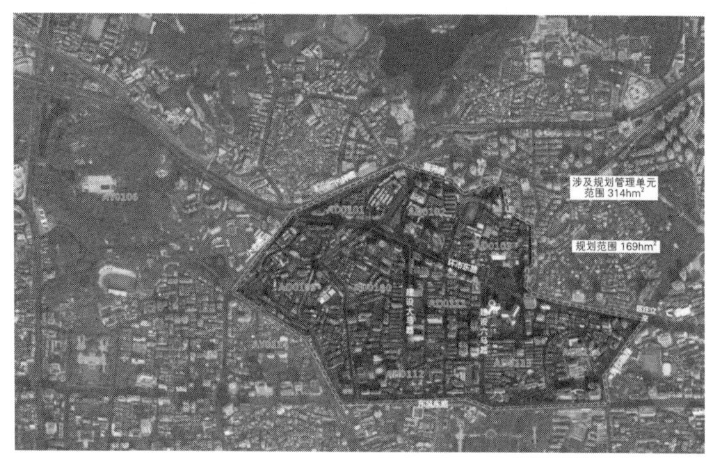

图 3-10　项目范围图

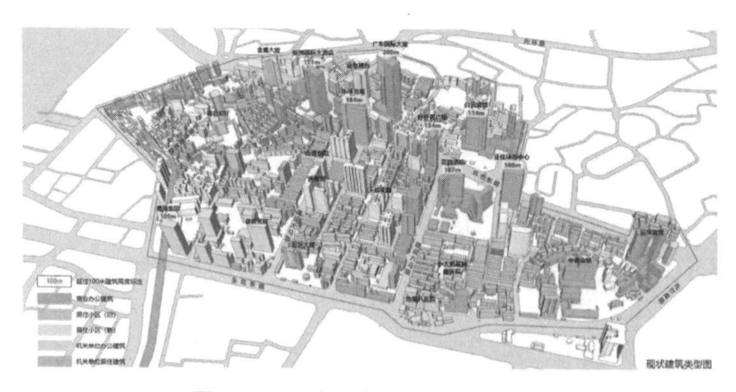

图 3-11　环市东商圈现状建筑类型图

3.2.6　文商旅融合

1. 模式特点

（1）在提升居住功能和基础设施配套功能的同时，积极引入文商旅业态；

（2）在保留原住民的同时，引入新商户和消费者，提升整体片区活力；

（3）在保护历史文化建筑的同时，也实现了文化 IP 的挖掘和塑造；

（4）这种模式适用于历史文化建筑、街区、古城等具有特色的居住片区。

2. 模式案例：南京“小西湖”微更新项目

小西湖街区作为南京 28 处历史风貌区之一，留存的历史街道有 7 条、文保单位 2 处、历史建筑 7 处、传统院落 30 多处，是南京为数不多比较完整保留明清风貌特征的居住型街区之一。

尽管有保护意义，但改造前大部分建筑年久失修，成为棚户区，生活在这里的居民居住体验不佳。政府部门通过“微管廊”的创新，做好道路、煤气、水电管线等公共设施的基础建设，为“小规模、渐进式、跨院落”的保护与更新形式提供了技术支撑，既兼顾了历史街区的尺度，又改善了居民的生活条件；同时，充分尊重居民的意愿自主决定是走是留；再根据街区内房屋的历史价值，决定是严格保护还是加以改造。

南京市对南部新城开发建设盈余收益，定额统筹部分资金，分 5 年筹集 150 亿元用于老城保护和更新项目，初步形成了以政府公共财政投入为主、多渠道筹措历史文化名城保护经费的投入机制，有效降低了老城开发强度。

3. 项目的经验借鉴

对于有历史文化保护的老旧小区综合改造项目，应由政府负责征收改造转为多元产权主体参与更新。通过有温度的城市更新，一改过去采用“留下要保护的、拆掉没价值的、搬走原有居民”的改造更新方式，让居民参与到保护更新的工作中。既保证了历史街区的传统风貌，又激发历史街区的现代活力。

3.2.7　拆除重建

1. 模式特点

（1）整体拆除，重新规划，重新建设，更新力度最为彻底；

（2）“政府主导、市场化运作、村股份公司参与”的整体统筹、多方协同的合作模式；

（3）平衡兼顾村民、社会及开发商的利益，并在三者间建立密切的合作关系，使村民、社会及开发商的利益在未来发展中融为一体；

（4）通过一二级联动开发，提升项目整体定位，给城市创造了高品质的开放空间；

（5）引入创新型科技企业，进一步推动科创产业的升级与发展，促进产城融合。

2. 模式案例：深圳大冲村旧改项目

大冲村旧改项目属城中村改造，其前身是村民集体经济组织用地和原住村民与外来人员的生活区域，经过十余年的持续更新，延续本地文脉、完善城市基建、承接产业升级，集当代品质住区、酒店公寓、高端写字楼、开放式商业街区、体验式购物中心、人性化公共空间于一体的城市人文综合区。

大冲村超过70%的村民物业都是用来出租的，房租便宜，交通便利，菜市场、小吃店、百货店、小商品市场遍布街头巷尾。由于缺少科学的统筹规划，市政设施严重匮乏，建筑密度大，安全隐患严重，社会治安混乱，是典型"脏、乱、差"的城中村，图3-12为大冲村民在自家房屋顶加盖违章建筑。

图3-12　大冲村民在自家屋顶加盖违章建筑

大冲村旧改项目占地面积68万m^2，动迁居民1300户，拆除房屋1500多栋，总规划建筑面积达280万m^2。按照进度计划，将用3年时间先期完成村民回迁物业及大冲市政道路、配电、供水等公共设施建设，用8年时间完成核心商务、商业及商品房建设，确立了"三年见成效，五年大变样，八年换新貌"的更新目标，最终总投资逾450亿元，是当时广东省旧城改造之最，图3-13为旧城改造过程。

项目在地方政府、城市运营商、村集体股份公司的三方协同下顺利进行，解决了城中村自身发展的困境，在政府的牵引力下，从城市功能上做到了两个维度上的重要提升：一是通过城市生活空间的营造，跃迁式地实现了本地生活方式的升级，极大地改善了人民的生活质量；二是通过引入科技与金融等核心产业，实现了与深圳城市发展趋势融合的产业结构升级，从根本上改变了该区域的经济生产方式。

图 3-13　旧城改造过程

3. 项目的经验借鉴

在合作模式上：开创了“政府主导、市场化运作、村股份公司参与”的整体统筹、多方协同工作机制，以行动规划为本，平衡兼顾村民、社会及开发商的利益，并在三者间建立密切的合作关系，使村民、社会及开发商的利益在未来发展中融为一体，通过多方共赢使改造规划行动起来，切实指引旧村更新各个阶段的实施工作，摸索出一套符合深圳特色的城市更新解决方案。

在开发模式上：成功实现了开发的“一二级联动”以及项目更新内涵的定位提升，探索文化保育，并给城市创造了高品质的开放空间；在商业模式上，实现了自我超越，引领商业进步，升级商业内涵，吸引大众流量，成功塑造了具有人文底蕴的新地标。

在产业模式上：打造产城融合的老旧小区改造模式，通过科技金融赋能创新型科技企业，进一步推动科创产业的升级与发展。

模式是技术层面上的操作，模式之下是对底层逻辑的理解。经济基础决定上层建筑，一座城市的经济发展取向，决定其现在和未来的产业生态结构，进而决定其城市更新的范式迁移，如图 3-14 所示为改造前后对比。

图 3-14　改造前的大冲村与更新后的深圳 · 华润城

3.3 典型模式对比

以上七种老旧小区运作模式具有明显的差异性，具体对比见表3-1，PPP模式更适用于以政府为主体，且政府财政投资紧缺的老旧小区改造项目，通过盘活社会资本，完成老旧小区基础类、提升类和完善类的改造；劲松模式适用于政府参与，以社会资本为主体进行改造并进行整体运营的老旧小区改造；片区统筹模式适用于改造范围较大，且空间资源广泛，需要多元化协同的老旧小区改造；整租运营适用于整村房屋长期整体租赁的城中村改造；综合整治适用于需要根据建筑现状进行判断和分类，现状保留、微改造等多方式相结合的老旧小区改造，这种模式可以通过拆除重建部分的收益实现片区综合开发的资金平衡；文商旅融合适用于历史文化建筑、街区、古城的老旧小区改造；拆除重建适用于需要整体拆除，重新规划，重新建设的老旧小区改造，这种模式需要政府主导，市场化运作，对社会资本方的资金实力要求比较高。

七种老旧小区运作模式对比　　表3-1

序号	运作模式	模式特点	模式案例	经验借鉴
1	PPP模式	运作主体为当地政府，通过引进资金统筹实施基础类、完善类、提升类改造内容；可以缓解政府投资压力，盘活社会资本	重庆市九龙坡区城市老旧小区改造项目	改造资金来源广泛，在吸引社会资金进入的同时，缓解了政府的投资压力；党建引领、民主协商，确保改造方案的支持度；为保证长效运营，引入专业物业管理公司和居民自治相结合
2	劲松模式	在居民有改造意向的前提下寻求老旧小区改造的市场化；在运营的视角下为居民提供更完善的综合服务，深度挖掘社区可利用资源	北京市朝阳区劲松（一、二区）老旧小区改造项目	除由劲松街道按程序申请市、区两级财政资金担负社区基础类改造费用外，由社会资本投入自有资金实施提升类、完善类项目改造，通过赋予社区低效空间经营权和物业服务、停车服务收费等实现投资平衡；整合专业力量，形成规划“总图”，确保“一张蓝图管到底”，最大限度减少对居民生活的干扰；物业入驻后实施清单式管理，让居民在感受到生活品质切实提升基础上，逐步接受物业服务付费理念
3	片区统筹	资源丰富的社区实现自平衡改造；打破单社区物理空间边界，实现“片区统筹、街区更新”；复制多元协同、资源统筹模式，带动相邻街道、社区积极挖掘潜在资源	北京市大兴区清源街道兴丰街道项目	片区统筹，充分挖掘空间资源；落实政策，为居民社区补短板；深入挖掘居民核心需求及痛点，融入改造设计方案及居民服务体系中

续表

序号	运作模式	模式特点	模式案例	经验借鉴
4	整租运营	整租运营是一种整村房屋长期整体租赁的城中村改造模式；实施“规划、设计、建设、运营”全链条服务；党、群、青（青年）、社（社会资本）四位一体共建共治的新模式	深圳元芬新村整村统租运营项目	以规模化租赁为纽带，在党委、政府支持下，令社区焕然一新；对项目实行一体化规划，将整村规划设计为健康生活区、综合服务区、特色文化区、创新创业区和商业区，分期分阶段实施建设与改造
5	综合整治	由单一实施主体进行片区整体更新；根据建筑现状进行判断和分类施策，将现状保留、微改造、拆除重建等多种方式相结合进行更新；通过拆除重建部分的收益，来实现片区综合开发的整体资金平衡；混合了“留、改、拆、建”多种更新方式的片区综合更新会日益成为主流的模式	广州环市东商圈更新改造项目	“政府主导、国企参与、市场运作”模式
6	文商旅融合	在提升居住功能和基础设施配套功能的同时，积极引入文商旅业态；在保留原住民的同时，引入新商户和消费者，提升整体片区活力；适用于历史文化建筑、街区、古城等具有特色的居住片区	南京“小西湖”微更新项目	对于有历史文化保护的老旧小区综合改造项目，应由政府负责征收改造转为多元产权主体参与更新。让居民从保护更新项目的“旁观者”变为“参与者”
7	拆除重建	“政府主导、市场化运作、村股份公司参与”的整体统筹、多方协同的合作模式；平衡兼顾村民、社会及开发商的利益，并在三者间建立密切的合作关系，使村民、社会及开发商的利益在未来发展中融为一体；引入创新型科技企业，进一步推动科创产业的升级与发展，促进产城融合	深圳·华润城市更新项目	开创了“政府主导、市场化运作、村股份公司参与”的整体统筹、多方协同工作机制，使村民、社会及开发商的利益在未来发展中融为一体；成功实现了开发的“一二级联动”以及项目更新内涵的定位提升；打造产城融合的老旧小区改造模式

第 4 章　老旧小区改造关键技术

本章详细介绍老旧小区改造过程中常见的改造技术，其中包括抗震加固改造、防火防灾改造、无障碍改造、基础配套设施更新改造、建筑节能改造、环境改造和建筑功能性改造相关技术。本章对老旧小区主要改造环节面临的核心问题，主要的相关政策、标准以及针对性的技术进行介绍。对老旧小区改造技术进行汇总，根据老旧小区自身状况，制定相应的改造方案，在保障改造功能实现的同时选择性价比更高的改造技术，是老旧小区改造能够有序推进、不断扩大范围的基础。

4.1　抗震加固改造

4.1.1　我国地震概况

1. 我国地震活动的基本分布情况

我国地震活动十分广泛。截至 2022 年底，根据中国地震局发布的相关信息，除浙江、贵州两省外，其他各省（自治区、直辖市）都发生过 6 级以上强震，其中 18 个省（自治区、直辖市）均发生过 7 级以上大震，约占全国省（自治区、直辖市）的 60%。台湾地区是我国地震活动最频繁的地区，1900—1988 年全国发生的 548 次 6 级以上地震中，台湾地区为 211 次，占 38.5%。我国大陆地区的地震活动主要分布在青藏高原、新疆及华北地区，而东北、华东、华南等地区分布较少。我国绝大部分地区的地震是浅源地震，东部地震的震源深度一般在 30km 之内，西部地区则在 60km 之内；而中源地震则分布在靠近新疆的帕米尔地区（100 ~ 160km）和台湾附近（最深为 120km）；深源地震很少，只发生在吉林、黑龙江东部的边境地区。自 1949 年 10 月 1 日以来，全国共发生 8 级以上地震 3 次；我国大陆地区共发生 7 级以上地震 35 次，平均每年发生约 0.7 次；6 级以上地震 194 次，平均每年发生近 4 次。与近 100 年的活动水平（大于等于 7 级的年均值为 0.66 次，大于等于 6 级的年均值为 3.6 次）相比较，1949 年后的强震活动水平高于前 50 年的活动水平。

另外，我国强震分布显示了西多东少的突出差异。我国大陆地区的绝大多数强震主要分布在东经 107° 以西的广大地区，而东部地区则很少。据统计，

1949—1981 年间发生的 27 次 7 级以上地震中，西部约为 20 次，占 74%，东部只有 7 次，占 26%；而 6 级地震，东部占的比例则更小。在 1895—1985 年间，我国大陆地区发生的全部 7 级以上地震中，西部占 87%，其应变释放能量占 90.8%。

以上情况充分说明，1949 年后我国地震活动分布较广，呈现明显的西多东少，分布极不均匀的特点。这种分布特征为地震工作布局和确定监测预报及预防工作的重点地区提供了重要事实依据。

2. 我国地震灾害总体情况

我国地处世界两大地震带——环太平洋地震带与欧亚地震带的交汇部位，受太平洋板块、印度板块和菲律宾板块的挤压，我国地震活动具有频度高、强度大、震源浅、分布广的特点，是一个震灾严重的国家。根据中国地震局统计表明，我国的陆地面积约占全球陆地面积的 1/15，即 6% 左右；人口占全球人口的 1/5 左右，即 20% 左右，然而我国的陆地地震仅占全球陆地地震的 1/3，即 33% 左右，而因地震死亡的人数竟达到全球的 1/2 以上。20 世纪全球共发生 3 次 8.5 级以上的强烈地震，其中两次发生在我国。

据统计，1949—2007 年，100 多次破坏性地震袭击了 22 个省（自治区、直辖市），其中涉及东部地区 14 个省份，造成 27 万余人丧生，占全国各类灾害死亡人数的 54%，地震成灾面积超 30 万 km^2，房屋倒塌达 700 万间，地震灾害的损失触目惊心。

3. 我国近年地震活动数据统计（2020.1.1—2021.12.31）

根据数据记录，我国在 2020 年 1 月 1 日—2021 年 12 月 31 日期间，共发生 1408 起地震，震级分布如表 4-1 所示，两年间震级 ≥ 5 的地震地区分布情况如图 4-1 所示。

我国 2020—2021 年地震震级分布情况表　　表 4-1

震级	<3	3 ~ 4.9	5 ~ 6.9	≥ 7	总次数
2020 年	59	551	28	0	638
2021 年	81	652	36	1	770
2020—2021	140	1203	64	1	1408

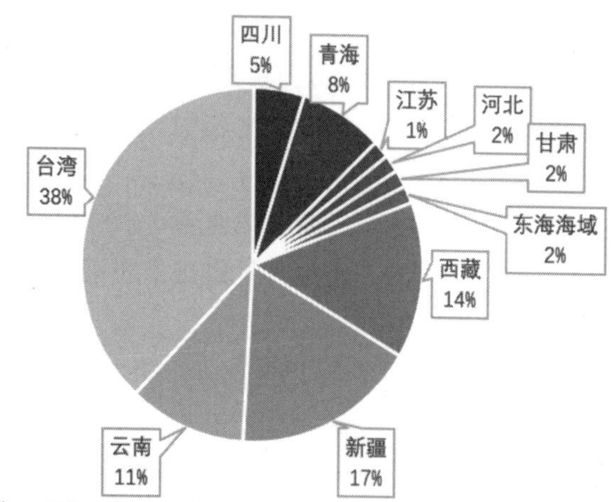

图 4-1　我国不同地区 2020—2021 年震级≥ 5 次数占比

4.1.2　老旧小区抗震加固改造必要性

由于经济、技术等原因，我国 2000 年前建成的老旧小区大多存在抗震性能严重不足的问题，特别是新版中国地震动参数区划图发布后，全国有超过 25% 的城镇大幅提高了抗震设防标准，进一步扩大了不满足抗震设防要求的房屋数量。据 2015 年 8 月住房和城乡建设部《老旧小区调研报告》中的 32 个省、自治区、直辖市、新疆生产建设兵团汇总数据，无抗震设防的建筑面积占总老旧建筑面积的 27% 左右，涉及的人口 1 亿多，占城市人口的 20% 左右，成为威胁居民生命财产安全的重大隐患。

地震灾害造成人员伤亡和经济损失的主要原因是建筑工程的破坏，城市因为人口、产业、建筑的高度集中，使得破坏呈现出连锁和放大效应，特别是京津冀、鲁苏皖、厦漳泉、西咸、海珠深等城市密集地区。如果地震，灾害将会造成大量人员伤亡和经济损失，甚至可能影响社会稳定。尽管唐山大地震之后我国大中城市很少发生过 6.5 级以上大地震，但有关资料显示，我国城市发生大震的风险日益攀升。因此，加快推进抗震加固，尽快提升城市老旧小区建筑的抗震能力，具有非常重要的现实意义。

4.1.3　老旧小区抗震加固的范围

地震导致老旧房屋倒塌，造成严重损失（图 4-2 ~ 图 4-5），需要进行抗震加固改造的既有住宅建筑主要包括三类：

第一类，全国范围内 1980 年前建成的老旧住房。该部分指《工业与民用建筑抗震设计规范》TJ 11-78 实施前未进行抗震设计的住宅建筑，截至 2015 年，总计建筑面积约 10 亿 m^2。

第二类，全国范围内 1980—2000 年建成且未抗震设防的老旧住房。该部分是指按照当时国家规定属于非抗震设防区的住宅建筑，截至 2015 年，总建筑面积约 20 亿 m^2。

第三类，设防烈度 8 度以上地区 1980—2000 年建成但设计依据的烈度低于现行设防要求 1 度以上的老旧住房。该部分指由于地震动参数区划图调整，其抗震设防水平与现行标准相差较大且处于高烈度区的住宅建筑，截至 2015 年，总建筑面积约 10 亿 m^2。

图 4-2　什邡地震后照片

图 4-3　都江堰地震后照片

图 4-4　都江堰建筑倒塌照片

图 4-5　倒塌建筑的照片

4.1.4　抗震加固技术体系

1. 抗震加固技术体系

我国抗震加固标准体系日趋完善，现行相关规范较齐全，覆盖了抗震鉴定、抗震加固设计和施工、加固材料、工程验收等各环节，包括《建筑抗震鉴定标准》GB 50023-2009、《建筑抗震加固技术规程》JGJ 116-2009、《砌体结构加固设计规范》GB 50702-2011、《建筑结构加固工程施工质量验收规范》GB 50550-2010 等相关标准规范（表 4-2）。同时，随着工程实践的深入，我国在抗震鉴定、加固设计和施工方面培养了一批优秀的技术和管理人才，造就了一批熟练掌握抗震鉴定加固技术的企业，形成了强有力的抗震加固技术支撑。

我国建筑抗震鉴定和加固设计施工相关标准规范表　　表 4-2

序号	类别	标准规范名称
1	鉴定类	《工业建筑可靠性鉴定标准》GB 50144-2019
		《民用建筑可靠性鉴定标准》GB 50292-2015
		《构筑物抗震鉴定标准》GB 50117-2014
		《建筑抗震鉴定标准》GB 50023-2009
		《既有建筑鉴定与加固通用规范》GB 55021-2021
		《危险房屋鉴定标准》JGJ 125-2016
		《钢结构检测评定及加固技术规程》YB 9257-1996
2	加固类	《混凝土结构加固设计规范》GB 50367-2013
		《砌体结构加固设计规范》GB 50702-2011
		《混凝土结构后锚固技术规程》JGJ 145-2013
		《建筑抗震加固技术规程》JGJ 116-2009
		《钢结构检测评定及加固技术规程》YB 9257-1996
		《喷射混凝土加固技术规程》CECS 161：2004
		《钢结构加固技术规范》CECS 77：96
3	施工类	《混凝土结构工程施工质量验收规范》GB 50204-2015
		《建筑工程施工质量验收统一标准》GB 50300-2013
		《木结构工程施工质量验收规范》GB 50206-2012
		《工程结构加固材料安全性鉴定技术规范》GB 50728-2011
		《建筑结构加固工程施工质量验收规范》GB 50550-2010
		《钢筋阻锈剂应用技术规程》JGJ/T 192-2009

2. 已出台抗震加固改造的系列政策

为了保证人民生命财产安全，陆续出台了抗震加固改造的系列政策（表 4-3）。

抗震加固改造相关政策　　表 4-3

发布时间	文件名称	相关内容
2016-02-21	《中共中央国务院关于进一步加强城市规划建设管理工作的若干意见》	加强对既有建筑改扩建、装饰装修、工程加固的质量安全监管。全面排查城市老旧建筑安全隐患，采取有力措施限期整改，严防发生垮塌等重大事故，保障人民群众生命财产安全

续表

发布时间	文件名称	相关内容
2021-08-04	中华人民共和国国务院令第 744 号《建设工程抗震管理条例》	第三章　鉴定、加固和维护 第十九条　国家实行建设工程抗震性能鉴定制度。 按照《中华人民共和国防震减灾法》第三十九条规定应当进行抗震性能鉴定的建设工程，由所有权人委托具有相应技术条件和技术能力的机构进行鉴定。 国家鼓励对除前款规定以外的未采取抗震设防措施或者未达到抗震设防强制性标准的已经建成的建设工程进行抗震性能鉴定。 第二十条　抗震性能鉴定结果应当对建设工程是否存在严重抗震安全隐患以及是否需要进行抗震加固做出判定。 抗震性能鉴定结果应当真实、客观、准确。 第二十一条　建设工程所有权人应当对存在严重抗震安全隐患的建设工程进行安全监测，并在加固前采取停止或者限制使用等措施。 对抗震性能鉴定结果判定需要进行抗震加固且具备加固价值的已经建成的建设工程，所有权人应当进行抗震加固。 位于高烈度设防地区、地震重点监视防御区的学校、幼儿园、医院、养老机构、儿童福利机构、应急指挥中心、应急避难场所、广播电视等已经建成的建筑进行抗震加固时，应当经充分论证后采用隔震减震等技术，保证其抗震性能符合抗震设防强制性标准。 第二十二条　抗震加固应当依照《建设工程质量管理条例》等规定执行，并符合抗震设防强制性标准。 竣工验收合格后，应当通过信息化手段或者在建设工程显著部位设置永久性标牌等方式，公示抗震加固时间、后续使用年限等信息。 第二十三条　建设工程所有权人应当按照规定对建设工程抗震构件、隔震沟、隔震缝、隔震减震装置及隔震标识进行检查、修缮和维护，及时排除安全隐患。 任何单位和个人不得擅自变动、损坏或者拆除建设工程抗震构件、隔震沟、隔震缝、隔震减震装置及隔震标识。 任何单位和个人发现擅自变动、损坏或者拆除建设工程抗震构件、隔震沟、隔震缝、隔震减震装置及隔震标识的行为，有权予以制止，并向住房和城乡建设主管部门或者其他有关监督管理部门报告
2022-05-27	《国务院办公厅关于印发全国自建房安全专项整治工作方案的通知》	对存在安全隐患的自建房，逐一制定整治方案，明确整治措施和整治时限。坚持产权人是房屋安全第一责任人，严格落实产权人和使用人安全责任。坚持先急后缓，先大后小，分类处置。对存在结构倒塌风险、危及公共安全的，要立即停用并疏散房屋内和周边群众，封闭处置、现场排险，该拆除的依法拆除；对存在设计施工缺陷的，通过除险加固、限制用途等方式处理；对一般性隐患要立查立改，落实整改责任和措施。对因建房切坡造成地质灾害隐患的，采取地质灾害工程治理、避让搬迁等措施

4.1.5　老旧小区建筑可靠性鉴定

根据《民用建筑可靠性鉴定标准》GB 50292–2015 的相关规定，民用建筑可靠性鉴定分为四种类型，分别是：可靠性鉴定、安全性检查或鉴定、使用性检查或鉴定以及专项鉴定。而根据《既有建筑鉴定与加固通用规范》GB 55021–2021 既有建筑的鉴定应同时进行安全性鉴定和抗震鉴定。

根据老旧小区内的相关规定应定期进行安全性检查，并应依据检查结果，及时采取相应措施，既有建筑在下列情况下应进行鉴定：

（1）达到设计工作年限需要继续使用的；

（2）改建、扩建、移位以及建筑用途或使用环境改变前；

（3）原设计未考虑抗震设防或抗震设防要求提高；

（4）遭受灾害或事故后；

（5）存在较严重的质量缺陷或损伤、疲劳、变形、振动影响、毗邻工程施工影响；

（6）日常使用中发现安全隐患；

（7）有要求需进行质量评价时。

1. 建筑安全性鉴定

鉴定对象可为整幢建筑或所划分的相对独立的鉴定单元，也可为其中某一子单元或某一构件。

鉴定的目标使用年限，应根据该民用建筑的使用史、当前安全状况和今后维护制度，由建筑产权人和鉴定机构共同商定。对需要采取加固措施的建筑，其目标使用年限应按现行相关结构加固设计规范的规定确定。

（1）老旧小区建筑鉴定程序（图 4-6）：

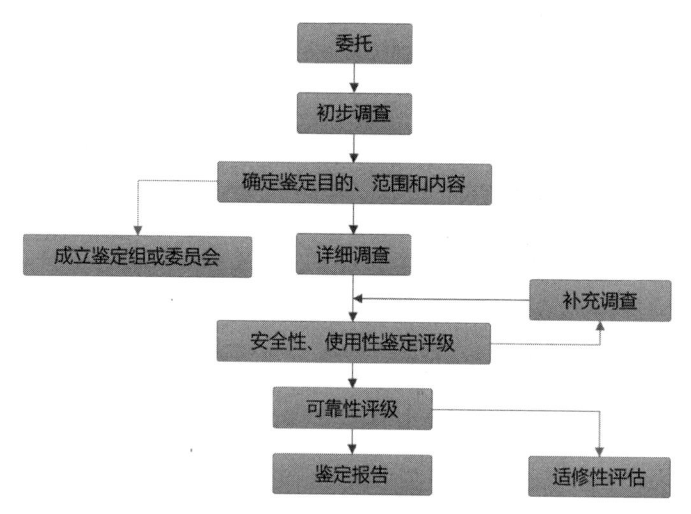

图 4-6　老旧小区建筑鉴定程序

（2）初步调查基本内容：

1）查阅图纸资料。包括岩土工程勘察报告、设计计算书、设计变更记录、施工图、施工及施工变更记录、竣工图、竣工质检及包括隐蔽工程验收记录的验收文件、定点观测记录、事故处理报告、维修记录、历次加固改造图纸等。

2）查询建筑物历史。包括原始施工、历次修缮、加固、改造、用途变更、使用条件改变以及受灾等情况。

3）考察现场。按资料核对实物现状，调查建筑物实际使用条件和内外环境、查看已发现的问题、听取有关人员的意见等。

4）填写初步调查表，并宜按《民用建筑可靠性鉴定标准》GB 50292–2015 附录 A 民用建筑初步调查表的格式填写。

5）制定详细调查计划及检测、试验工作大纲并提出需由委托方完成的准备工作。

（3）老旧小区建筑详细调查工作内容（表 4-4）：

老旧小区建筑详细调查工作内容　　表 4-4

<table>
<tr><th colspan="2">工作内容</th></tr>
<tr><td rowspan="4">结构体系基本情况勘察</td><td>1）结构布置及结构形式</td></tr>
<tr><td>2）圈梁、构造柱、拉结件、支撑或其他抗侧力系统的布置</td></tr>
<tr><td>3）结构支承或支座构造；构件及其连接构造</td></tr>
<tr><td>4）结构细部尺寸及其他有关的几何参数</td></tr>
<tr><td rowspan="3">结构使用条件调查核实</td><td>1）结构上的作用（荷载）</td></tr>
<tr><td>2）建筑物内外环境</td></tr>
<tr><td>3）使用史，包括荷载史、灾害史</td></tr>
<tr><td rowspan="6">地基基础，包括桩基础的调查与检测</td><td>1）场地类别与地基土，包括土层分布及下卧层情况</td></tr>
<tr><td>2）地基稳定性</td></tr>
<tr><td>3）地基变形及其在上部结构中的反应</td></tr>
<tr><td>4）地基承载力的近位测试及室内力学性能试验</td></tr>
<tr><td>5）基础和桩的工作状态评估，当条件许可时，也可针对开裂、腐蚀或其他损坏等情况进行开挖检查</td></tr>
<tr><td>6）其他因素，包括地下水抽降、地基浸水、水质恶化、土壤腐蚀等的影响或作用</td></tr>
<tr><td rowspan="3">材料性能检测分析</td><td>1）结构构件材料</td></tr>
<tr><td>2）连接材料</td></tr>
<tr><td>3）其他材料</td></tr>
<tr><td rowspan="7">承重结构检查</td><td>1）构件和连接件的几何参数</td></tr>
<tr><td>2）构件及其连接的工作情况</td></tr>
<tr><td>3）结构支承或支座的工作情况</td></tr>
<tr><td>4）建筑物的裂缝及其他损伤的情况</td></tr>
<tr><td>5）结构的整体牢固性</td></tr>
<tr><td>6）建筑物侧向位移，包括上部结构倾斜、基础转动和局部变形</td></tr>
<tr><td>7）结构的动力特性</td></tr>
<tr><td colspan="2">围护系统的安全状况和使用功能调查</td></tr>
<tr><td colspan="2">易受结构位移、变形影响的管道系统调查</td></tr>
</table>

（4）民用建筑鉴定评级

对老旧小区建筑，主要针对安全性进行鉴定，鉴定对象主要包括构件、子单元和鉴定单元。

安全性鉴定评级的层次、等级划分、工作步骤和内容　　表 4-5

<table>
<tr><th colspan="2">层次</th><th>一</th><th colspan="2">二</th><th>三</th></tr>
<tr><td colspan="2">层名</td><td>构件</td><td colspan="2">子单元</td><td>鉴定单元</td></tr>
<tr><td rowspan="8">安全性鉴定</td><td>等级</td><td>a_u、b_u、c_u、d_u</td><td colspan="2">A_u、B_u、C_u、D_u</td><td>A_{su}、B_{su}、C_{su}、D_{su}</td></tr>
<tr><td rowspan="3">地基基础</td><td>—</td><td>地基变形评级</td><td rowspan="3">地基基础评级</td><td rowspan="7">评定单元安全性评级</td></tr>
<tr><td rowspan="2">按同类材料构建各检查项目评定单个基础等级</td><td>边坡场地稳定型评级</td></tr>
<tr><td>地基承载力评级</td></tr>
<tr><td rowspan="3">上部承重结构</td><td rowspan="2">按承载力、构造、不适于承载的位移或损伤等检查项目评定单个构件等级</td><td>每种构件集评级</td><td rowspan="3">上部承重结构评级</td></tr>
<tr><td>结构侧向位移评级</td></tr>
<tr><td>—</td><td>按结构布置、支撑、圈梁、结构件联系等检查项目评定结构整体性等级</td></tr>
<tr><td>围护系统承重部分</td><td colspan="3">按上部承重结构检查项目及步骤评定围护系统承重部分各层次安全性等级</td></tr>
</table>

针对安全性鉴定，其安全性鉴定评级的层次、等级划分、工作步骤和内容如表 4-5 所示，各个等级的鉴定评价标准如表 4-6 ~ 表 4-8 所示。

构件安全性鉴定评级标准　　表 4-6

等级	分级标准	处理要求
a_u	安全性符合国家现行规范与标准要求，且能正常工作	不必采取措施
b_u	安全性略低于 a_u 级的要求，尚不明显影响正常工作	仅需采取围护措施
c_u	安全性不符合对 a_u 级别的要求，已影响正常工作	应采取措施
d_u	安全性极不符合 a_u 级的要求，已严重影响正常工作	必须立即采取措施

子系统及其子项安全性鉴定评级标准　　表 4-7

等级	分级标准	处理要求
A_u	安全性符合国家现行规范与标准要求，且整体工作正常	可能有个别一般构件应采取措施
B_u	安全性略低于 A_u 级的要求，尚不明显影响整体工作	可能有极少数构件应采取措施
C_u	安全性不符合 A_u 级的要求，已影响整体工作	应采取措施，且可能有极少数构件必须立即采取措施
D_u	安全性极不符合 A_u 级的要求，已严重影响整体工作	必须立即采取措施

鉴定系统安全性鉴定评级标准　　表 4-8

等级	分级标准	处理要求
A_{su}	安全性符合国家现行规范与标准要求，且系统工作正常	可能有极少数一般构件应采取措施
B_{su}	安全性略低于 A_{su} 级的要求，尚不明显影响系统工作	可能有极少数构件应采取措施
C_{su}	安全性不符合 A_{su} 级的要求，已影响系统工作	应采取措施，且可能有极少数构件必须立即采取措施
D_{su}	安全性极不符合 A_{su} 级的要求，已严重影响系统工作	必须立即采取措施

2. 建筑抗震鉴定

老旧住宅建筑的抗震鉴定，应首先确定抗震设防烈度、抗震设防类别以及后续工作年限。应根据后续工作年限采用相应的鉴定方法。后续工作年限的选择，不应低于剩余设计工作年限。

老旧住宅建筑的抗震鉴定，根据后续工作年限应分为三类，具体如表 4-9 所示。

A、B、C 三类建筑　　表 4-9

A 类建筑	B 类建筑	C 类建筑
后续工作年限为 30 年以内（含 30 年）的建筑	后续工作年限为 30 年以上 40 年以内（含 40 年）的建筑	后续工作年限为 40 年以上 50 年以内（含 50 年）的建筑
A 类和 B 类建筑的抗震鉴定，应允许采用折减的地震作用进行抗震承载力和变形验算，应允许采用现行标准调低的要求进行抗震措施的核查，但不应低于原建造时的抗震设计要求		应按现行标准的要求进行抗震鉴定；当限于技术条件，难以按现行标准执行时，允许调低其后续工作年限，并按 B 类建筑的要求从严进行处理

（1）场地与地基基础

1）对建造于危险地段的既有建筑，应结合规划进行改造或迁离；暂时不能更新的，应经专门研究采取应急的安全措施。

2）设防烈度为 7 ~ 9 度时，建筑场地为条状突出山嘴、高耸孤立山丘、非岩石和强风化岩石陡坡、河岸和边坡的边缘等不利地段，应对其地震稳定性、地基滑移及对建筑的可能危害进行评估；非岩石和强风化岩石斜坡的坡度及建筑场地与坡脚的高差均较大时，应评估局部地形导致其地震影响增大的后果。

3）建筑场地有液化侧向扩展时，应判明液化后土体流滑与开裂的危险。

4）对存在软弱土、饱和砂土或饱和粉土的地基基础，应依据其设防烈度、设防类别、场地类别、建筑现状和基础类型，进行地震液化、震陷及抗震承载力的鉴定。对于静载下已出现严重缺陷的地基基础，应同时审核其静载下的承载力。

（2）主体结构抗震能力验算

对老旧住宅建筑主体结构的抗震能力进行验算时，应通过现场详细调查、检查、检测或监测取得主体结构的有关参数，应根据后续工作年限，按照设防烈度、场地类别、设计地震分组、结构自振周期以及阻尼比确定地震影响系数，应允许采用现行标准调低的要求调整构件的组合内力设计值。

采用现行规范规定的方法进行抗震承载力验算时，A 类建筑的水平地震影响系数最大值应不低于现行标准相应值的 0.80 倍，或承载力抗震调整系数不低于现行标准相应值的 0.85 倍；B 类建筑的水平地震影响系数最大值应不低于现行标准相应值的 0.90 倍。同时，上述参数不应低于原建造时抗震设计要求的相应值。

对于 A 类和 B 类建筑中规则的多层砌体房屋和多层钢筋混凝土房屋，可采用以楼层综合抗震能力指数表达的简化方法进行抗震能力验算。具体可查看《既有建筑鉴定与加固通用规范》GB 55021–2021。

（3）主体结构抗震措施鉴定

建筑抗震措施鉴定应根据后续工作年限，按照建筑结构类型、所在场地的抗震设防烈度和场地类别、建筑抗震设防类别确定其主要构造要求及核查的重点和薄弱环节。

主体结构抗震鉴定时，应依据其所在场地、地基和基础的有利和不利因素，对抗震要求调整。当主体结构抗震鉴定发现建筑的平立面、质量、刚度分布或墙体抗侧力构件的布置在平面内明显不对称时，应进行地震扭转效应不利影响的分析；当结构竖向构件上下不连续或刚度沿高度分布有突变时，应查明薄弱部位并按相应的要求鉴定。

核查结构体系时，应查明其破坏时可能导致整个体系丧失抗震能力的部件或构件。当房屋有错层或不同类型结构体系相连时，应提高其相应部位的抗震鉴定要求。

主体结构的抗震措施应根据规定的后续工作年限、设防烈度与设防类别，对下列构造子项进行检查与评定：

1）房屋高度和层数；

2）结构体系和结构布置；

3）结构的规则性；

4）结构构件材料的实际强度；

5）竖向构件的轴压比；

6）结构构件配筋构造；

7）构件及其节点、连接的构造；

8）非结构构件与承重结构连接的构造；

9）局部易损、易倒塌、易掉落部位连接的可靠性。

3. 老旧小区建筑在下列情况下应进行加固

老旧小区应定期进行检查，并应依据检查结果，及时采取相应措施。

（1）经安全性鉴定确认需要提高结构构件的安全性；

（2）经抗震鉴定确认需要加强整体性、改善构件的受力状况、提高综合抗震能力。

4.1.6　加固改造的技术

1. 主要加固改造的方式

（1）外加圈梁构造柱加固形式。目前多层砌体结构房屋抗震加固主要有外加圈梁构造柱内穿钢拉杆、外加圈梁构造柱内穿钢拉杆与钢筋网砂浆面层组合、外加圈梁构造柱内穿钢拉杆与混凝土板墙组合三种形式。

（2）外套式加固形式。在原有房屋两侧外加混凝土墙主要通过首层设置横向拉杆、屋面设置钢梁、山墙及室内楼梯间为双向钢筋网片喷射混凝土。

（3）隔震加固在历史保护建筑、公共建筑中有一定应用，隔震加固。采取断开基础或柱子后加装橡胶垫等方式。

（4）以上形式具体实施时，可根据情况进行选择或组合使用。

目前老旧小区综合改造主要采用外加圈梁构造柱内穿钢拉杆与钢筋网砂浆面层组合、外加圈梁构造柱内穿钢拉杆与混凝土板墙组合以及外套式加固三种形式。其中前两种组合形式均采用单面钢筋网砂浆面层加固和单面混凝土板墙加固而未采用双面，主要原因是双面加固施工将破坏原房屋装修，并减少住宅使用面积，入户施工有一定难度。

2. 建筑各部位的结构受力特征及加固改造

柱：主要材料为黏土砖和钢筋混凝土，承受竖向力为主，抗弯能力弱，柱底柱顶与主体结构连接能力弱，改造时应避免扰动，其在老旧小区居民住宅改造中应用较为少见。

砖承重墙：主要材料为黏土砖，属于竖向连接承重构件，不能直接拆除，改造时可以局部增设门洞，但需要专业设计人员进行墙体安全性检测和复核。增设门洞必须要房屋相关主管部门审核批准，且必须进行加固处理。

混凝土承重墙：主要材料是钢筋混凝土，老旧住宅建筑的混凝土墙多为结构构造，可以根据实际情况，考虑局部开设门洞。门洞处需要做相应的结构补强，可做角钢补强。

砖隔墙：主要材料是黏土砖，一般是可以直接拆除的，拆除之前需要做好施工方案，防止产生关联破坏。拆除后需要结合装修，做好相关结构构件的修复工作。

楼板：主要是预制板和现浇混凝土楼板，但预制板强度较低，若存在跃层的情况，需根据具体承重情况分析改造部位的受力，采用洞口包角钢或采用高强混凝土灌浆代替。

（1）柱加固（图 4-7）

图 4-7　柱加固

老旧住宅建筑中的柱子可采用的加固方式主要有扩大截面法、包钢法以及粘贴碳纤维法。

1）扩大截面法：在原有的柱子外四周或两边、三边增大截面。增大后的截面可以采用钢筋混凝土，也可以采用钢筋加高强灌浆料。扩大后的柱截面尺寸，由结构计算复核确定。新增的钢筋通过植筋的方式锚入柱内及上下楼板内。该方法主要用于柱子截面不够的情况。

2）包钢法：一般以包角钢为主，常用于柱配筋不足情况下的加固。增加的角钢主要起到补充竖向抗压作用。

3）粘贴碳纤维法：若采用增大截面法加固有困难或者没有条件的时候，可以考虑粘贴碳纤维布增强的加固方法，补强的计算方法可见相关加固规范。

（2）砖墙加固

1）钢结构加固法。对新开的墙洞口，周边增加钢结构。钢结构的截面根据计算确定，可采用角钢、H 形钢、槽钢等。钢结构要和楼板、墙体有合理的连接方式，可通过较细直径的胀栓固定。钢结构和砖墙之间，应采用细石混凝土或高强灌浆料填充。钢结构加固实例如图 4-8。

2）包钢法。一般以包角钢、包钢板为主。加固项目实例示意如图 4-9。

3）喷射混凝土法。此方法多见于对外墙的加固。根据计算需要，可单面或双面喷射混凝土。加固项目实例示意如图 4-10。

图 4-8　钢结构加固法

图 4-9　包钢法

图 4-10　喷射混凝土法

（3）配重墙加固（图 4-11）

过去建筑结构设计，多层砖混结构住宅阳台通常采用预制阳台，安装时，预制阳台板预留的钢筋锚固到混凝土圈梁内固定，再依靠上部砖墙的重量，起部分压重作用那部分砖墙就俗称“配重墙”。原则上，某些老房子阳台上部是“配重墙”，根据结构受力机理，不宜拆除。如确有拆除需要，则配重坎墙拆除后应采取其他措施保证悬挑阳台处的结构安全。

根据设计规则，配重坎墙在抗倾覆计算过程中承担的作用很小，体现在分配系数上很小。因此，坎墙并不是一定不能取消的，必须通过具体的结构复核计算进行确认。

复核计算原则如下：

1）确定阳台自重面荷载；

2）根据规范规定的阳台使用活荷载和阳台自重面荷载，确定阳台的设计荷载；

3）确定倾覆支撑点；

4）确定倾覆弯矩；

5）确定抗倾覆部分的自重、力臂等；

6）确定抗倾覆部分的抗倾覆弯矩；

7）复核不包括配重墙的抗倾覆弯矩是否满足抗倾覆要求；

8）如满足要求，则可以拆除坎墙；

9）如不满足要求，分析加固措施，比如调整坎墙的位置和尺寸、板面增设抗倾覆钢梁（若有合适的位置）、阳台板底增设支撑（若可以）等。

图 4-11　配重墙加固

（4）楼板开洞加固（图 4-12）

1）现浇混凝土楼板。现浇混凝土楼板中增设较小洞口（一般小于 300mm），可考虑构造处理。当增设较大洞口时，需进行结构复核，一般可考虑在洞边增设钢梁，调整荷载传递路径，进而达到合理分配荷载的目的。

图 4-12　楼板开洞加固项目实例示意

2）预制楼板（图 4-13）。预制楼板不能开洞。预制楼板均为两端受力，通过预制板的两端头搁置在承重砖墙上，且一般为条状布置，宽度较小，开设洞口会造成楼板一端有支撑而另一端没有支撑的情况，导致楼板结构坍塌。

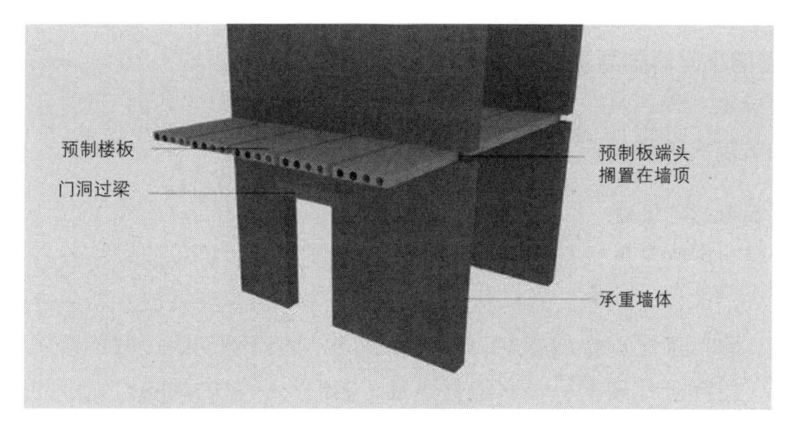

图 4-13　预制楼板

（5）阳台改造结构加固

老旧住宅建筑的阳台一般为预制阳台，通过配重坎墙的力学平衡保证阳台的结构安全。配重坎墙的自重是有限的，因此，在实施阳台改造装修的时候，必须重新复核阳台的结构安全性。

改造后的阳台，要结合实际情况，分析阳台的荷载变化，主要是改变阳台装修做法带来的荷载增加，并将这种荷载增加与原配重坎墙的配重能力做比较，当确认结构安全时方可实施改造方案。

如阳台荷载增加超过了配重坎墙的配重能力，可考虑增加阳台的配重，或者调整阳台布局。

综上所述，老旧住宅建筑的结构加固需要正确分析墙、板、柱等结构构件的受力方式，选取合适的加固处理方法，采用合理的施工改造工艺。结构改造施工前，要编制完整的施工方案，并严格按照施工方案执行。针对增设钢柱、粘钢加固、增设型钢梁加固等不同工艺，应依照现行国家施工标准和规范，制定相应的施工方案。

在施工期间，如设计发生变更或其他条件发生变化时，必须适当修改施工方案，以保证质量和工期的要求；而因修改施工方案造成进度或其他方面的影响，应制定具体的补救措施。实现加固改造的目标，消除安全隐患。

4.2　防火防灾改造

一套完善的城市消防安全体系包括硬件和软件体系。硬件体系包括长期性的城市规划、消防安全布局、配套齐全的公共消防设施、布局合理的消防站、有效的建筑消防设施。软件体系主要是由灭火应急预案、市民消防安全意识等组成。

4.2.1 老旧小区消防隐患

1. 建筑防火不满足要求

（1）城市消防规划

由于城市规划开展较早，老旧城区的城市规划与现阶段要求相差甚远。消防水源、室外消防栓分布不足，灭火救援时往往需要长距离铺设水带，从而增大了水头损失，降低了火灾扑救效率。老旧城区的消防管网前期设置不合理，后续建设跟不上，管网老化破损，供水能力不足，老旧小区室内消防栓无水的现象普遍存在。

（2）建筑防火间距

防火间距是防止着火建筑在一定时间内引燃相邻建筑，便于消防扑救的间隔距离。老旧城区内建筑密集，相邻楼栋之间距离狭窄，建筑防火间距不足的现象普遍存在，加上建筑耐火等级较差，一旦发生火灾，极易产生火灾蔓延的情况。

（3）消防车通道

由于城市规划问题，老旧城区在规划建设初期并没有预留足够宽度的消防车通道，加上老旧城区停车场少，电动车、机动车占用消防通道的现象普遍存在，导致老城区消防队出警时经常遇到消防车通道不畅通，不能及时到达火灾现场，延误火灾扑救的情况。

2. 居住人群安全意识薄弱

在城市化快速发展中，新城区配套设施齐全，相比老旧城区房价高、租金贵，具有一定经济能力的居民为了更好的生活品质选择搬迁至新城区，而老旧城区租住的多为经济能力较差的外来务工群体。这些群体大多受教育程度较低，安全意识薄弱，电动车随意停放，私拉电线的现象普遍存在。还有部分老龄群体，由于长年的生活习惯，选择继续在老旧城区生活。老年人行动缓慢，反应迟缓，记忆力较差，经常发生做饭忘记关火关气烧干锅引发火灾，冬天使用“小太阳”长时间烘烤衣物引发火灾的现象。

3. 缺少物业管理

老旧城区内的住宅建筑大多都是 20 世纪 80—90 年代建设的，这些住宅小区修建年代久远，基础设施配套不完善，且产权较复杂，很多是由国有企业或集体单位进行建造的，责任主体不明确，日常缺少物业主体对其进行维护管理，长久以往，这些住宅小区就变成了脏乱差的代名词。由于改造更新成本高，物业费收缴率低，新物业公司缺少进驻老旧小区的意愿。

4.2.2　老旧小区消防安全的防火对策

1. 重新规划老旧小区的总体布局

当前老旧小区内部与城市规划有着总体一致的布局，建筑物之间的功能也有着较为显著的区别。按照小区建筑物自身的特点，应该在建筑物当中保持一定的安全防护距离，以此来对连带问题的发生进行有效的规避，最大限度减少火势增大与蔓延的情况发生。按照老旧小区的特点，对违章搭建进行整治拆除，对楼道中杂物堆放的现象进行清理，以此来保障消防通道的通畅。除此之外，还需要在老旧小区内部，按照防火间距的规定对生活服务设施进行相应的维护与建设。

2. 规划老旧小区消防给水建设

根据数据显示，发生火灾的地方，如果有着足够的消防给水场所，就能够对火势进行快速的扑灭，从而让火灾造成的损失降到最低。一般情况下，在小区内部进行消防给水规划设计的时候，需要对消防给水系统进行合理地设置。如果是利用天然水源，就需要对消防用水与取水设施的可靠性进行相应的保障。通常在技术与经济支持的情况下，可以把生活用水与消防给水进行管道合并，使用同一水源。如果条件不允许，则需要补充建设独立的消防给水系统，并在老旧小区改造规划时，对消防给水设置低压或者高压以及临时系统。图 4-14 是北京市朝阳区劲松社区内应急救援箱。

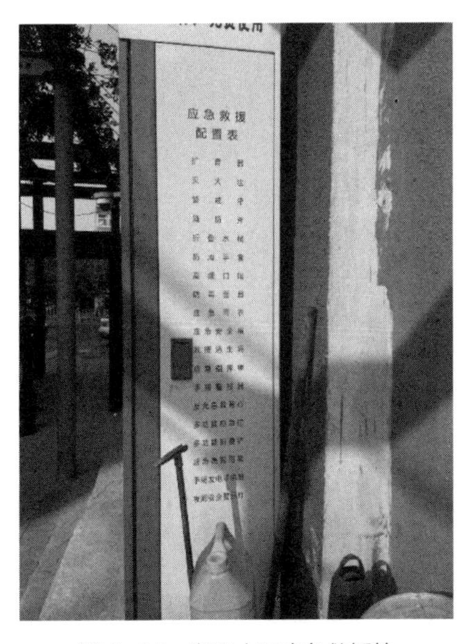

图 4-14　老旧小区应急救援箱

3. 加强老旧小区消防安全的宣传教育（图 4-15）

在老旧小区的消防安全布局防火措施的时候，对总体布局进行重新规划与给水建设进行融入之外，还需要对居民消防安全意识进行相应的提升，只有让人民群众提高对消防安全的重视，才可能有效地降低火灾发生的概率。根据对老旧小区发生火灾的原因分析可以看出，火灾的出现大多都是由人为原因导致的，因此需要加强针对小区居民的消防安全宣传工作，需要在小区内部不定期地开展消防安全活动，只有通过相应的活动才能够对居民进行防火知识的普及，从而对居民的消防意识进行相应的提升。老旧小区的物业管理还应该把消防安全的宣传加入到职责范围之内，以此来对居民的家庭防火意识进行提升。

图 4-15　老旧小区消防提示牌

4. 具体建议

消防安全提升的对策有多种，而从建筑改造层面来看，可通过老旧小区基础设施相关改造来提升老旧小区的消防水平。

（1）改造建议

1）调查、摸清老旧小区消防设施现状。可由应急管理部门、住房和城乡建设部门、规划和自然资源部门、消防部门等相关部门依最新的《消防法》《民用建筑设计防火规范》《建筑灭火器配置设计规范》等法规规范对县域内老旧小区进行一次全面“体检”，并形成体检报告，为下一步改造提升编制具体实施方案做准备。

2）加强老旧小区消防车通道的改造。通过压缩绿化带、人行道，拓宽小区内消防车通道，强化占用、堵塞消防车通道等违法行为的信息互通，实现老旧小区消防车通道标识明显、道路畅通的目标。

3）推进室内消防栓在老旧小区全覆盖。由于老旧小区建设年限各不相同，建设时执行的消防标准也不一样，有的有室内消防栓，有的没有，建议推进室内消防栓老旧小区全覆盖的进程。

4）维修、改造已损坏停用的消防设施。进一步提升改造老旧小区室外消防管网、消防设施。配齐配全手动火灾报警按钮、应急照明、疏散指示标志、楼层指示标识和灭火器。确保老旧小区消防水管网完好率达 100%，确保消防水泵控制柜正常运转。

5）拓宽天然气管线覆盖面，减少易燃物。减少室内存放易燃易爆危险品。老旧小区厨房原使用液化气瓶，存在一定安全隐患。建议拓宽天然气管线覆盖面。

6）疏导老旧小区柴间、车库出租问题。老旧小区柴间、车库（一般在单元楼的一层）被部分业主简单装修后对外出租。由于装修时对原室内强电线路等进行了改造，增加了负荷，存在一定的消防安全隐患，建议相关部门加以疏导。

7）提升改造电动车充电设施。增加电动车充电点（桩），并积极推广智能充电桩安装，进一步加大对电动车乱停放、乱充电的整治力度。

8）加装智慧消防系统配套硬件。结合"智慧城市"建设工作，主动利用智慧用电安全管理、智慧燃气管理、智慧用水管理等信息系统，将老旧小区智能消防系统全面接入"智慧消防"创新云平台，加强数据搜集、分析和应用，实行智慧监测、动态管控，确保用电用气安全可控、消防供水正常可靠。

（2）保障落实

1）组织保障。建议成立老旧小区消防设施改造提升工作领导小组，应急、住建、规划、消防大队、城管、发改、财政等部门参加，负责政策制定、工作指导和推进实施，制定老旧小区消防设施改造提升工作实施方案。

2）资金保障。建议核实物业维修基金情况，首选物业维修基金作为资金保障，若物业维修资金过少或为零，可转为采用财政保障机制。

3）项目管理。建议在充分调查摸底的基础上，从宏观层面进行顶层设计，按"一小区一规划"，不搞"一刀切"；编制各老旧小区消防设施改造提升方案，包括项目设计、工程预算等。

4）项目实施。建议结合具体的设计方案，统筹谋划，按照"突出重点，分步实施"等原则，制定详细项目实施推进的路线图和时间表。

4.2.3　老旧小区防火改造相关政策与标准体系

目前我国建筑防火体系包括《建筑防火通用规范》《消防设施通用规范》等全文强制性通用规范，《建筑设计防火规范》等基础标准，《地铁设计防火标准》等专用标准，《自动喷水灭火系统设计规范》等专业标准和评定规则标准（检测、评定、实验方法等）。

目前我国防火体系中的内容确定了防火分区要求、构件耐火等级要求以及安全疏散设计要求，还有各子系统及材料等专门设计施工及验收规范。下面是老旧小区防火改造中可能涉及的相关标准（表 4-10）。

消防与安防相关标准　　表 4-10

改造方向	标准名称	标准编号	标准类型
消防与安防	建筑设计防火规范	GB 50016	国家标准
消防与安防	建筑内部装修设计防火规范	GB 50222	国家标准
消防与安防	安全防范工程技术标准	GB 50348	国家标准
消防与安防	消防应急照明和疏散指示系统技术标准	GB 51309	国家标准
消防与安防	消防给水及消防栓系统技术规范	GB 50974	国家标准
消防与安防	火灾自动报警系统设计规范	GB 50116	国家标准
消防与安防	视频安防监控系统工程设计规范	GB 50395	国家标准
消防与安防	出入口控制系统工程设计规范	GB 50396	国家标准
消防与安防	防灾避难场所设计规范	GB 51143	国家标准
消防与安防	汽车库、修车库、停车场设计防火规范	GB 50067	国家标准
消防与安防	独立式感烟探测报警器	GB 20517	国家标准
消防与安防	建筑防烟排烟系统技术标准	GB 51251	国家标准
消防与安防	建筑灭火器配置设计规范	GB 50140	国家标准
消防与安防	消防安全标志	GB 13495	国家标准
消防与安防	防火封堵材料	GB 23864	国家标准
消防与安防	自动喷水灭火系统设计规范	GB 50084	国家标准
消防与安防	出入口控制系统技术要求	GA/T 394	国家标准
消防与安防	城镇应急避难场所通用技术要求	GB/T 35624	国家标准
消防与安防	轻便消防水龙	XF 180	行业标准
消防与安防	城市社区应急避难场所建设标准	建标 180	行业标准
消防与安防	社区微型消防站建设标准（试行）	公消〔2015〕301 号	文件

4.2.4　老旧小区防火改造技术

1. 火灾蔓延控制性能提升

（1）老旧小区住宅检查时应注意住宅建筑的防火间距在执行现行国家标准《建筑设计防火规范》GB 50016 的有关规定确有困难时，应结合现场情况采用不可开启的防火窗或火灾时能自行关闭的防火窗（门）等措施。

（2）相邻两座住宅建筑的防火间距不满足现行国家标准《建筑设计防火规范》GB 50016 规定，当同时满足表 4-11 条件时，其防火间距维持现状。

既有建筑防火间距维持现状条件　　表 4-11

满足所有条件，其防火间距可维持现状	不满足任一条件时，应采取的技术措施
● 相邻建筑外墙为不燃性墙体 ● 建筑对应部位外墙均为无门、窗、洞口的实体墙 ● 建筑对应部位无外露的可燃性屋檐	● 应在两栋住宅建筑之间分散布置不少于 2 具市政消防栓或室外消防栓 ● 应在住宅建筑户内设置家用火灾安全系统或独立式感烟探测报警器 ● 户内宜配置一套轻便消防水龙

2. 建筑构件防火性能提升

建筑构件防火性能的提升是提升建筑整体的安全性能的重要内容。在老旧小区改造中，住宅建筑新增或更换的、用于建筑结构加固的构（配）件，以及替换相同功能的构（配）件，其耐火极限应不低于原构（配）件，燃烧性能应为不燃材料。保留的建筑构（配）件可维持现状。

不同建筑及其构件的防火性能要求应参照现行国家标准《建筑设计防火规范》GB 50016 的规定。住宅建筑内部电缆桥架、电缆管道等在穿越楼板、分户墙、防火隔墙、防火墙处应采用防火封堵材料封堵，防火封堵材料应符合现行国家标准《防火封堵材料》GB 23864—2009 的要求。

3. 安全疏散性能提升技术

（1）城镇老旧小区在首层应设置直接通向宽敞地带或市政道路的室外疏散通道，其净宽度不应小于 3m。

（2）不同类型住宅建筑的疏散楼梯间设置应符合下列规定（表 4-12）：

疏散楼梯间设置规定　　表 4-12

单元式住宅建筑的疏散楼梯间设置		高层塔式住宅建筑的疏散楼梯间设置
建筑高度不大于 21m	可采用封闭楼梯间；当开向楼梯间的户门采用乙级防火门时，可采用敞开楼梯间	应采用防烟楼梯间
建筑高度大于 21m、不大于 33m	可采用封闭楼梯间，但开向楼梯间的户门应采用乙级防火门	
建筑高度大于 33m，但不大于 54m	应采用防烟楼梯间	
建筑高度大于 54m	应设封闭楼梯间	
建筑高度不大于 33m 的内廊或封闭式外廊住宅建筑	应设防烟楼梯间	

续表

单元式住宅建筑的疏散楼梯间设置		高层塔式住宅建筑的疏散楼梯间设置
建筑高度大于 33m 的内廊或封闭式外廊住宅建筑	应设封闭楼梯间	应采用防烟楼梯间
建筑高度大于 33m 的敞开式外廊住宅建筑	可采用封闭楼梯间；当开向楼梯间的户门采用乙级防火门时，可采用敞开楼梯间	

（3）疏散楼梯间需由敞开楼梯间改造为封闭楼梯间时，新增封闭楼梯间的墙耐火极限不应低于 2.00h；封闭楼梯间的门应采用乙级防火门，并应向疏散方向开启；封闭楼梯间应能自然通风；封闭楼梯间不能自然通风或自然通风不能满足要求时，应设置机械加压送风系统或采用防烟楼梯间。疏散楼梯间需由封闭楼梯间改造为防烟楼梯间时，前室和楼梯间的防烟设计应符合现行国家标准《建筑防烟排烟系统技术标准》GB 51251 的相关规定。

住宅部分与非住宅部分的安全出口和疏散楼梯间应分别独立设置。如因现场条件限制，住宅与非住宅部分在竖向共用疏散楼梯间的，非住宅部分应通过前室进入共用疏散楼梯间，前室的使用面积应符合现行国家标准《建筑设计防火规范》GB 50016 的规定。

4. 应急照明和疏散指示标志

老旧小区建筑高度大于等于 27m 的住宅建筑，其疏散楼梯间及防烟楼梯间前室应设置应急疏散照明，地面最低水平照度不应低于 5.0lx。建筑高度大于 54m 的单元式住宅和建筑高度大于 33m 的内廊或封闭式外廊住宅，应在安全出口正上方、疏散通道及其转角处距地面高度 1.0m 以下的墙面或地面上设置灯光疏散指示标志。应急照明灯具和消防疏散指示标志应符合现行国家标准《消防安全标志》GB 13495 和《消防应急照明和疏散指示系统技术标准》GB 51309 的规定。

5. 灭火救援设施提升

（1）消防救援通道的疏通优化

城镇老旧小区改造应统筹规划小区内部及周边道路系统、停车位和公共绿化空间等，道路应考虑消防车的通行需要。高层住宅建筑宜设置环形消防车道，确有困难时，可选择沿建筑的一个长边设置消防车道。有封闭内院或天井的住宅建筑，当内院或天井的短边长度大于 24m 时，宜设置进入内院或天井的消防车道；当该建筑沿街时，应设置连通街道和内院的人行通道（可利用楼梯），其间距不宜大于 80m。

消防车道的净宽度和净空高度均不应小于 4m；转弯半径应满足消防车转弯的

要求；消防车道应设置明显的永久性标识，消防车道与建筑之间无妨碍消防车操作的树木、架空管线等障碍物。

城镇老旧小区的消防车道不能满足要求时，可按照建设时的消防技术标准进行改造；有条件的可通过拆除周边违章建（构）筑物、借用相邻城市道路或相邻地块等方式解决。消防改造不得降低现有消防救援条件。城镇老旧小区确无法按要求设置消防车道的，所在社区宜联合当地消防救援部门可按照要求在社区微型消防站配置小型消防车或消防摩托车。

（2）消防给水设施和消防栓系统

城镇老旧小区改造中，多层住宅建筑的消防给水宜采用市政消防给水。高层住宅建筑的消防给水宜按现行标准《消防给水及消防栓系统技术规范》GB 50974 等的有关规定执行。其中室外消防栓宜采用地上式，当采用地下式时，应有明显标识，数量应根据室外消防栓设计流量和保护半径经计算确定，保护半径不应大于 150m；距离住宅建筑 30m 范围内无消防车道时，应在住宅周围增设室外消防栓，以满足火灾扑救的需要。

建筑高度大于 21m 的住宅建筑应设置室内消防栓系统；建筑高度不大于 27m 的住宅建筑，设置室内消防栓系统确有困难时，可只设置干式消防竖管和不带消防栓箱的 *DN*65 的室内消防栓。建筑高度不大于 54m 且每单元设置一部疏散楼梯时，室内消防栓可采用 1 支消防水枪的 1 股充实水柱到达室内任何部位，室内消防栓的布置间距不应大于 50m。当住宅建筑户内配置轻便消防水龙时，轻便消防水龙应安装或放置在便于接管的位置，并应符合现行标准《轻便消防水龙》XF 180 的规定。

（3）灭火器配置方面

城镇老旧小区住宅建筑应在每层公共部位设置不少于 2 具 1A 手提式灭火器。灭火器应设置在走道、楼梯间等位置明显和便于取用的地点（部位），且不影响安全疏散。手提式灭火器宜设置在灭火器箱内或挂钩、托架上，灭火器箱不应上锁。灭火器的配置应符合现行国家标准《建筑灭火器配置设计规范》GB 50140 的相关规定。

（4）火灾探测报警系统

设置在城镇老旧小区内的大、中型幼儿园的儿童用房等场所以及老年人照料设施应按照现行国家标准设置火灾自动报警系统。设置在城镇老旧小区内的小型幼儿园的儿童用房等场所以及商业服务网点等非居住场所内，按照现行国家标准不用设置火灾自动报警系统的，应设置独立式感烟探测报警器。距离城镇老旧小区住宅建筑外墙 30m 范围内无消防车道时，该栋建筑的户内应设置家用火灾安全系统或独立式感烟探测报警器。城镇老旧小区住宅建筑内的厨房应设置可燃气体报警装置。

6. 用电安全提升技术

（1）电力线路及电器装置

城镇老旧小区的室外架空线路改造应同步实施，有条件实现全缆化的小区可结合道路同步改造，实现电力、通信线路埋地敷设；受条件限制确有困难的，可采用耐腐蚀的桥架或刚性塑料导管将线路集中敷设，并应符合现行国家标准《民用建筑电气设计标准》GB 21348 的有关规定。

（2）电动自行车停放充电场所的完善和升级改造

电动自行车停车充电场所应按照小区电动自行车的保有量、建筑分布、小区道路等实际情况规划建设。电动自行车停放充电场所应合理选址，选取便于消防救援力量扑救的位置。不应占用防火间距、消防车道、消防车登高操作场地、安全出口和疏散通道，不应影响消防设施的正常使用。电动自行车停放充电场所应集中布置，并设置在室外。确需设置在室内时，应设置在独立区域，与其他区域应进行防火分隔。室内电动自行车停放充电场所应按照现行国家标准《建筑设计防火规范》GB 50016、《建筑防烟排烟系统设计标准》GB 51251 等标准要求设置排烟设施。

1）防火分隔和建筑构造

电动自行车停放充电场所与相邻多层建筑距离不应小于 9.0m，与高层建筑距离不应小于 13.0m。确需与住宅建筑贴邻时，住宅建筑与室外电动自行车停放充电场所贴邻的外墙应为防火墙，且不应开设有门、窗、洞口。室外电动自行车停放充电场所设置防风雨棚时，防风雨棚不应完全封闭，四周开口部位应均匀布置，开口面积应大于四周总面积的 50%，开口区域长度不应小于周长的 50%。当防风雨棚四周开口面积不满足要求时，其消防设计应按室内电动自行车停放充电场所要求执行。室内电动自行车停放充电场所外墙上、下层开口之间应设置高度不小于 1.2m 的实体墙或挑出宽度不小于 1.0m、长度不小于开口宽度的防火挑檐。实体墙、防火挑檐的耐火极限和燃烧性能均不应低于建筑外墙。

2）消防设施和器材配置

设有室内电动自行车停放充电场所的老旧小区应设置室内消防栓系统。有防风雨棚的室外电动自行车停放充电场所和室内电动自行车停放充电场所宜安装自动喷水灭火系统，火灾危险等级按中危险 I 级确定。电动自行车停放充电场所应按民用建筑严重危险级配置消防设施，灭火器应设置在位置明显和便于取用的地点，并不得影响安全疏散。未设置火灾自动报警系统的室内电动自行车停放充电场所应安装独立式感烟火灾探测报警器，有条件的可采用具备无线通信功能的独立式感烟火灾探测报警器。

3）电气安全

电动自行车的充电设备应具备限时充电、自动断电、故障报警、过载保护、短路保护和漏电保护等功能。电动自行车的充电设备应设专用配电箱，配电箱应设总开关电器，并设置在便于操作的位置；配电箱、充电线路及充电插座等应安装在不燃烧材料上。配电线路不应直敷布线，可穿金属导管（槽）、B1 级刚性塑料套管（槽）敷设，如需从地面穿过，应埋地布置。

4.3　适老和无障碍改造技术

第七次全国人口普查结果显示，2020 年我国 60 岁及以上人口为 2.64 亿人，占比达 18.70%，迈入中度老龄化社会。国家“9073”养老模式提出，到 2020 年，90% 的老年人在社会化服务的协助下通过居家养老。老旧小区作为老年人较为集中的社区，因建设年代久远，建设标准较低，未充分考虑老龄化这一突出问题，小区普遍缺乏适老化无障碍设施，如存在多层住宅没有装配无障碍电梯，缺少无障碍坡道或坡度不合理，台阶旁无扶手等情况，给老年居民的社区生活和出行带来了很大的安全隐患。

老旧小区改造应采取有效措施保障老人的晚年生活质量，让“以人为本”的理念落到实处。针对老年人生理特征以及行为需求，老旧小区改造过程中应着眼于完善无障碍设施、改进提升公共空间布局，增加社区养老服务，开发社区养老服务智能监测和服务系统等，营造安全舒适的适老环境的同时有效提升社区养老服务能力和水平。

4.3.1　适老和无障碍改造困境

1. 安全隐患

老旧小区大多数道路路况较差，存在人车混行，停车混乱，人行通道被挤占的情况，增加了发生交通事故的风险。铺装渗水性差，易形成积水，雨雪天气容易滑倒，对老年人出行构成安全隐患。

2. 无障碍设施缺乏

缺少坡道和扶手。老年人身体机能下降，腿脚不便，老旧小区内无处不在的高差成为最大的障碍。一些小区虽然设置了坡道，但因为建设不够规范，坡度太高或宽度不够，导致轮椅无法通过。此外，台阶和坡道处未配置扶手，导致老年人上下不便。

缺少清晰的标识系统。老年人身体机能的下降还通常还伴随着视力和听觉的衰退，导致对于标识和警示标志的感知能力下降。老旧小区大多缺少相应的引导和警示标识，或因缺少维护导致标识缺损和难以辨认，造成老年居民生活上的不便。

3. 多层住宅建筑缺少电梯

老旧小区的建设受当时社会经济发展水平的制约，大部分未设置电梯，这给居住在高层的住户特别是老年住户上下楼和搬运物品等造成极大的不便。然而既有住宅建筑加装电梯，仍面临诸多难题，包括住户之间利益的协调，建造和安装技术限制，运维和资金来源等，导致加装电梯工程整体进展较缓慢，加装电梯已经成为老旧小区适老化改造中必须面对和亟待推进的重要民生工程，有待探索出一条可复制推广的成熟经验。

4. 社区养老服务缺失

（1）目前社区养老设施匮乏，养老服务不完善，有待建立老年人日间照料、生活护理、家政服务等为主的社区养老服务体系。

（2）应急救助机制缺失

社区缺少必要的应急救助机制，当老人发生突发事件时，可能延误救治的最佳时机，有待于建设智能化的社区养老服务和监测系统。

4.3.2 老旧小区适老和无障碍改造相关政策与技术标准（表 4-13、表 4-14）

老旧小区适老化改造的相关政策　　表 4-13

年份	文件	文件编号	适老化相关内容
2022	国务院关于落实《政府工作报告》重点工作分工的意见	国发〔2022〕9 号	有序推进城市更新，加强市政设施和防灾减灾能力建设，开展老旧建筑和设施安全隐患排查整治，支持加装电梯等设施，推进无障碍环境建设和公共设施适老化改造
2021	国务院关于印发“十四五”国家老龄事业发展和养老服务体系规划的通知	国发〔2021〕35 号	在城镇老旧小区改造中，统筹推进配套养老服务设施建设，通过补建、购置、置换、租赁、改造等方式，因地制宜补齐社区养老服务设施短板。推进公共环境无障碍和适老化改造
2020	国务院办公厅关于促进养老托育服务健康发展的意见	国办发〔2020〕52 号	在城市居住社区建设补短板和城镇老旧小区改造中统筹推进养老托育服务设施建设，鼓励地方探索将老旧小区中的国企房屋和设施以适当方式转交政府集中改造利用。城镇老旧小区改造加装电梯。加强母婴设施配套、老年人居家适老化改造
2019	国务院办公厅关于推进养老服务发展的意见	国办发〔2019〕5 号	促进养老服务基础设施建设。有条件的地方可积极引导城乡老年人家庭进行适老化改造，根据老年人社会交往和日常生活需要，结合老旧小区改造等因地制宜实施
2021	中共中央国务院关于加强新时代老龄工作的意见		打造老年宜居环境。实施无障碍和适老化改造。实施“智慧助老”行动

续表

年份	文件	文件编号	适老化相关内容
2018	中共中央 国务院关于完善促进消费体制机制 进一步激发居民消费潜力的若干意见		加强城市供水、污水和垃圾处理以及北方地区供暖等设施建设和改造，加大城市老旧小区加装电梯等适老化改造力度
2020	国务院办公厅关于全面推进城镇老旧小区改造工作的指导意见	国办发〔2020〕23 号	鼓励市、县以改造为抓手加快构建社区生活圈。在确定城镇老旧小区改造计划之前，应以居住社区为单元开展普查，摸清各类设施和公共活动空间建设短板，以及待改造小区及周边地区可盘活利用的闲置房屋资源、空闲用地等存量资源，并区分轻重缓急，在改造中有针对性地配建居民最需要的养老、托育、助餐、停车、体育健身等各类设施，加强适老及适儿化改造、无障碍设施建设，解决“一老一小”方面难题
2020	国务院办公厅印发《关于切实解决老年人运用智能技术困难实施方案》的通知	国办发〔2020〕45 号	在政策引导和全社会的共同努力下，有效解决老年人在运用智能技术方面遇到的困难，让广大老年人更好地适应并融入智慧社会。到 2020 年底前，集中力量推动各项传统服务兜底保障到位，抓紧出台实施一批解决老年人运用智能技术最迫切问题的有效措施，切实满足老年人基本生活需要

老旧小区适老和无障碍改造的相关标准　　表 4-14

改造方向	标准名称	标准编号	标准类型
适老和无障碍设施	老年人居住建筑设计规范	GB 50340	国家标准
适老和无障碍设施	无障碍设计规范	GB 50763	国家标准
适老和无障碍设施	无障碍设施施工验收及维护规范	GB 50642	国家标准
适老和无障碍设施	老年人照料设施建筑设计标准	JGJ 450	行业标准
适老和无障碍设施	城市既有建筑改造类社区养老服务设施设计导则	T/LXLY 0005	团体标准

4.3.3　适老和无障碍改造具体内容

1. 楼内公共空间

公共空间包括出入口、门厅、候梯厅、电梯、公用走廊、楼梯间六部分。在老旧小区无障碍改造中应满足日常通行、担架通行、紧急疏散、驻足休憩及交流等需求。

（1）出入口

老旧小区内部住宅楼出入口应采用适老化设计，进行无障碍相关改造，宜采用平坡出入口，保障老年人出入的便捷与安全。

出入口坡道：坡面应平整、防滑、无反光；坡面上不宜加设凸出的防滑条或将坡面做成礓蹉形式。坡口与地面的高差应满足相关设计规范。

出入口台阶：对台阶踏步的宽度与高度进行适老化设计，台阶踏步数为三级及三级以上的台阶应在两侧设置连续的扶手。台阶上行及下行的第一阶宜在颜色或材质上与其他阶有明显区别，或设置提示色带，台阶踏面前缘应设置防滑提示条，台阶处设置照明设施，利用多种方式降低老年人发生事故的可能性。

单元门：宜用平开门或推拉门。可设置电动开门辅助装置或感应开门装置。不宜采用玻璃门。针对已有的玻璃门，应设置醒目的提示标志。通行净宽不应小于 800mm。出入口内外应设置直径不小于 1500mm 的轮椅回转空间，以便于乘坐轮椅的老年人回转和调整方向。

雨篷：出入口处增设雨篷的宽度应能够覆盖出入口的平台，并宜覆盖所有台阶踏步和坡道。雨篷的排水管应避开下方坡道、台阶。

安全提示及灯光照明：应在出入口处设置安全提示及灯光照明。灯光宜选用柔和漫射的光源，以满足老年人视觉需求。

（2）门厅

标识：门厅处应设置明显清晰的标识，包括楼层导视、安全提示等。

寄存空间：门厅处可设置寄存空间，以便于老年人临时储藏。

智能照明：门厅处可设置智能感应与延时照明，以适应老年人明暗适应时间较长的生理特点。

（3）候梯厅

标识：候梯厅中应设置明显清晰的标识，包括楼层导视、安全提示等。

低位电梯按钮：候梯厅中设置低位电梯按钮，并设置音频报站及上下行提示。

置物平台：在不影响消防和疏散的前提下，可在候梯厅中设置置物平台、座椅等，以满足老年人的置物、休息及交往需求。

（4）电梯

电梯门：电梯门设置缓慢关闭程序或加装感应装置。

音频报站：轿厢内可采用音频报站。

电梯操作按钮：选用带盲文的大面板电梯操作按钮。

报警装置：电梯报警装置需易识别，与电梯操作按钮相区别。距地高度需考虑老年人操作习惯。

电梯内部扶手：侧轿厢壁均安装扶手，扶手高度应进行适老化设计。

镜面反射装置：正对电梯门的电梯轿厢一面，安装镜子或有镜面效果的材料，减少空间死角，提高安全性。

置物平台或座椅：有条件时，可在轿厢中设置置物平台、座椅等，但不应影响电梯按钮、电梯门的正常使用。

（5）公用走廊

缓冲空间：公用走廊中的户门位置预留缓冲空间，以避免开启户门时发生碰撞。

连续扶手：可在公用走廊中设置连续扶手，以保证老年人在行走时可随时撑扶。

（6）楼梯间

连续扶手：可在楼梯两侧设置双层连续扶手，以便于老年人在行走时随时撑扶。扶手宜采用防滑、热惰性好的材料。

标识：应在楼梯间设置明显清晰的标识，包括楼层导视、安全提示等，以适应老年人记忆力下降、视觉弱化等生理特点。应在楼梯梯段起点处、终点处设置明显的警示标志，如将地面分色或变化材质。

脚灯：应在楼梯梯段设置脚灯，以保证充足的照明，以避免由于光线昏暗而发生安全事故。

窗户：楼梯间窗的设置宜避免产生眩光。若改造中无法改变窗的位置，宜通过改装柔光玻璃或加装蜂窝防眩格栅网等方法减少眩光对老年人视觉的影响，以避免老年人因无法分辨边界而发生安全事故。

（7）其他

公共空间电气改造：光纤入户，以满足老年人使用智能设备的需求。应更换电线电缆，适当增大户内电量，以避免电气火灾，满足老年人使用大功率用电器时的用电负荷。

公共空间休闲改造：在不影响消防和疏散的前提下，可在公共空间中设置置物平台、座椅、信息栏、花架等，以满足老年人的置物、休息及交往需求。

信报箱：信报箱的设置不应遮挡住宅基本空间的门窗洞口；信报箱的使用高度需考虑乘坐轮椅的老年人，且便于其侧身取放物品；智能信报箱采用清晰易识别的大面板；信报箱需借用公共照明，部分位置设置局部照明。

楼层墙体：不同楼层可选择不同的墙体颜色或采用不同的标识，以便于老年人识别楼层。

地面材料：应采用耐磨、防滑的地面材料。不应采用容易引起视觉错乱的图案，如条格状图案，以避免影响老年人对踏步边缘的正确识别。

2. 室外公共部分

（1）道路

老旧小区居住区内道路适老化改造范围包括居住区**道路、小区路、组团路、宅间小路，**改造时宜符合下列规定：

对道路空间内的人行系统进行适老化改造，适老化改造设施应沿行人通行路径布置。在既有居住区道路的坡道、拐角及台阶处设置嵌入式地脚灯、草坪灯、庭院灯等照明设施。灯光选用柔和漫射的光源，采用节能控制。

缘石坡道：在既有人行道的各种路口、出入口等有高差处增设缘石坡道。缘石坡道的坡面应平整、防滑，不积水。

盲道：针对视力减退的老年人，应设置盲道。老旧小区内既有人行道有坡道、轮椅坡道或者设有台阶时，需设置提示盲道，型材表面应防滑，颜色需与相邻的人行道铺面颜色形成对比，并与周围景观相协调，采用中黄色。

轮椅坡道：既有人行系统地面有台阶时，可根据现场道路条件同时考虑设置轮椅坡道，轮椅坡道宜设计成直线形、直角形或折返形。坡度较大时，在两侧设置扶手，坡道与休息平台的扶手应保持连贯，设置安全挡台和无障碍标志。图 4-16 是老旧小区公共区域轮椅坡道的改造。

图 4-16　老旧小区公共区域道路轮椅坡道改造

其他设施改造：根据现场条件增加导向牌、信息亭、座椅等服务设施，注意设施应有供乘坐轮椅的老年人膝部和足尖部的移动空间和回转空间。

道路与出入口衔接：居住区内既有道路的无障碍设施应与居住建筑出入口、居住绿地出入口及配套公共设施出入口、城市道路无障碍设施实现无障碍衔接。居住区出入口包括人车分离式和人车混行式。

救护车辆通行：老旧小区道路系统改造时，应保证救护车辆能停靠在建筑的主要出入口处。

（2）绿地及活动场地

老旧小区绿地适老化改造范围包括开放式宅间绿地、公共绿地、开放式配套公建绿地、开放式道路绿地。

1）室外活动场地

无障碍卫生间：室外活动场地附近可设置公共无障碍卫生间，方便老年人使用。

场地位置：室外活动场地可与原居住区中的养老服务设施出入口临近设置。可与社区公共绿地、儿童活动场地等结合设置，并与居民楼保持一定距离。

场地布局：布局宜动静分区，并宜设置健身器材、座椅、花架、阅报栏等设施。

地面应平整、防滑、不积水。

场地标识：标识牌应整体规划设置，应考虑不同距离、不同高度的观看效果，内容简明精练、清晰可辨，以便于记识。

紧急呼救：老年人经常活动的室外活动场地宜设置紧急救助呼叫按钮，有条件的宜设置视频监控系统，以便于老年人发生紧急情况时能够及时报警并及时救助，视频监控系统能够全程监控相关区域，便于管理人员及时了解现场情况。

2）绿地出入口

轮椅坡道：绿地出入口地面尽量无高差，有高差时设轮椅坡道。

无障碍出入口：老旧小区内部小公园、活动绿地主要出入口需设置为无障碍出入口方便老年人通行。宜设置提示盲道。

3）园林设施及小品

轮椅空间：园路及广场的休息座椅旁应设置轮椅停留空间，以便乘坐轮椅的老年人休息和交谈。

园林建筑、小品改造：老旧小区绿地内的园林建筑、园林小品（如亭、廊、榭、花架等），有条件改造的，应增加轮椅坡道和提示盲道，以增加老年人对此类景观的使用率，如图 4-17 所示。

图 4-17　老旧小区内小品改造

4）老旧小区植物种植

不应选用革质有刺的丛生植物、有毒植物、飞絮类树种，以避免老年人受伤或引起过敏、哮喘等病症。

为保持较好的可通视性。种植的树木尽量不遮挡视线，可以落叶乔木为主，且保障树下空间。可增加一些花、叶、果较大的观赏植物，以吸引老年人的注意和兴趣。

（3）停车场和车库——无障碍机动车停车位

对于已经配建有停车场和停车库的老旧小区，有条件时，可将部分停车位合理改造为无障碍机动车停车位，且宜靠近停车场和车库的出入口设置。

无障碍机动车停车位的地面应平整、防滑、不积水，停车位附近宜设置视频监控系统，以便于老年人发生突发情况时可及时发现和呼救。室内停车场设置移动通信室内信号覆盖系统，以保证老年人携带的各种智能化信息设备及时发出信息。

4.3.4 加装电梯

1. 我国加装电梯需求现状

由于 60 岁以上老人已逾 20%，仅有小部分老旧小区改造时考虑老龄化特点，应建立与老年人心理、行为特征相匹配的内在需求表达，兼顾区域气候、民族特点、住区条件，形成养老设施规划、设计及改造技术，以及公共空间与套内适老化改造技术，实现养老功能。

针对多层建筑普遍缺少电梯，部分没有独立厨卫设施等标准低、居住功能不全、设备设施缺乏陈旧的问题，应研发加装电梯、完善厨卫系统、改进提升设备及设施等关键技术，研发适老和宜居的智能监测及控制集成应用系统，有效支撑既有居住建筑功能提升。

老旧小区内住宅楼老旧，且老年人比例较高，随着社会老龄化的到来，老百姓上下楼困难问题已成为重大的民生问题，目前既有住宅楼多数为 4 ~ 6 层，甚至有 7 ~ 8 层都没有安装电梯，老年人出行不便。加装电梯成为老旧小区最普遍且需求度最高的改造，如图 4-18 和图 4-19 所示。

图 4-18 加装电梯

图 4-19 加装电梯施工

2. 我国现有对加装电梯的法律

《中华人民共和国物权法》第七十六条规定，“筹集和使用建筑物及其附属设施的维修资金”和“改建、重建建筑物及其附属设施”，“应当经专有部分占建筑物总面积三分之二以上的业主且占总人数三分之二以上的业主同意。决定钱款其他事项，应当经专有部分占建筑物总面积过半数的业主且占总人数过半数的业主同意”。

第七十九条规定：“建筑物及其附属设施的维修资金，属于业主共有。经业主共同决定，可以用于电梯、水箱等共有部分的维修。维修资金的筹集、使用情况应当公布。”

第八十条规定：“建筑物及其附属设施的费用分摊、收益分配等事项，有约定的，按照约定；没有约定或者约定不明确的，按照业主专有部分占建筑物总面积的比例确定。”以上规定对加装电梯的实施及电梯费用分摊等提供了指导。

3. 我国现有加装电梯的典型经验

上海：加装电梯费用收缴困难。对此上海引入市场机制，开发商通过出售楼层加层，出售加层所得用以补贴电梯安装和初期维护费用；电梯运行费用上，采取一楼住户无须支付电梯运行费用，二楼住户只付一半的费用，其余楼层住户则需全额支付的原则。

深圳：对于安装电梯不同层居民意愿不同，难以达成一致意见。对此，深圳规定未安装电梯的老旧住宅小区，只要居民意见一致、房屋条件许可、资金可以解决、条件具备的既有住宅，业主均可以申请电梯加装，增设电梯方案将及时对社会、业主公开。

4. 加装电梯建筑方案

目前既有住宅建筑加装电梯根据入户方式可分为层间（休息平台）入户方式和平层入户方式（表 4-15），其中层间入户方式将电梯停靠位置设置在楼梯休息平台，方案实施较为便利，成本较低，但意味着住户需要上下半层才可到达目的楼层。相比之下，采用平层入户对住户最为便利，但需要既有建筑具备公共阳台或外廊，或通过改造另加建公共阳台的方式进行连接，成本相对较高。表中未列出的类型可参考常见类型的改造方式，结合个体情况单独设计，并获得审批部门的认可。

老旧小区加装电梯主要方案类型　　表 4-15

类型	改造前空间特点	加装电梯的具体方式	优劣势分析
层间入户方式	住宅单元为一梯两户或一梯多户的单元类型。 住宅建筑外部有足够的空间。 住宅单元建有层间休息平台并有采光窗	走廊连接方式。 采用一体化装配式钢结构一般是将电梯搭建在楼梯入口的正前方，类似于积木式电梯，将“半成品”的钢架结构进行现场组装，电梯钢架一般距离建筑楼栋 1.5 ~ 3m 左右，形成电梯口和楼道入口两个通道	优势：错层入户成本低，建造周期短，对房屋户型要求不高。 劣势：住户需要上下半层才能到达目标楼层。 需要住宅建筑外部有足够的空间用以安装电梯

续表

类型	改造前空间特点	加装电梯的具体方式	优劣势分析
层间入户方式	住宅单元为一梯两户或一梯多户的单元类型。 住宅建筑外部空间有限 住宅单元建有层间休息平台并有采光窗	紧凑连接方式。 取消平台连接，电梯设置在楼梯入口位置，会占用一半的入口空间，电梯平层直接连接到楼梯休息平台转角位置	优势：错层入户成本低，建造周期短，对房屋户型要求不高。 劣势：住户需要上下半层才能到达目标楼层。 可能占用部分单元楼宇入口空间
平层入户方式	住宅单元为一梯两户或一梯多户的单元类型。 住宅建筑外部有足够的空间。 住宅单元楼户间建有公共阳台或外廊，若无，则需加建	平层入户方式。 宜将电梯厅与电梯纵向布置，通过将既有或新建的户间公共阳台或外廊作为电梯厅，居民下电梯后可直接入户，电梯厅同时又可兼做单元入口门厅	优点：电梯可直接到达目标楼层。 缺点：需对靠近电梯井道的楼道稍作改造，对房屋条件要求较高

5. 老旧小区加装电梯设计要求

空间要求：加装电梯额定载重量宜满足一个乘坐轮椅的老年人和一个站立的陪护人员共同乘梯所需空间大小要求，有条件的住宅楼宜采用可容纳担架的电梯，以便于老年人紧急情况下的抢救。

速度要求：加装的电梯运行速度不宜大于 1.00m/s。

开门形式及方向：根据住宅单元入口形式及现场条件进行选择，宜采用单向开门、双向开门、三向开门等形式。

尺寸要求：电梯轿厢门有条件可达到加装容纳担架电梯的轿厢门尺寸。候梯厅深度不宜小于电梯轿厢的深度。

机房：考虑到既有住宅受日照、结构等条件的影响，可使用无机房电梯。

电梯外墙材质：根据造价不同宜使用铝塑板、安全玻璃、夹心彩钢板、铝单板等。考虑到加装电梯的美观及对原建筑的遮挡影响，宜使用铝塑板与钢化玻璃相结合的形式。钢化玻璃使用时应宜考虑光污染对住户的影响，控制其面积不宜过大。加装电梯完成后，还宜考虑电梯立面色彩与原建筑立面色彩的协调性。

电梯内部：一定高度范围内的墙体宜为不透明材料，以增加老年人的心理安全感。

电梯电源：与改造后老旧小区的最高供电负荷等级相同，并宜具有应急电源，保证在断电情况下也可实现自动平层功能。

噪声：电梯噪声宜提高一个级别的标准，以消除噪声对住户的干扰。

6. 加装电梯结构与管网要求

主体结构：加装电梯的主体结构可采用与原建筑相同的抗震设防标准。结构类型可选用钢结构、砌体结构、混凝土结构等。

承载力：加装电梯时可核算原结构构件承载力。当承载力不满足时，采取措施保证原结构构件安全。加装电梯与原建筑采用固定连接时，可考虑电梯对建筑整体结构的影响。

原有结构：加装电梯宜尽量减小对原有建筑结构的影响，因加装电梯而造成原有结构开洞等结构变化，可对原结构进行加固，保证原建筑结构安全。

抗风设计：加装电梯的主体结构宜做抗风设计。

管网改造：加装电梯时，对既有管网（含地下管线）进行改造时，宜征得相关部门同意后，进行统一设计并改造。

电气管网：室外电气管网的改造宜满足供电部门对电梯电源供电及计量管理的要求，同时宜预留电梯内智能化信号传输的管路条件，以便于老年人发生意外时及时通过通信设备向外界求助。

7. 单元无障碍出入口

加装电梯后的单元入口形式选择不同形式的无障碍出入口。

（1）无轮椅坡道：出入口前道路宽敞，室内外高差小时，可改为平坡出入口（图 4-20）。

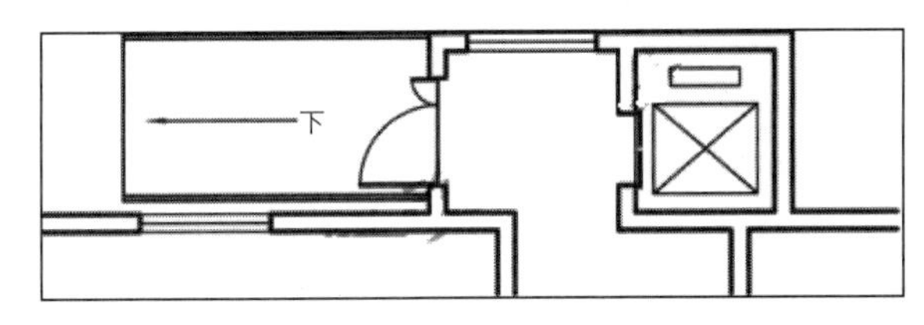

图 4-20　平坡出入口示意图

（2）轮椅坡道：出入口前道路窄且入口处有空间做轮椅坡道，室内外高差大时，可改为同时设置台阶和轮椅坡道的出入口（图 4-21）。

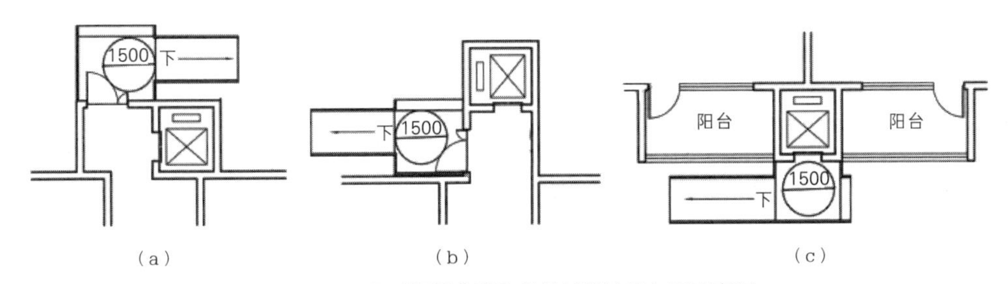

图 4-21　同时设置台阶和轮椅坡道的出入口示意图

针对加装电梯后被遮挡的公共空间，应增加照明，以保证通行及活动时的视物需求。

4.4 基础配套设施改造

老旧小区基础设施改造内容（图 4-22）主要包括道路和停车场，给水排水、供热、供燃气管道，供电和弱电系统。目的在于消除小区存在的安全隐患，方便居民的日常生活，提高居民的居住生活品质。改造的方式则主要包括：重新规划和建设小区道路和停车场（位）；更换老旧管线和设备，保障供水供电安全；推动架空线路治理和入地工程，整治小区风貌。此外，基础设施的改造更新相互关联，应尽量做到统一规划、统一施工，应以对居民生活的影响最小为原则。

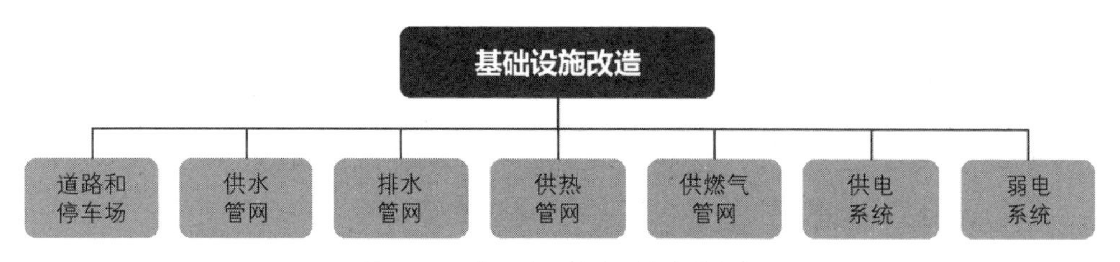

图 4-22 老旧小区基础设施改造内容

4.4.1 供水管网

老旧小区供水管网体系大多建成久远，供水系统规划不合理、建设标准低、缺乏管理维护的情况较为普遍，导致供水压力不足，影响居民日常用水。管道锈蚀、破损、渗漏等会破坏供水水质，导致居民健康受损。

1. 改造目标

一是对不符合现行标准规范的老旧供水管道进行更换；二是对未达到一户一表、计量出户要求的用户水表进行更新；三是通过撤、并、更换或重新安装的方式对老旧小区水箱或水池等储水设施以及水泵、泵房等加压设施进行更新。将消防水池（箱）与生活水池（箱）独立设置。

2. 供水管网改造技术

（1）进行老旧小区供水管网改造前应充分收集原设计和竣工图纸，并进行现场测量和调查，明确小区供水管道的准确位置。

（2）对漏损情况严重、管道材质不符合现行标准规范的小区供水管道和建筑物内用户水表前的公共供水管道进行更新。供水管网改造应着力解决供水系统布局、管网漏损和二次污染等问题，注重提高公共供水效率、降低管网漏损率、提高供水稳定性和改善终端居民用户水质。

（3）供水管线的改造可参考现行国家标准《建筑给水排水设计标准》GB 50015 的有关要求，配置检测仪器设备，切实提高水质检测、监测、预警和应急能力。

（4）城镇供水管网不能满足住宅建筑生活用水服务所要求水量水压时，应设置二次供水设施，设施设备应满足安全使用和节能、节地、节水、节材的要求，并应符合环境保护、施工安装、操作管理、维修检测等要求。

（5）二次供水设施在交付使用前必须清洗和消毒，并定期对水质进行检测，供水水质应符合现行国家标准《生活饮用水卫生标准》GB 5749 的有关要求，达不到该标准规定的应增加相应的水处理设施。

（6）对未达到一户一表、计量出户要求的用户水表进行更换，居民分户水表要求安装在户外，优先选用远传水表。

4.4.2　排水管网

老旧小区排水系统普遍存在规划不合理，如雨污混流对小区水环境影响较大；设计建设标准低，管道材料差、管径小，且缺乏管理维护，造成管道老化锈蚀、破损、渗漏等现象。

1. 改造目标

一是对淤积严重，不能满足雨污水排放要求的管道进行清淤更新。更换老旧破损的排水管道。二是结合道路、绿化等基础设施的更新，建设可渗透路面、下沉式绿地及雨水收集利用设施，对小区雨水排放、收集系统进行更新，推动海绵小区建设。三是水资源短缺地区市政再生水管网可覆盖地区，在满足再生水用户水质要求的基础上，可考虑增建再生水利用管道。

2. 排水管网改造技术

（1）改造前应充分收集原设计图纸及竣工图纸，并通过现场调查及测量等方式明确小区内排水管网和设施的准确位置、管道走向、其他影响因素等，形成解决方案。

（2）当小区存在雨天易积水等情况，应充分分析积水成因，结合雨污分流改造，采取打通排水通道、增加雨水口、设置低影响开发设施，优化排水分区、提高雨水管道排水能力，充分利用小区内外部现状水体、集中绿地进行雨水调蓄等方式，改善小区排水状况。如需扩大雨水管道管径，应结合市政道路雨水管道接口条件和区域排水规划的要求综合考虑后确定。

（3）住宅小区内排水管道修复宜采用开挖方式，原位翻排新管道；逆坡管段的下游高于上游 15cm 的应结合排水系统上下游标高进行翻排；原则上管道存在渗漏 2 级及以上，破裂 2 级及以上，错口 3 级及以上，脱节 3 级及以上（脱节 3 级但无错口、无渗漏，可暂不修复），腐蚀2级及以上等缺陷，宜对缺陷管段翻排修复。

（4）雨污混流改雨污分流的改造中，小区新建排水管道的布置应根据上位规划要求、小区周边市政排水管道的布置、小区地形标高、排水流向，按管线短、埋深小、尽可能自排流出的原则确定。当排水管道不能顺畅以重力自流排入市政排水管道时，应采用压力管外排。在小区污水管道接入市政污水管道前应设置细格栅，设置的位置应避免对居民的生活造成影响且便于疏通养护。

（5）未实行雨污分流的小区应进行末端截污，截流井设置地点应根据排水管道位置、标高、周围地形等因素综合考虑。截流井设计应符合现行《室外排水设计标准》GB 50014、《合流制系统污水截流井设计规程》CECS 91等的规定。末端截流应通过设置鸭嘴阀、拍门等防回流装置防止污水倒灌至合流管。

4.4.3 供电系统

老旧小区存在电缆老化严重，部分表箱损坏、锈蚀，一些节点还存在较大安全隐患问题；由于户均容量不足、线路设备老旧等原因，导致小区供电能力不足；此外，因设备运行维护不到位、故障报修不及时，供电服务水平较低。

1. 改造目标

一是核算用电需求，对安装容量不能满足居民需求的供电网络进行扩容改造，确保小区供电安全稳定。二是优化小区内的供电线路，整治乱拉乱接现象，推进供电线路入地工程；三是更换电能计量装置，做到一户一表。

2. 供电系统改造技术

（1）电源

1）一级负荷的供电应由双重电源供电，除双重电源供电外，电源进线路径宜具有不同的线路入口。二级负荷的供电应采用双重电源或双回路供电。

2）居民住宅小区根据用电负荷情况宜采用开关站（环网单元）——配（变）电室方式。居民住宅小区装接容量合计超过2000kVA时应采用单独线路供电。

3）建筑面积在30万m^2以上住宅小区或受电变压器容量超过10000kVA，其供电方式应做专题规划并经电力部门评审通过后方可实施。

4）单栋住宅建筑用电设备总容量为250kW以下时，宜多栋住宅集中设置配（变）电室；单栋住宅建筑用电设备总容量为250kW及以上时，宜每栋住宅集中设置配（变）电室。

5）居民住宅小区供配电设施改建、扩建工程中，受场地限制无法建设室内配（变）电室的场所、施工用电和临时用电，可安装箱式变电站，箱式变电站的单台变压器容量应不大于630kVA。新建居民住宅小区供配电工程不允许采用箱式变电站供电。

（2）电能计量装置

1）电能计量装置应设置在供电设施与受电设施的产权分界处，保证电气安全、计量准确以及装置的可靠性和封闭性，方便住户使用，并考虑供电部门对计量装置抄表、换表等日常维护因素，避免扰民。

2）居民住宅小区内电能计量装置宜采用远程自动抄表方式。远程自动抄表系统宜与一次配电系统同步设计，同步建设。

3）每套住宅用电容量在 10kW 及以下时，宜采用单相供电到户计量方式；超过 10kW 时，宜采用三相供电到户计量方式。

4）居民住宅小区内不同电价分类的用电，应分别装设电能计量装置。对执行同一电价的公建、公共服务设施及商铺用电，根据用电容量合理选择计量方式与计量装置，可采用分散安装或相对集中安装。

（3）电缆敷设

1）电缆敷设的地点、不同电压等级、电缆线路回路数、电缆截面、芯数和敷设方式等因素应综合考虑，不得采用架空敷设和地下直埋敷设。应符合《电力工程电缆设计标准》GB 50217、《建筑设计防火规范》GB 50016 等国家和行业现行相关标准规范。

2）电力排管根数不应少于 4 根，（单根）管径不小于 150mm，并同步预留不少于 1 根通信梅花管，穿越小区内道路的电力排管选用防腐型钢管。

3）在隧道、沟、浅槽、竖井、夹层等封闭式电缆通道中，不得布置热力管道，严禁有易燃气体或易燃液体的管道穿越。

4）电缆排管敷设时，在直线段每隔 50m 处，电缆中间接头、转角和分支处，变更敷设方式处，小区电缆入户的 5m 范围内，均应设置电缆工作井，工作井的孔径不小于 800mm。

5）电缆工作井应采取防水、排水措施。

6）电缆通道内所有金属构件均应采用防腐措施，采用耐腐蚀复合材料时，并应满足承载力、防火性能等要求。

7）低压电缆由小区配（变）电室引出后沿电缆沟、排管敷设至各楼电缆分支箱，而后由电缆分支箱引电缆至各楼单元计量箱。

8）低压电缆在沿电缆沟、排管敷设时，电缆在 6 根及以上时，预留 1 ~ 2 个电缆排管通道位置，便于今后检修维护。

（4）配电变压器

1）配电变压器应具有国家级专业试验机构颁发的型式试验报告。

2）配电变压器应选用 Dyn11 接线组别的变压器。

3）对噪声敏感的居民住宅供电区域，可采用能够满足区域环保要求的节能型低噪声变压器，并应采取优化安装、物理隔离等降噪措施。

4）设置在建筑内的变压器，应选择带有外壳、温控、风机的干式变压器，宜采用 SC（B）10 或 SG（B）10 型及以上节能型的干式变压器，若贴邻布置，应选用 IP30 以上防护等级。油浸式变压器应采用低损耗、全密封的 S11 型及以上节能型变压器。

5）油浸式变压器的单台容量选择最大不应超过 800kVA，居民住宅干式变压器的单台容量选择不宜超过 800kVA。

4.4.4 供热管网

老旧小区供热管网缺乏日常的管理和维护，供热设施存在不同程度的腐蚀和损坏。保温层破损，阀门锈蚀无法开关、管道渗漏等是老旧小区供热管网运行中常见的问题，影响整个小区的正常供热。供热管网设计标准低，管径小，缺少必要的供热控制和调节，造成供热不稳定，各楼栋冷热差异的问题。此外，供热体制改革滞后，产权不明，个别小区供热系统仍是由物业或开发商自行负责，随着房屋产权的变化，开发商退出或消失，逐渐形成了无人负责的情况。

1. 改造目标

一是对运行 15 年以上的供热管网，应针对实际问题合理地更换管道、管件，改变敷设方式和保温形式。二是对需要扩径的主干线管网，进行升级改造。三是完善供热管网井室内设施。四是改造热力站内设备。

2. 供热管网改造技术

（1）供热管网总体布局。

供热管网在设计时，要按照小区热负荷情况进行总体规划，合理进行管网水力计算和管径选型，合理布局小区内供热管道走向。在规划过程中不仅要对当前的情况进行考虑，同时要对未来进行预算和规划，所以在实际设计中要符合实际情况，但是也要给将来留下发展的余地。

（2）管网敷设方式。

在以前的供暖管道敷设中，主要是采用地沟敷设方式，该种敷设方式存在较多问题。其中地沟敷设管道主要是使用岩棉保温材料，此材料的防水性能及保温性能较差，导致管道长期处于湿热的环境中，供热管道热损失较大，严重影响了管道的使用寿命。

改造方式可采用直埋敷设，管材采用硬质聚氨酯泡沫保温材料、聚乙烯保护壳和钢管紧密结合的预制直埋保温管，它的保温效果较好，还具有一定的抗压强度；对于架空管道，可以在施工完成后，再包裹一层镀锌铁皮，以避免管道暴晒，延长管道保温层使用寿命。

（3）二次网计量节能改造。

结合既有居住建筑热计量及节能改造任务，在二次网及用户入口加装水力平衡装置及热计量装置。改造要充分考虑设备安装施工，便于日后维护管理和使用。

4.4.5　燃气管网

老旧小区内的燃气管线大多为近年来改造增建的，但仍存在大量老旧小区未通燃气的问题。此外，早期的一些燃气管线建设不规范，管道老化现象也比较严重，埋在地下的管线易受腐蚀、震动或冰冻等影响，管道破裂、漏气等现象不能被及时察觉，极易造成燃气泄漏事故。

1. 改造目标

一是改造存在严重隐患的燃气管网。二是天然气进入城市后需要改造的管道。三是管道燃气进小区需要进行改造的管道及设施。

2. 燃气管网改造技术

（1）燃气输送管线敷设

1）中压和低压燃气管道宜采用聚乙烯管、机械接口球墨铸铁管、钢管或钢骨架聚乙烯塑料复合管。聚乙烯燃气管道应符合现行国家标准《燃气用埋地聚乙烯（PE）管道系统 第一部分：管材》GB/T 15558.1 和《燃气用埋地聚乙烯（PE）管道系统 第二部分：管件》GB/T 15558.2 的规定。机械接口球墨铸铁管道应符合现行的国家标准《水及燃气管道用球墨铸铁管、管件和附件》GB/T 13295 的规定。钢管采用焊接钢管、镀锌钢管或无缝钢管时，应分别符合现行国家标准《低压流体输送用焊接钢管》GB/T 3091 以及《输送流体用无缝钢管》GB/T 8163 的规定。

2）地下燃气管道从排水管（沟）、热力管沟、隧道及其他各种用途沟槽内穿过时，应将燃气管道敷设于套管内。套管两端应采用柔性的防腐、防水材料密封。地下燃气管道上的检测管、凝水缸的排水管、水封阀和阀门，均应设置护罩或护井。

3）地下燃气管道的基础宜为原土层。凡可能引起管道不均匀沉降的地段，其基础应进行处理。室外架空的燃气管道，中压和低压燃气管道，可沿建筑耐火等级不低于二级的住宅或公共建筑的外墙敷设。沿建筑物外墙的燃气管道距住宅或公共建筑物中不应敷设燃气管道的房间门、窗洞口的净距：中压管道不应小于 0.5m，低压管道不应小于 0.3m。

（2）燃气引入管敷设

1）燃气引入管不应小于最小公称直径，其中输送人工煤气和矿井气不应小于

25mm；输送天然气不应小于 20 mm；输送气态液化石油气不应小于 15mm。

2）燃气引入管宜沿外墙地面上穿墙引入。室外露明管段的上端弯曲处应加不小于 *DN*15 清扫用三通和丝堵，并做防腐处理。寒冷地区输送湿燃气时应保温。住宅燃气引入管宜设在厨房、外走廊、与厨房相连的阳台内（寒冷地区输送湿燃气时阳台应封闭）等便于检修的非居住房间内。当确有困难，可从楼梯间引入（高层建筑除外），但应采用金属管道且引入管阀门宜设在室外。不得敷设在卧室、卫生间、易燃或易爆品的仓库、有腐蚀性介质的房间、发电间、配电间、变电室、不使用燃气的空调机房、通风机房、计算机房、电缆沟、暖气沟、烟道和进风道、垃圾道等地方。

3）引入管可埋地穿过建筑物外墙或基础引入室内。当引入管穿过墙或基础进入建筑物后应在短距离内出室内地面，不得在室内地面下水平敷设。与其他管道的平行净距应满足安装和维修的需要，当与地下管沟或下水道距离较近时，应采取有效的防护措施。

4）燃气引入管穿过建筑物基础、墙或管沟时，均应设置在套管中，并应考虑沉降的影响，必要时应采取补偿措施。套管与基础、墙或管沟等之间的间隙应填实，其厚度应为被穿过结构的整个厚度。套管与燃气引入管之间的间隙应采用柔性防腐、防水材料密封。

5）地下室、半地下室、设备层和地上密闭房间敷设燃气管道时，其净高不宜小于 2.2m，应有良好的通风设施，房间换气次数不得小于 3 次 /h；并应有独立的事故机械通风设施，其换气次数不应小于 6 次 /h，应有固定的防爆照明设备。应采用非燃烧体实体墙与电话间、变配电室、修理间、储藏室、卧室、休息室隔开。地下室内燃气管道末端应设放散管，并应引出地上。放散管的出口位置应保证吹扫放散时的安全和卫生要求。

（3）燃气浓度检测报警器的设置

燃气浓度检测报警器的报警浓度应按现行国家标准《城镇燃气设计规范》GB 50028–2016 的规定确定：报警器系统应有备用电源；当检测比空气轻的燃气时，检测报警器与燃具或阀门的水平距离不得大于 8m，安装高度应距顶棚 0.3m 以内，且不得设在燃具上方；当检测比空气重的燃气时，检测报警器与燃具或阀门的水平距离不得大于 4m，安装高度应距地面 0.3m 以内。

4.4.6 道路及停车改造

早期的设计规范对于小区道路宽度要求一般为主路 5 ~ 8m、组团路 3 ~ 5m、宅间路 2.5m，大多数没有考虑人车分流，道路的铺装、划线、标识等也普遍缺失或因年久失修而损坏。随着居民汽车保有量的不断提升，小区内的机动车流量和停车需求随之增加，车辆通行困难的同时也给行人带来安全隐患。

早期小区建设没有关于车位指标的要求，老旧小区普遍没有规划停车位，或配建的停车位远小于现在的停车需求，违规占道停车、占用绿化停车等现象普遍，使得小区整体的停车环境更加拥挤。

1. 改造目标

一是对原有道路损毁路面、井盖的修复。对原有砖石、土基道路等翻新重建；对不能满足交通流量需求的道路进行拓宽改造；新建或疏通消防专用通道等。二是停车方面因地制宜增加老旧小区停车泊位供应；完善老旧小区停车相关标志标线、配置停车管理岗亭、电子收费、计时、监控、诱导装置等相关设备、规范老旧小区停车秩序；完善老旧小区公共交通、步行和自行车基础设施，改进交通组织，通过改善出行环境缓解停车难。老旧小区的停车位改造标准的原则上确定为 0.75 车位 / 户，可按 5.5m × 2m 的尺寸设置停车位。可利用小区道路行道树间隔，因地制宜设置长度 4 ~ 5.5m 的临时非标准车位。

2. 道路及停车改造相关技术

（1）交通组织优化和道路设施更新

结合小区空间结构，梳理优化主、次道路系统，通过进出分离、单向组织等方式优化小区交通。优化各级道路红线宽度和路幅分配，保持车行、人行交通顺畅、安全，以及满足消防、救护等车辆通行要求。扣除停车空间，双向通行的道路宽度不宜小于 5.5m，单向通行的道路宽度不宜小于 3m。

1）人车分流

结合小区空间条件，采取调整道路功能、优化路网结构、组织单向交通等方式，实现小区整体或组团的人车分流，尽可能减少人车冲突与矛盾。小区主要出入口宜通过绿岛形式实现人员和车辆进出的分离。入口设施应整体设计，做到流线合理、有序。

2）步道系统

步道系统：包括人行道、独立休闲步道等，步道系统应连接小区入口、住宅、公建、公共活动空间、公交车站等功能设施。主路人行道可结合空间条件采取单侧或双侧设置方式，亦可通过划线或色彩、标志等方式区分，人行道宽度不宜小于 1.5m。独立休闲步道可利用小区主路沿线空间、宅旁空间等进行设置，相互连通，方便小区居民日常步行活动和出行。步道宜采用透水砖、透水沥青、透水木塑板等材料，兼顾舒适性、生态性和景观性；结合景观塑造，局部可增设遮阳设施，形式宜轻巧、透空，具有观赏性和艺术性。

3）修补破损路面

对于只是面层龟裂、坑槽、沉陷，道路基层、垫层质量较好的道路，可对其进行局部面层铲除，用原面层材料进行重新铺设，或者采用新材质对面层进行重新铺整。对于破损严重的道路，应进行重新铺整，其面层、基层、垫层构造应根据道路性质的荷载要求进行设计，其中，小区道路宜采用柔性路面，宅间路可采用刚性路面，人行道宜采用透水性较好的砌块路面。

4）完善交通标志标线

通过道路标线和交通标识，引导机动车、非机动车和行人各行其道，减少不同流线的相互冲突。小区主要出入口和人车交织的地点应设置减速带，在车辆视距受限的转角处设置凸面转角反光镜，保障小区道路的行人步行安全。

（2）停车场地设计

1）合理确定停车泊位配置规模

原则上不低于改造前的现状停车泊位供给规模。处理好停车设施与景观绿化之间的协调关系，适当考虑未来停车需求。完善停车地面标识、标线、编号等要素，规范停放区域，并可通过树木、棚架等设施提供遮阳、避雨功能。

2）增补机动车停车设施

结合小区空间条件，因地制宜采用集中和分散、地面和立体相结合的方式布置机动车停车泊位。可结合小区道路沿线空间采用垂直、斜列或平行方式排列泊位，或利用住宅背向院落、边角零星用地等布设停车泊位。有条件的小区也可进行空间复合利用改造，利用公共建筑屋顶增设停车设施，或结合小区公共空间改造建设半地下停车场。如果建设立体停车设施，宜选择在小区边缘、对小区交通干扰小、景观影响小的地段。

（3）完善非机动车停车设施

非机动车停车设施布局以分散、地面方式为主，方便居民停放。小区已有地下（半地下）非机动车停车设施的，可结合住宅楼栋入口设置临时停放车位；小区没有地下（半地下）非机动车停车设施的，则结合住宅院落、宅间路、宅旁空间施划非机动车停车泊位，辅以遮阳棚架。

非机动车停车区应通过铺装、划线、固定装置和相关标识予以区分，与周边道路和建筑相协调，且不得影响周边住宅通风采光，宜采用轻型材质建造，造型轻巧，色彩与周边环境协调，并配置电动车充电设施。

（4）提供电动汽车充电设施场地

结合小区实际情况和未来发展需求，配置或预留电动汽车充电桩，应综合考虑供电线缆铺设、配电箱安装、消防安全、后期维护等多样因素，满足相关安全要求。可利用小区的公共车位建设充电桩，由物业公司负责充电设施的日常运行、设备看护和车位管理工作。或引入充电桩企业作为第三方进行小区充电桩建设和运营，并提供后续设备维护和管理服务。

4.4.7　弱电系统改造

老旧小区弱电系统基本是随着时代发展逐步增设的，存在着强弱不分、隐患多，乱拉乱放，各自为政的情况。使得小区整体观感上凌乱不堪，形成城市蜘蛛网，并且普遍存在强电和弱电混搭现象，在散热、防火、抗拉、防老化、阻燃等方面未达到标准规范要求，形成火灾、触电等安全隐患。此外，各管线权属单位存在不当竞争，资源垄断，各自建设管线，导致管线层层叠叠凌乱不堪。

1. 改造目标

完善老旧小区的通信信息系统，确保每户电视、电话、网络的通达。推动光纤到户工程，实现三网融合，统一设计、走管，避免反复施工。对现有的架空通信线路进行梳理规整，在有条件的小区首选弱电管线入地敷设，提升老旧小区的环境观感。

2. 改造技术

（1）清理小区内建筑物之间架空、建筑物外墙私搭乱接的通信线路和严重影响小区环境的弱电箱体。弱电线路统一埋地敷管可采用地下综合管道方式、铠装电缆直埋方式、穿管或桥架敷设方式、人（手）孔管道方式进行敷设。不具备入地条件的，须通过桥架等方式进行有序迁改；对确不具备迁改条件的，可经涉及管线所属的相关部门商议后，对凌乱线缆进行规整，使其符合安全及横平竖直的美观要求。

（2）强电线路与弱电线路的最小水平和垂直净距均为 0.5m，可通过以下方法缩小二者间距：可通过平行敷设屏蔽线或穿金属管道的方式进行电磁屏蔽保护，以及使用电磁屏蔽电缆、电磁屏蔽新材料等，也可直接采用不受电磁场干扰的光缆。

（3）在小区内如有条件则应建设集中的光缆交接箱和弱电管沟，并不应影响消防应急通道的畅通需求。

（4）对新增或需整治的电信、移动、联通、广电等通信线路，应加强共建共享，与片区其他弱电管线实行统一设计、统一施工、统一管理，严禁搭挂电力线路。通信线路应有权属单位的明显标识，标识牌宜采用统一标准设计，应明确标示出线路的权属、路由、服务电话等内容。

（5）实施光纤到户通信系统建设或改造时应实现资源共享，避免重复建设，满足多家电信业务经营者平等接入、用户可自由选择电信业务经营者等要求，并应符合现行国家标准《住宅区和住宅建筑内光纤到户通信设施工程设计规范》GB 50846 的规定，光纤网络应满足 5G 和光纤宽带网络覆盖，以提升宽带接入能力，实现家庭宽带接入能力超过百兆、社区宽带接入能力超过千兆。

（6）改造后居民和企业应共同维护改造成果，不得在改造后的小区内另擅自乱拉乱接管网管线。

4.5 建筑节能改造

随着我国城镇化进程的加快，房屋建筑速度和规模逐年加大，既有建筑存量持续增加。由于我国早期节能标准不完善，建筑施工技术和产品质量水平不高等原因，大量建设年代久远的老旧建筑已无法满足人民日益增长的美好生活需求，且老旧建筑普遍为非节能建筑，建筑能耗较高。

一方面，我国北方地区冬季较长且寒冷干燥，极端条件下冬季室内外温差可高达 50℃，严寒、寒冷地区的住宅采用全面的供暖保证室内温度。夏季高温频发，有降温防暑需求。

另一方面，室内环境和热舒适性问题突出，群众自发改造意愿强烈。我国北方地区老旧建筑存量巨大，普遍存在保温隔热性能差、室内发霉结露现象严重、室内热舒适不佳、供热矛盾突出等现象。东北地区有居民自发对围护结构薄弱环节进行改造以提高住宅保温能力的案例。在这种背景下，社会对北方采暖地区既有居住建筑实施节能改造的呼声越来越高。

4.5.1 建筑节能改造

我国建筑节能设计标准执行晚，但有序推进中。20 世纪 80 年代以前，受经济条件制约，建筑片面追求降低造价，加之没有建筑热工和建筑节能方面的标准规范可做依据，导致建筑围护结构过于单薄，采暖能耗过高。为了改善居住条件，降低建筑能源消耗，特别是采暖能源消耗，我国第一部《民用建筑节能设计标准（采暖居住建筑部分）》JGJ 26–86 于 1986 年发布实施，该标准对围护结构保温隔热的最低要求做出规定，采暖能耗在当地 1980 到 1981 年住宅通用设计的基础上节能 30%。1995 年和 2010 年两次对该标准进行修订升级，节能率分别提高至 50% 和 65%。然而，早期建筑节能设计标准的执行情况并不令人满意，由于种种原因 JGJ 26-86 标准在我国三北地区并未全面实施，JGJ 26-95 标准替代该标准时，仅有北京、天津、哈尔滨、西安、兰州、沈阳等几个先行城市实施约 3000 万 m^2。

依据原建设部统计数据，“十一五”之前，存在着新建建筑执行建筑节能设计标准的比例较低和非节能建筑的存量较高的情况。“十一五”发布后，强调建设资源节约型、环境友好型社会，重点节能工程中包括建筑节能，要求严格执行建筑节能设计标准，推动既有建筑节能改造，推广新型墙体材料和节能产品等。在此期间，新建建筑中，设计与施工阶段执行建筑节能设计标准比例在 2006—2010 年稳步推进，在 2010 年设计阶段与施工阶段执行建筑节能设计标准的比例已经突破 95%，如图 4-23。

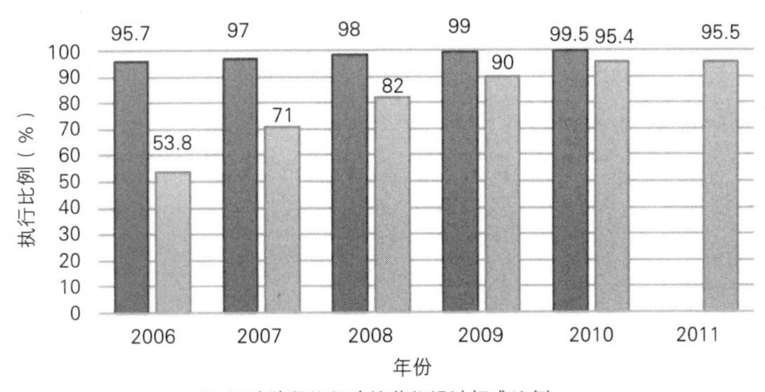

图 4-23　新建建筑执行建筑节能设计标准的比例

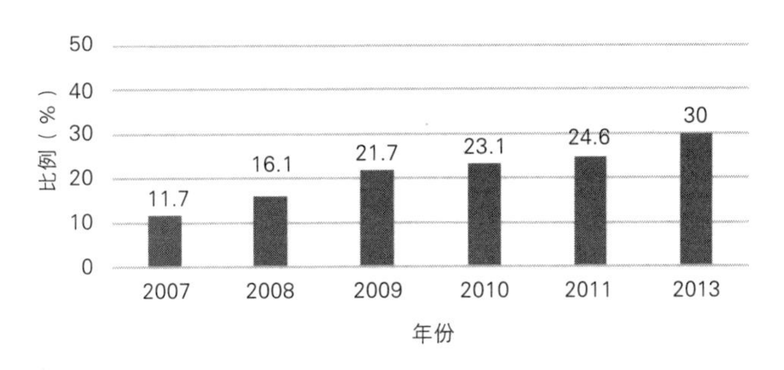

图 4-24　节能建筑占城镇建筑总量的比例

随着建筑节能改造与新建建筑中节能标准的推行，节能建筑在城镇建筑总量中的比例也越来越高，如图 4-24 所示，通过近几年的努力，根据 2022 年 9 月 19 日发布的《建筑业高质量大发展强基础惠民生创新路——党的十八大以来经济社会发展成就系列报告之四》显示，我国绿色建筑快速发展，建筑节能改造有序推进。据住房和城乡建设部数据，截至 2020 年底，全国累计建成绿色建筑面积超 66 亿 m^2，累计建成节能建筑面积超过 238 亿 m^2，节能建筑占城镇民用建筑面积比例超过 63%；全国城镇完成既有居住建筑节能改造面积超过 15 亿 m^2，有效降低碳排放。

4.5.2　老旧小区建筑节能改造

在法律法规层面，2007 年我国《节约能源法》的修订颁布，2008 年《民用建筑节能条例》的颁布执行，从立法层面对既有建筑节能改造提供了依据。在政策体系方面，在国务院和财政部住房和城乡建设部等部委层面都建立相应的政策体系。2007 年和 2011 年，国务院《关于印发“十一五”节能减排综合性工作方案的通知》和《关于印发“十二五”节能减排综合性工作方案的通知》，明确提出推动北方采暖区既有居住建筑供热计量及节能改造的任务目标。2008 年和 2012 年财政部住房和城乡建设部颁布《关于推进北方采暖地区既有居住建筑供热计量及节能改造工作的实施意见》（建科〔2008〕95 号）与《关于进一步深入开展北方采暖地区既有居住建筑供热计量及节能改造工作的通知》（财建〔2012〕12 号），全面部署推进“十一五”和“十二五”北方采暖地区既有居住建筑供热计量及节能改造工作。2007—2008 年度发布《北方采暖地区既有居住建筑供热计量及节能改造奖励资金管理暂行办法》（财建〔2007〕957 号）、《北方采暖地区既有居住建筑供热计量及节能改造技术导则》（建科〔2008〕126 号）、《北方采暖地区既有居住建筑供热计量改造工程验收办法》（建城〔2008〕211 号）等一系列激励政策和标准文件，保障既有建筑供热计量及节能改造的顺利实施。

老旧小区节能改造主要包括三项改造内容：一是开展围护结构改造，即提高外门窗、外墙、屋面的保温隔热性能；二是实施供热计量改造，为供热体制改造提供基础条件；三是实施管网热平衡改造，解决供热管网不平衡。为降低管网输配能耗，实施流量动态调节，提高了管网输送效率。

为确保改造质量，住房和城乡建设部先后出台了《北方采暖地区既有居住建筑供热计量及节能改造技术导则》、《供热计量技术规程》JGJ 173–2009 和《北方采暖地区既有居住建筑供热计量及节能改造项目验收办法》（建科〔2009〕261 号）等文件，使既有居住建筑供热计量与节能改造有章可循。

节能改造涉及的标准如表 4-16 所示。

节能改造相关标准　　表 4-16

大标题	改造方向	标准名称	标准编号	标准类型
建筑公共部位	节能改造	民用建筑能耗标准	GB/T 51161	国家标准
建筑公共部位	节能改造	民用建筑太阳能热水系统应用技术标准	GB 50364	国家标准
建筑公共部位	节能改造	建筑节能工程施工质量验收标准	GB 50411	国家标准
建筑公共部位	节能改造	太阳能供热采暖工程技术标准	GB 50495	国家标准
建筑公共部位	节能改造	地源热泵系统工程技术规范	GB 50366	国家标准
建筑公共部位	节能改造	民用建筑能耗数据采集标准	JGJ/T 154	行业标准
建筑公共部位	节能改造	光伏建筑一体化系统运行与维护规范	JGJ/T 264	行业标准
建筑公共部位	节能改造	燃气冷热电三联供工程技术规程	CJJ 145	行业标准
建筑公共部位	节能改造	燃气热泵空调系统工程技术规程	CJJ/T 216	行业标准
建筑公共部位	节能改造	既有居住建筑节能改造技术规程	JGJ/T 129	行业标准
建筑公共部位	节能改造	民用建筑太阳能光伏系统应用技术规范	JGJ 203	行业标准
建筑公共部位	节能改造	被动式太阳能建筑技术规范	JGJ/T 267	行业标准

续表

大标题	改造方向	标准名称	标准编号	标准类型
建筑公共部位	节能改造	居住建筑节能检测标准	JGJ/T 132	行业标准
建筑公共部位	节能改造	采暖通风与空气调节工程检测技术规程	JGJ/T 260	行业标准
建筑公共部位	节能改造	夏热冬冷地区居住建筑节能设计标准	JGJ 134	行业标准
建筑公共部位	节能改造	外墙保温工程技术标准	JGJ 144	行业标准
建筑公共部位	节能改造	严寒和寒冷地区居住建筑节能设计标准	JGJ 26	行业标准
建筑公共部位	节能改造	夏热冬暖地区居住建筑节能设计标准	JGJ 75	行业标准
建筑公共部位	节能改造	太阳能光伏玻璃幕墙电气设计规范	JGJ/T 365	行业标准

4.5.3　老旧小区节能改造的主要内容和技术

建筑节能改造主要包括外围护结构保温、供热采暖与空调系统改造、可再生能源利用、电气设备改造等方面，并以“因地制宜、科学适用，明确标准、适度提高，程序规范、确保质量，政府引导、市场为主”作为更新改造原则。

1. 不同地区的改造思路（表 4-17）

不同地区建筑节能改造技术思路　　表 4-17

地区	节能改造技术思路
严寒和寒冷地区	以建筑保温为主，注重建筑采暖与外围护结构保温，强调利用可再生能源
夏热冬冷地区	兼顾建筑保温与隔热，以门窗改造为主，注重遮阳、墙体与屋面保温隔热，强调利用可再生能源
夏热冬暖地区	以建筑隔热为主，注重遮阳和降低空调与照明等设备能耗，强调利用可再生能源

（1）严寒和寒冷地区

北方采暖地区应以热源或热力站为单元，对其所覆盖区域内的供热系统和老旧建筑为整体，同步实施供热计量及室内温控、热源及管网热平衡和围护结构节能改造。其中，供热系统的热源和热网上可安装自动控制装置，使供热量随环境温度和室内需求变化，实现适量供热；热网可采用变流量技术，降低热网的输送能耗，供热锅炉房设置烟气余热回收装置；供热计量可采用流量温度法、通断时间面积法等进行热分配，采用超声波热量表或机械式热量表等实现热计量。

（2）夏热冬冷地区

夏热冬冷地区坚持窗改为主、适当综合的原则，以门窗节能改造为主要内容。具备条件的地区，同步实施加装遮阳、屋顶及墙面保温等措施。其中，墙面保温系统可采用保温砂浆、发泡水泥板等保温材料。门窗节能改造思路可参照严寒和寒冷地区的做法；遮阳系统优先采用活动式外遮阳装置。

（3）夏热冬暖地区

夏热冬暖地区坚持隔热为主、提高能效的原则，注重建筑遮阳性能，同步提升空调、照明等设备能效。其中，墙体和屋面隔热应优先选用浅色系涂料，有条件的小区可选用隔热涂料，门窗涂覆或粘贴透明隔热涂料或隔热膜。优先采用自然通风和天然采光措施。

2. 建筑节能改造技术

老旧小区建筑实施节能改造前，应先进行节能诊断与评估，根据节能诊断与评估结果，再制定节能改造方案；保温改造宜与屋面防水、外立面改造同时进行，减少施工投入；节能改造中材料的性能、构造措施、施工要求应符合相关技术标准要求。

（1）外围护结构节能改造

外围护结构节能改造主要包括增加外墙、屋面保温系统和节能门窗（表 4-18）。

北方采暖地区建筑外围护结构节能改造常用做法　　表 4-18

改造部位	改造方式	常用做法	主要材料
建筑外墙	增加外墙外保温系统或外墙内保温系统	粘锚结合；机械式固定	采用模塑聚苯板、挤塑聚苯板、岩棉、硬泡聚氨酯、改性酚醛、发泡水泥板等高效保温材料作为保温层，采用涂料、无机或金属装饰板作为装饰层；保温装饰一体化板
建筑屋面	增加屋面保温系统或增加屋面空气层	倒 / 正置式屋面；平改坡	选用挤塑聚苯板、硬泡聚氨酯、珍珠岩等保温材料
建筑门窗	采用节能门窗	更换现有门窗；在现有门窗内 / 外侧增加节能门窗	采用塑料门窗、断桥铝合金门窗，以及木塑、木铝等复合门窗，玻璃可选用 Low-E、贴膜玻璃，并按照双层或三层设置

1）建筑外墙

外墙保温系统可采用模塑聚苯板、挤塑聚苯板、岩棉、硬泡聚氨酯、改性酚醛、发泡水泥板等高效保温材料作为保温层，采用涂料、无机或金属装饰板作为装饰层，以粘锚结合方式固定在建筑外墙，也可以采用保温装饰一体化板以机械方式固定，或者采用硬泡聚氨酯现场喷涂做法（图 4-25）。

2）建筑屋面

屋面保温系统可选用挤塑聚苯板、硬泡聚氨酯、珍珠岩等保温材料，根据倒置式或正置式屋面施工，也可采用增加空气层的做法提高屋面保温效果（图 4-26）。

基层墙体①	基本构造							构造示意
			抹面层					
	粘结层②	保温层③	辅助连结件④	底层⑤	增强材料⑥	面层⑦	饰面层⑧	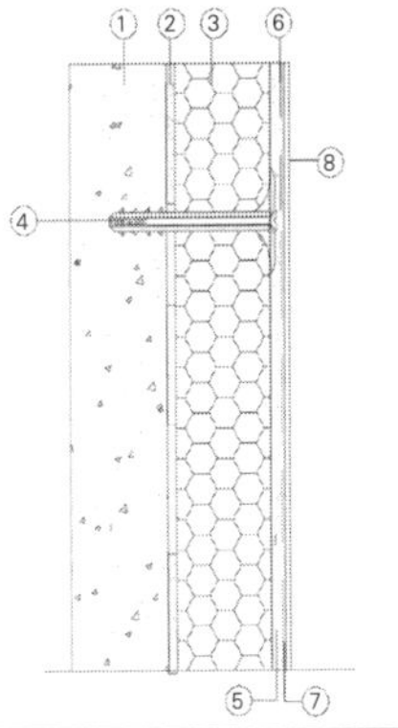
混凝土墙，各种砌体墙	胶黏剂	复合板	锚栓	抹面胶浆	玻纤网	抹面胶浆	饰面材料	

图 4-25　复合硬泡聚氨酯板外墙外保温系统基本构造

图 4-26　铺设屋面保温防水一体化卷材

3）建筑门窗（图 4-27、图 4-28）

门窗节能改造可采用更换节能门窗，或在现有门窗内 / 外侧增加节能门窗的做法。节能门窗可采用塑料门窗、断桥铝合金门窗，以及木塑、木铝等复合门窗，玻璃可选用 Low-E（低辐射玻璃）、贴膜玻璃，并按照双层或三层设置。

图 4-27　楼道节能窗户替换

图 4-28　封闭改造处理的楼栋单元门

（2）空调系统改造及电气设备改造（图 4-29、图 4-30）

空调和电气设备改造包括更换节能设备（如 LED 光源、电子镇流器等）、增加节能控制系统，以及对现有设备运行参数进行优化，实现行为节能。采用热泵方式（土壤源、地下水源、地表水源、污水源）提供生活热水、采暖或空调制冷，不宜采用电直接加热设备作为供暖热源和空气加湿热源。

老旧小区常用太阳能非逆变 LED 照明（PV-LED）技术是指将太阳能光伏发电融入建筑一体化中，采用高效智能控制技术，将组件-控制-并网-储能-LED 灯具构建成一个发电用电的直流系统，以光伏电力解决建筑内公共区域的照明问题，以达到节能目的。

水（地）源热泵系统：利用地球表面浅层水源（地下水、河流、湖泊）或者土壤中吸收的太阳能和地热能而形成的低位热能资源，并采用热泵原理，通过少量的高位电能输入，实现低位热能向高位热能转移。

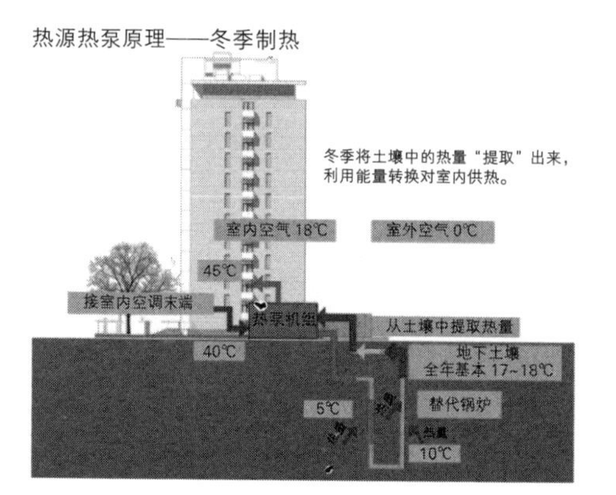

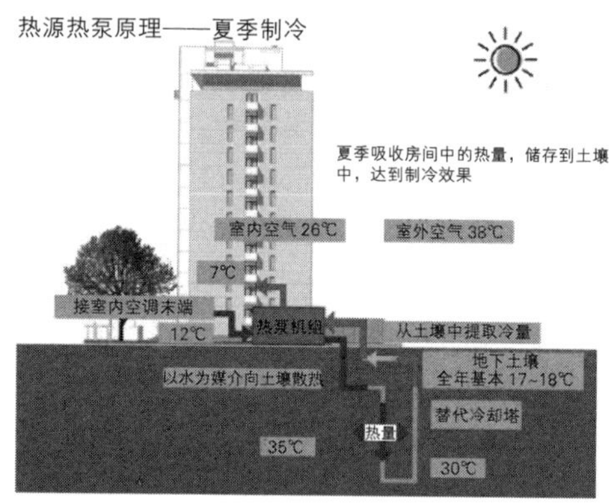

图 4-29 地源热泵技术示意图

图 4-30 屋顶太阳能提供公共车库 LED 照明

（3）可再生能源利用（图 4-31）

可再生能源利用应根据太阳能资源分布情况合理选用光伏发电、太阳能热水系统，以及风能发电系统，并以强调与建筑构件一体化为安装原则。太阳能热水系统可选用平板式或真空管式集热器，并根据建筑实际情况选择屋面安装或侧壁安装。太阳能资源丰富地区优先采用被动式措施降低空调设备运行能耗。

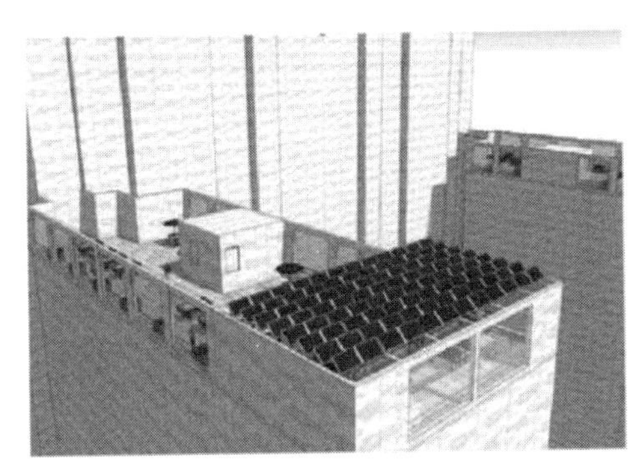

图 4-31　屋顶安放太阳能光伏发电设备

各地区依据当地实际，严格执行现行建筑节能标准，并鼓励有条件地区或项目实施更高改造标准，选择基本建设程序或房屋修缮程序实施改造，落实各方主体责任，确保工程质量。

4.6　环境改造

老旧小区环境改造（图 4-32）的目的在于提升小区的整体环境，包括环境卫生、观感、居住体验和舒适度等方面。改造对象则主要包括绿地景观、环卫设施、公共活动空间，以及健身场地和设施。改造方案应基于统一的规划设计，统筹规划和改造小区空间和设施分布，合理增加必要的绿地景观和休闲空间，对设施和场地进行维护修缮。

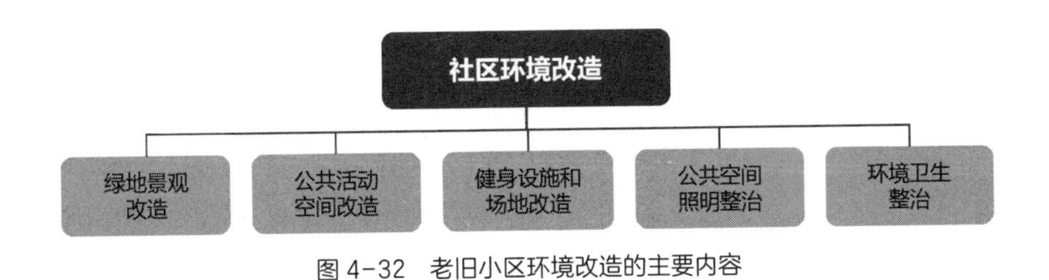

图 4-32　老旧小区环境改造的主要内容

4.6.1　现状及问题

1. 老旧小区绿地景观缺乏

老旧小区，在绿化建设以及公共活动区域设计上面积小，绿化覆盖率不足。

小区绿化主要是以花坛、小树为主，没有相对完整的绿化休闲措施，例如大树坛等，居民没有享受到绿化带来的自然环境体验。老旧小区内部植物配置未做到乔灌结合，绿化树种单一。地面裸露严重，导致水土流失，影响美观。

2. 老旧小区公共空间狭小

老旧小区空间不同于新建小区，老旧小区普遍存在建筑密集、公共活动空间狭小的情况。老旧小区的建筑布局以楼梯间式为主，空间感觉上较为紧凑，通风与采光条件不好，建筑外立面材料单一，剥落较多，基本功能退化。

3. 老旧小区健身设施和场地缺乏

在当前的健康住宅概念下，老旧健身器材不能够满足小区居民的健康需求，甚至部分器材需要进行整体更换，器材零部件生锈、脱落等现象可能会对人身安全造成威胁。这部分器材的更新要与小区户外活动区域的整体设计相结合。

4. 公共空间照明不足

老旧小区在早期建设时因建设标准低，导致室外照明配置不足，后期缺乏维护管理，灯具老旧、损坏的现象较为普遍，导致小区出现照明暗区多，私搭照明混乱等问题。随着城市夜生活的丰富，居民对小区内室外照明的需求和期望越来越高，在老旧小区改造中也应着重体现对小区室外公共空间照明的改造提升。

5. 老旧小区环卫设施落后

老旧小区由于建设年代较早，老旧小区环卫设施落后，容量不足，导致居民垃圾无处投放，垃圾满溢、随意堆放、蚊虫肆虐、大件垃圾侵占公共空间等现象较为常见，严重影响了居民居住的舒适度，甚至威胁到居民健康。

4.6.2 老旧小区环境改造的相关标准

老旧小区环境改造相关标准如表 4-19 所示。

环境改造相关标准　　表 4-19

改造方向	标准名称	标准编号
休闲与体育健身设施	公园设计规范	GB 51192
休闲与体育健身设施	公共体育设施安全使用规范	GB/T 37913
休闲与体育健身设施	园林绿化工程施工及验收规范	CJJ 82
公共卫生设施	城市环境卫生设施规划标准	GB/T 50337
绿化	城市绿地设计规范	GB 50420

续表

改造方向	标准名称	标准编号
绿化	城市道路绿化规划与设计规范	CJJ 75
绿化	绿化种植土壤	CJ/T 340
照明	LED 城市道路照明应用技术要求	GB/T 31832
照明	城市照明建设规划标准	CJJ/T 307
照明	城市照明节能评价标准	JGJ/T 307
照明	城市夜景照明设计规范	JGJ/T 163
海绵城市	城镇内涝防治技术规范	GB 51222
海绵城市	海绵城市建设评价标准	GB/T 51345
海绵城市	城市水系规划规范	GB 50513
海绵城市	建筑与小区低影响开发技术规程	T/CECS 469
海绵城市	城市居住区规划设计标准	GB 50180
海绵城市	既有社区绿色化改造技术标准	JGJ/T 425
海绵城市	绿色住区标准	T/CECS 377
海绵城市	城市旧居住区综合改造技术标准	T/CSUS 04
海绵城市	健康社区评价标准	T/CECS 650
海绵城市	既有住区健康改造评价标准	T/CSUS 08

4.6.3　环境改造技术

1. 绿地景观改造

（1）绿化整治

在保留和利用现有绿化的基础上，对占绿、毁绿的行为应予以制止并将绿化恢复原状，对选定树木难以存活或因特殊原因导致树木死亡的小区应结合小区绿化养护水平，选择适宜本地生长的植物进行补绿。新栽乔木应与居民楼保持一定间距，预留乔木生长空间，避免影响居民通风和采光。光照条件好的区域宜栽植开花爬藤植物。古树名木应挂牌建档，制定保护要求和措施。

植物选种方面应注重季节影响，乔木、灌木、花草应合理配置，适当增加开花及色叶植物，增添小区色彩。植物应选用管养成本低、易成活的品种。小区主路两侧、活动场地周边宜栽植高大乔木，满足夏季遮阴需求；儿童游戏、老人活动场地周围避免选用有毒、有针刺、有臭味、多飞絮的植物。植物品种宜选用乡土适生植物，体现地方特色及便于养护。

老旧小区改造中新增或修缮绿地应统一进行规划，结合小区所处地区的景观风貌、建筑特点、历史文化，营造符合当地特色的具有相当辨识度的绿地景观。绿化景观改造应符合《城市居住区规划设计标准》GB 50180 的规定，人均绿地面积不宜低于相应控制指标的 70%。若受限于老旧小区有限的公共空间，则应充分利用老旧小区内不同尺度的空间灵活进行公共绿地建设，可依据比例、尺度和灵活性要求建设小型开放绿地、微型广场、小型特色景观空间等可供居民休憩活动的空间。有条件的可依托住宅建筑、围墙进行立体绿化，在建筑物、构筑物立面栽植攀缘植物，建设屋顶花园，或在架设载体上栽植垂直植物等方式实现立体绿化，丰富立体景观。

（2）居民参与式景观设计

鼓励组织居民共同参与绿地景观的设计，实施和管理维护，提高绿地空间景观的参与性与互动性，采用互动性良好的植物，让居民可自行种植、采摘及食用。鼓励居民自主的文化表达，开展诸如楼栋美化、围墙彩绘、园艺展示等社区活动，鼓励自发的“微改造”行动，结合小区公共空间增设艺术品展示空间、活动设施，挖掘社区传统文化。通过多种形式加以传承，弘扬社区文化，营造小区的专属特色（图 4-33）。

图 4-33　老旧小区内小型景观

（3）绿地海绵体系改造

在老旧小区绿地规划过程中应考虑小区的排水问题，利用海绵城市、雨水花园的理念增强绿地渗透、涵养水的能力。硬化地面周围绿地改造时可采用下凹式绿地、植被浅沟等设计，增强土壤的渗透能力。选择植物品种时应尽量考虑使用耐淹品种。步道、广场的铺装可优先考虑使用透水砖、透水混凝土、植草砖等有利于地表径流下渗的材料。

（4）出入口和小区围墙的景观改造

出入口景观应结合小区周边街区风貌确定设计方案，设计形式应符合所在街区的特点，具备独特性和可识别性。需要拆除重建围墙的小区，可结合绿化、照明等进行统一设计。靠市政道路一侧的绿化应与道路绿化景观协调。连片改造围墙可采用生态绿篱；现状单一颜色的围墙可通过造型、色彩及材质营造特色景观界面；有条件的小区应腾退围墙或采用通透式围墙实现拆墙透绿。

2. 增设及改造公共活动空间

改造和增设公共活动空间应与小区绿化景观相结合，充分挖掘小区历史文化内涵，结合建筑风格，通过打造本地特色艺术文化的方式，展现小区人文环境。设置红色文化宣传、文明行为倡导、信息布告、便民信息发布等功能的公告牌。可利用小区内闲置房屋及公共空间，结合绿化景观，打造满足本小区艺术活动的艺术长廊、读书角等特色文化设施。

小区所用的景观材料应以保障安全为前提，营造安全舒适的户外活动空间。可广泛采用如彩色塑胶、彩色防滑路面、塑木等材料，减少石材等传统建筑材料的使用，可用水泥制品代替，如 PC 仿石砖、水洗石、水磨石等，实现低成本景观营造。场地铺装应注重防滑，避免使用易长青苔的青砖、瓷砖等材料。玻璃、散置碎石、散置卵石等有安全隐患的材料，不宜用于儿童活动区域。

老旧小区内破损的公共座椅及休闲设施宜修缮或更换，可结合树池、花坛增设休闲座椅，材质宜选用经济、美观、耐用、方便维护的生态环保材料。新增的座椅应结合使用需求，步道宽度大于 1.5m 时，可沿步道一侧布置；步道宽度小于 1.5m 时，避免影响步道通行，应结合沿线空间呈凹入式设置。户外座椅应尽可能提供有靠背及扶手的座椅，坐高一般建议 35 ~ 40cm，宜选用木质等材料。休息座椅应结合树木或其他人工遮阳设施布置。

3. 增设体育健身设施和场地

小区内部或附近应保留公共活动空间，如口袋公园。改造或新建的公园内须设有健身步道和健身体育器材，场地条件允许的应建设标准健身体育运动场（多功能运动场），满足居民篮球、足球等运动需求。增设和改造的公共文化体育设施应兼顾实用和美观，材料具有耐久性和环保性，并设置必要的保护栏、柔软地垫和警示牌等。可参照《公共文化体育设施条例》《国务院关于加快发展体育产业促进体育消费的若干意见》等有关文件要求，并符合《城市居住区规划设计标准》GB 50180、《室外健身器材的安全通用要求》GB 19272 等有关标准的规定。

4. 公共照明整治

对照明设施缺乏照度不足的老旧小区进行小区照明改造。照明及线路的设置应符合《电力工程电缆设计标准》GB 50217 和《城市道路照明设计标准》CJJ 45

的规定。位于居住建筑窗户外的照明，表面产生的垂直面照度和灯具朝居室方向的发光强度最大允许值应符合《城市夜景照明设计规范》JGJ/T 163 的规定。对缺乏照明设施的道路、公共活动场地等场所 / 区域，应进行增设；对杆体斜歪倒塌的应进行维修；对灯具脱落、线路老化的，应进行更新。公共照明设施应根据回路实际负荷情况，合理选取漏电保护器规格。所有立杆路灯均应在灯杆本体及电源箱处安装漏电保护。

在满足照明的前提下，人行道路照明灯具的安装高度不宜低于 3.5m。采用与道路环境协调的功能性和装饰性相结合的灯具，且上射光同比不宜大于 25%。照明应采用分区、定时、感应等节能控制方式。照明宜采用 LED 光源，当采用 LED 光源时，光源的显色指数不宜小于 60，色温不宜高于 5000K，并宜优先选择 3000 ~ 4000K 中低色温的光源。

5. 环境卫生整治

（1）清理垃圾杂物

小区物业负责及时清理小区道路、公共空间、楼宇间和楼道内的垃圾。小区物业负责及时清理乱贴乱画、乱写乱刻现象，保证小区环境干净整洁。结合小区出入口、公共活动空间设置公告栏、宣传栏，集中发布信息，公告栏样式应与小区整体环境相协调。

（2）增设环卫设施

在未设置生活垃圾分类投放点及垃圾分类收集容器的老旧小区增设垃圾分类设施。垃圾分类投放点的设置应便于居民投放垃圾，且不阻塞消防通道，不影响道路通行。垃圾分类应按照可回收、有害、厨余、其他的“四分类”要求设置垃圾分类收集容器。宜以单元或楼栋为单位成组设置厨余垃圾、其他垃圾收集容器，同时按照每小区不低于一组的要求设置可回收物、有害垃圾收集容器。小区面积较大的应适当增设。投放点地面应硬化，并采取地面划线、港湾式改造或设置亭站棚等方式固定投放点位置。生活垃圾分类收集容器的设置可参照《环境卫生设施设置标准》CJJ 127 的规定。收集容器标识应符合《生活垃圾分类标志》GB/T 19095 的规定（图 4-34）。

老旧小区宜至少配置一座生活垃圾分类收集房（站），并设置明显标识。生活垃圾分类收集房（站）应设置在人流量较小、方便垃圾清运，供电供水排污设施完善的地方；收集房（站）应为封闭有顶的建构筑物。收集房（站）内应采用隔断或划线方式进行分区，按类别暂存各类垃圾。有条件的，可增设大件垃圾暂存点。小区内原有垃圾池应拆除或改造为收集房（站），楼道垃圾井应进行封堵。生活垃圾分类收集房（站）应符合《生活垃圾收集站技术规程》CJJ 129 的规定。

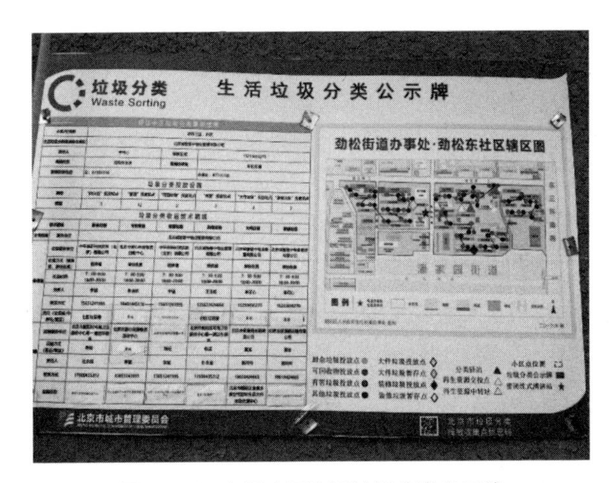

图 4-34　老旧小区生活垃圾分类公示牌

（3）加强小区日常环卫保洁工作

根据人口规模配置保洁人员，建立健全并落实小区清扫保洁、分片包干、巡查监督等管理制度，做到垃圾日产日清。配备专业垃圾收运车辆，实行密闭化运输，避免垃圾清运中渗滤液所带来的二次污染。开展垃圾分类宣传活动，采取积分兑换制度、垃圾分类宣传活动、社区游戏等方式，鼓励居民实施垃圾分类。

4.7　建筑功能性改造

早年建造的住宅建筑户型复杂，例如筒子楼，缺乏独立卫生间、厨房等功能设计，广泛存在多户共用卫生间和厨房，居民长期在楼道搭设灶台、使用煤气罐等情况，加之不合理的户型设计造成诸多安全隐患。并且由于老旧小区长期缺乏有效管理，环境卫生无法得到保障，楼道杂物堆积的问题无法得到彻底解决。因此需要进行一定程度的室内空间改造，通过增加建筑面积、进行室内空间整合等方式，在结构允许的条件下，通过建筑加层、拆除或移位部分墙体，将空间重新合理划分，调整原有不适用的使用空间并增加一些新的使用空间，来解决老旧住宅建筑空间布局不合理、缺少独立厨房和卫生间的问题，以满足居民不断变化的居住需求。

改造的目的在于改善原有使用功能的同时增加新的使用功能。其中改善原有使用功能包括厨卫空间整合、卧室功能改善等；利用原有空间增加新功能，包括卧室改造为餐厅、起居室，入户走廊改造为门厅空间，阳台空间的再利用等。此外，不涉及建筑结构的室内空间改造可由居民自行完成。

建筑功能性改造主要包括增加建筑使用面积和室内空间改造，针对老旧小区还应着重考虑室内空间适老化设计。

4.7.1 加层技术

1. 老旧住宅建筑加层技术

通过加建、扩建、套型合并的方式增加住宅面积，提升房屋的资产价值，并通过补交土地出让金的方式使增加的住宅面积进入市场交易。但通过加建层数方式所增加的住宅面积，仍然面临着所有权许可、规划许可、土地许可、入市许可等诸多问题。

（1）加层的目的和意义

通过加层增加的住宅面积进入市场交易，可以为老旧小区改造工作提供资金保障；通过扩建、加层增加的建筑面积，可以满足养老服务设施，如社区老年人日间照料中心、社区老年人活动中心的配建要求；可以扩大建筑使用面积，解决当前用房紧张的矛盾；可进行建筑平面及立面调整、适当装修，改善房屋的使用功能，满足居民生活水平日益提高的要求；能大量节约投资；可提高建筑物的抗震能力，改善结构受力条件，延长建筑物的使用年限。

（2）加层的技术

通过理论研究及大量工程实践总结，我国房屋加层技术上较成熟的方法有：直接加层法、改变荷载传递加层法及外套结构加层法等三种。

1）直接加层法

直接加层法是指在原有房屋上不改变结构承重体系和平面布置，直接加层的方法。其适用条件是原结构和地基基础的承载力和变形满足加层的要求，或仅局部加固处理即可直接加层。直接加层可比较充分地利用原建筑的承载潜力，因此直接进行加层改建是扩大使用面积最经济、最方便的手段。清华大学主楼建于20世纪50年代，2000年为了增加其使用面积，优化立面造型，在其上直接加两层，局部加三层。由于这种加层方法受原建筑的制约较多，当建设单位希望将层数提高较多时，往往不能采用这种方法。从国内大量的加层工程经验总结和技术经济分析来看，该方法加层层数以不超过3层为宜。

改变荷载传递的方式分为两种：

①改变结构承重方向。包括原房屋为横墙承重，加层部分改为纵墙承重；原房屋为纵横墙承重，加层部分改为纵墙承重等。当然也可以是在加层面积的局部房间改变承重方向。

②增设新承重墙或柱。当房屋加层部分的建筑平面需改变，或原房屋承重墙体和基础的承载力和变形不能满足加层荷载设计要求时，可增设承重墙或柱。

2）外套结构加层法

外套结构加层法是指在原房屋外增设外套结构，如框架、框架–剪力墙等，以支撑加层后的全部荷载。该法可用于改变原房屋平面布置，改善使用功能，同时要求加层层数较大，原房屋加层施工时又不能停止使用，用户搬迁有困难，且地处设防烈度不超过 8 度，为Ⅰ、Ⅱ、Ⅲ类场地的房屋。采用外套结构加层，由于不受原结构的制约，使在绝大多数房屋上进行加层扩建有了可能。原有房屋被包在外套结构内，外套结构的柱基可以利用原结构加固后的基础，也可以在原有基础外重新布量，这样就避免了加层部分的荷载传到原有房屋的不利影响。增层以后的层数、高度可不受抗震规范对砌体房屋层数和总高的限制。

3）新型加层法

在以往的加层工程中，无论采用哪种方式加层，加层结构形式主要采用砖混结构和钢筋混凝土结构两种，我们称之为传统结构加层。尽管这两种结构自重大、施工周期长，应用于加层工程有诸多不足。但由于可就地取材，造价相对低廉，技术上最成熟，应用最为广泛。新型加层方法是随着我国的改革开放，新型建筑材料的研制开发，国家产业政策的转变，顺应建筑业可持续发展的时代要求而逐步在房屋改造领域应用的，主要比较流行的方法有三种：结构控制加层、轻型钢结构加层和钢-钢筋混凝土组合结构加层。

①结构控制技术又称隔震减震控制技术。结构控制加层法指在利用既有建筑物与加层部分之间设置能耗减震装置或隔震减震装置，耗散地震输入的能量，或合理设计加层结构与原结构的刚度比值，减少原结构及新增结构地震反应的一种加层方法。加层减震的关键技术在于合理确定减震装置的布置、构造及其参数（即水平刚度 K、阻尼 C、新结构与旧结构的质量比）。利用隔震减震技术加层，从理论上讲，可以在减少或不增加总投资的情况下使新增结构和原结构的地震反应均降低。

②轻型钢结构加层方法又简称轻钢加层，即利用轻型钢结构对原有房屋实施加层。目前，轻钢加层应用最多的是屋顶直接加层和室内增层两大类，随着轻钢结构的普及推广和房屋加层技术的逐步完善，轻钢加层以其特有的优势也必将会越来越多地被加层工程所采用。

③钢－钢筋混凝土组合结构加层方法。在加层工程中，采用钢-钢筋混凝土组合结构加层主要有两种形式，一种是加层结构全部采用钢-钢筋混凝土组合结构，另一种是在外套钢结构加层中，底层采用型钢混凝土或钢管混凝土柱，利用钢-钢筋混凝土组合结构刚度大、承载能力强、抗震性能好等优势弥补外套加层结构上刚下柔的不足，使钢结构和组合结构两种结构形式优势互补。

（3）资金测算

加层技术增量成本测算存在较大难度，一是由于老旧小区房屋现状复杂，结构形式多样，加层技术难以统一；二是缺少加层改造工程的造价数据；三是加层改造往往与其他改造结合在一起，无法单独测算，需根据实际情况调研完成。

2. 楼层加层面积扩展改造现有的政策法规和经验

（1）现有楼层加层和扩展的政策法规

《关于开展旧住宅区整治改造的指导意见》（建住房〔2007〕109 号）中规定："要引导旧住宅区居民分摊部分共用部位、共用设施设备的整治改造成本，对于扩大居住面积、修缮更新住房产权人专有的设施设备等项目支出，应由受益的住房产权人承担。"该规定为老旧小区改造中带来的扩展面积的产权归属提供了明确指引，而关于楼层加层的权属认定仍然缺乏较为明确的法文规定。

（2）现有楼层加层和扩展的经验

北京：针对改造后楼房面积增加的问题，北京一般采取所增面积费用由房屋所有权人承担，居民支付建筑造价，低收入居民可免等政策，但对增加的楼层面积仍未明确其权属关系，而且对于因此而收取的费用缺乏合理的入账渠道。

针对改造后增加的楼层，北京采取将增加的楼层作为政府保障房出售，出售资金用以弥补改造费用。

上海：对于改造带来的新增面积采取向原住户收取费用的方式；对于改造新增楼层，上海引入市场机制，采取将新增楼层优先向一层居民供应的原则；开发商通过出售加层，补贴电梯安装和初期维护费用。

上海根据《上海市旧住房综合改造管理办法》（沪房规范〔2020〕2 号）中的规定明确了相关权属：（房屋权属调查及房地产登记）旧住房改造后，建筑面积发生变化的，当事人应当按照本市房屋权属调查的相关规定，委托房屋权属调查机构进行房屋权属调查（测绘）。

"改造中属加层的房屋、新增小区停车场（库）、物业管理用房、小区公共配套设施等，应当按照本市房地产登记的相关规定，办理房地产初始登记。根据协议归建设单位所有的部分，由建设单位申请登记；归公房产权单位的部分，由公房产权单位申请登记；归全体业主共有的部分，可以由建设单位一并提出登记申请，由登记机构在房地产登记中记载，不颁发房产证。"

"除第二款情况外，改造后的房屋建筑面积发生变化的，应当按照本市房地产登记的相关规定，申请办理建筑面积的变更登记。整个项目变更登记后，原业主根据协议办理相应的建筑面积变更登记。"

4.7.2 老旧小区室内空间改造及装配式建筑应用

面对我国人口老龄化的严峻形势，各地积极探索并提出多种养老模式，其中以社区为依托的"居家养老"模式，对社区公共环境、设施设备、住宅的适老性具有较高的要求。

我国城镇住宅存量截至 2017 年已有 217 亿 m^2，依照城镇家庭住宅平均建筑面积 89m^2 计算，我国城镇住宅存量套数为 3 亿套。以北京为例，根据调查显示，北京老年人样本住房面积主要以 50 ~ 100m^2 为主，独居老人多为 50m^2 以下的住房为主，两口则以 50 ~ 100m^2 居多。在老旧小区建筑改造中，面临不同程度的问题，以使用功能不能满足现有需求为主。

老旧小区室内改造强调快速施工，达到居住标准后，居民即刻搬回小区，装配式建筑内装技术可缩减施工时间，降低污染，更符合老旧小区室内改造需求。

1. 老旧小区室内空间主要问题

（1）功能不完善

当下许多老旧小区住宅建筑室内空间已经无法满足居民生活需求，由于老旧小区建造时间早，受限于当时设计标准、建设水平及居民生活诉求，原设计室内空间存在诸多问题，例如：缺少厨卫空间或厨卫面积过小；分区划分不合理；部分功能区域重叠合用的情况；部分老旧住宅内部缺少供暖系统等。

（2）性能有待改善

老旧小区住宅在性能上的问题主要是性能不佳，如结构老化引发的墙体开裂、变形进一步导致的渗水、保温不足、隔声性差等问题；门窗老化导致室内保温、气密性差；管线布局的杂乱和老化问题存在一定的安全隐患；厨房通风设计不合理，造成异味等问题。

（3）适老设计不足

老旧小区住宅普遍在住宅内部缺少适老设计，尤其是卫生间，老年人对于其内部适老设施的需求性高，且当下多地推行“居家养老”的模式，老旧小区内住宅普遍无法满足居家养老的要求，室内空间改造应加入更多适老设计。

2. 老旧小区室内空间改造面临的困境

（1）结构固定难以改造

老旧小区室内空间改造中主要面临的问题之一是结构固定难以改造，既有老旧小区多为砖混结构，其承重墙的位置基本限定了住宅内部空间的尺寸与布局，难以进行大规模的改造，尤其是无障碍改造问题，现行标准要求较高，由于老旧住宅的结构限制，部分室内改造无法达到现行无障碍改造标准。

（2）差异化需求难以形成统一模式

老旧小区室内改造强调差异化设计，老旧小区建筑户型多样，室内空间差异性较大，空间布局方面难以形成模式化改造体系，在于老龄人需求具有显著差异性，独居与夫妻共同居住模式、行为能力水平、所患病症、生活习惯等导致对于室内空间改造需求不同。

（3）安全污染问题严重

对于老旧小区室内空间改造，居民普遍单户提出改造需求，寻求技术水平较低的装修队伍来完成改造，一方面可能会出现拆改承重墙等操作，对结构稳定性影响严重；另一方面采用的改造技术较传统，会造成大量粉尘、噪声污染、建筑垃圾多、施工时间长等问题。

3. 老旧小区改造与装配式建筑技术

装配式建筑是指把传统建造方式的大量现场作业工作转移到工厂进行，在工厂加工制作完成建筑用构件和部品，如楼板、墙板、楼梯、阳台、模块单元、整体房屋等，运输到建筑施工现场，通过可靠连接方式在现场装配安装而成的建筑。主要包括预制装配式混凝土结构、钢结构、现代木结构建筑等。

装配式建筑快速发展的背景下，在老旧小区改造过程中也具有显著的优势，能够有效解决传统既有建筑中改造面临的难题和问题，可以在老旧小区改造中应用与推广。

装配式建筑倡导建筑节能、减排、健康保障与科技化，是建筑工业化的具体体现，用预制部品部件或模块化单元式部品在工地装配而成的建筑，具有设计标准化、生产工厂化、施工装配化、装修一体化、管理信息化、应用智能化等特征体现了技术创新、管理创新、制度创新和产品创新。

关于老旧小区中室内改造采用装配式内装技术应用的优势主要包括以下几点：

环保材料：装配式内装饰技术中均采用环保材料，预制过程与改造过程均降低有害材料的使用，保障老年人能够快速入住，且居住环境安全无害。

干法施工：装配式内装技术主要分为预制与施工两个阶段，绝大多数步骤均为干法施工，传统内装过程中部分环节在工厂中预制实现，能够有效缩短工期的同时，降低环境污染与噪声污染。

装修质量高：装配式建筑行业发展迅速且已经积累一定的经验，尤其在内装技术方向也有充分的经验积累，装配内装相较于传统内装技术，由于其标准化的预制过程，装修质量更高。

节能降耗、节约成本：装配式内装的各部品部件具有可拆卸性，甚至某些部品部件可以重复利用，因此在节约成本、降低能耗方面相较于传统的内装技术具有明显的优势。

4. 装配式建筑在空间改造中的应用

（1）全干法装配式墙面系统

全干法装配式墙面系统的构造体系包括相应的标准化配套产品，抗冲击性的墙面，墙面饰面效果丰富，是高效的装配式安装工艺。

（2）全干法装配式吊顶系统

全干法装配式吊顶系统的构造体系包括相应标准化配套产品，其龙骨配置数量和位置能保证安全性，吊顶系统变形符合使用要求。

（3）全干法装配式楼地面系统

全干法装配式楼地面系统的构造体系，包括相应标准化配套产品，其复合板的强度和变形达到使用需求，选用环保的复合板胶黏剂。

（4）全干法装配式集成厨房

全干法装配式集成厨房的构造体系，其墙面、地面系统的承载能力和变形符合要求，具有相应的标准化配套产品，产品性能优越。

（5）全干法装配式集成卫生间

全干法装配式集成卫生间的构造体系中墙板连接装置、墙体框架阴角卡接连接件、防水底盒等产品可保证卫生间无漏水隐患。

第 5 章　老旧小区物业管理及信息化改造

“物业”一词最早在 20 世纪 80 年代引入国内，现已形成了一个完整的概念，即：物业是指已经建成并投入使用的各类房屋及其与之相配套的设备、设施和场地。物业含有多种业态，如办公楼宇、商业大厦、住宅小区、别墅、工业园区、酒店、厂房仓库等多种物业形式。根据使用功能的不同，物业可分五类：居住物业、商业物业、工业物业、政府类物业和其他用途物业。不同使用功能的物业，其管理有着不同的内容和要求。

居住物业是指具备居住功能、供人们生活居住的建筑，包括住宅小区、单体住宅楼、公寓、别墅、度假村等，也包括与之相配套的公用设施、设备和公共场地，主要具有三种功能（图 5-1）。

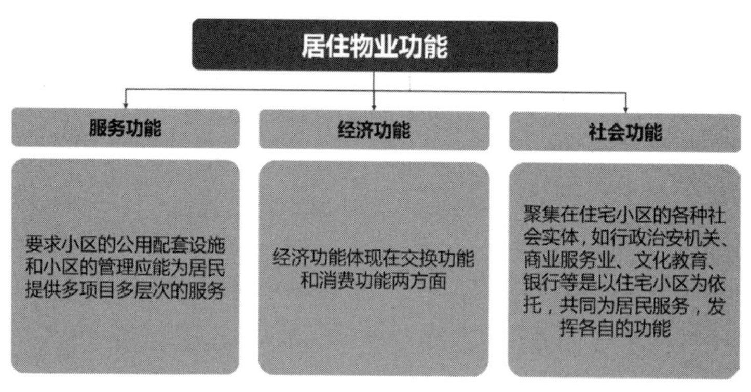

图 5-1　居住物业功能

5.1　信息化物业改造优势及现存问题

5.1.1　物业管理存在的问题

根据中国消费者协会于 2019 年公布的 36 个城市、148 个住宅小区物业服务调查体验情况显示（图 5-2）物业服务实地体验评价得分 65.14 分，整体处于及格水平。从各个管理环节得分来看，设备设施管理得分 84.70 分，相对较高；环境管理得分 64.89 分，处于及格水平；秩序管理和客户服务管理相对较低，分别为 59.35 分和 54.47 分，处于不及格水平。总体来说，当前我国物业管理居民满意度较低。这是因为，改革开放以来我国经济迅速发展，我国居民住房条件更新速度较快，居民对居住环境的要求也不断提升，传统物业缺点日益凸显，主要包括以下几个方面：

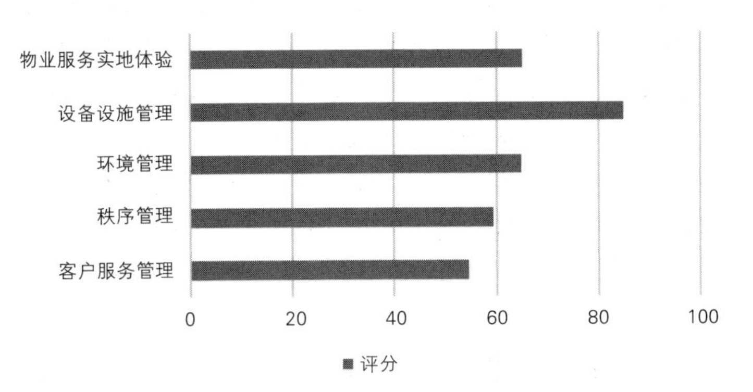

图 5-2　中国消费者协会 2019 年住宅小区物业服务体验调查结果

（1）相关法律、法规不健全；

（2）物业管理资金管理混乱；

（3）物业管理企业独立性不够；

（4）物业管理部门之间业务处理缺乏标准化、规范化、科学化的管理手段；

（5）通过多渠道收集和积累的数据缺少科学分类，没有统一的联系标准，难以进行数据的统计、决策；

（6）物资采购、库存材料管理体系不科学，手工出入库记账容易出问题；

（7）物业的计费、收费无法直观监控和催缴；

（8）物业管理决策领导没能对所管辖范围形成空间信息，从而难以充分利用小区设施和住户资源，开展可盈利的增值服务；

（9）物业管理信息数据资源分散、凌乱、孤立；

（10）各种经营决策所需的数据采集难，准确率低，具有滞后性；

（11）物业管理部门之间信息数据不能共享，信息传输缓慢，工作效率低，重复作业多；

（12）大量极其有历史价值的数据被丢失，对企业业务的发展造成损失；

（13）对于外部信息，特别是网络信息开发和利用较差。

物业管理是一项重要的基础工作，做好物业管理，可以为居民提供优质的物业服务，减少矛盾纠纷，改善人民群众的生活和工作环境。传统的物业管理手段已经不适用于现阶段，随着信息化时代的到来，许多物业公司在不断积极探索传统物业向信息化物业转型升级的路径，通过引入信息化技术可以有效解决相关问题。物业管理信息化借助计算机技术对物业进行管理，是一种先进的管理理念和手段，实现物业管理信息化具有重大现实意义。

5.1.2 物业管理信息化优势

物业管理信息化是结合AI技术、物联网、云计算、大数据等技术（图5-3）的发展，从软硬件方面部署信息化平台管理系统并实现智能应用。物业信息化运营可实现全场景覆盖，实现业务与数据全面融合，确保物业管理服务流程可追踪，操作更科学、管理更便捷，全方位打造集移动化、信息化、智能化的小区管理与运营模式。搭建信息化物业管理平台可以为社区居民提供便民服务、邻里互动、社区电商等丰富、便捷的服务，最大程度、最低成本地满足业主多元化需求。

图5-3　物业管理信息化技术

物业管理信息化运营的内涵是基础服务更高效、增值服务更多元便利。利用智能化设备及软件平台连接社区内居民、物业、商业、政府多元主体，通过实现居民生活信息化、物业管理信息化、社区商圈信息化、政府服务信息化，协调保障多元主体享受相应的权利和承担对应的责任。

总体来说，信息化物业管理较之传统的物业管理模式有着显著的优势，受益对象如图5-4所示。

1. 居民生活更安全、更舒适、更和谐

通过智能设备及软件平台的部署，可以高效、精准地管理社区内的人员及车辆，包括道闸、翼闸、监控、火灾、楼宇对讲等设备，为社区居民提供安全、舒适的生活环境。

2. 物业服务更全面、物业人员操作更便捷

通过基于物联网的智能化升级，建立连接社区内全部居民的有效通道，整合全部第三方服务及产品，充分赋能社区物业公司，为社区居民提供更全面专业的产品与服务。

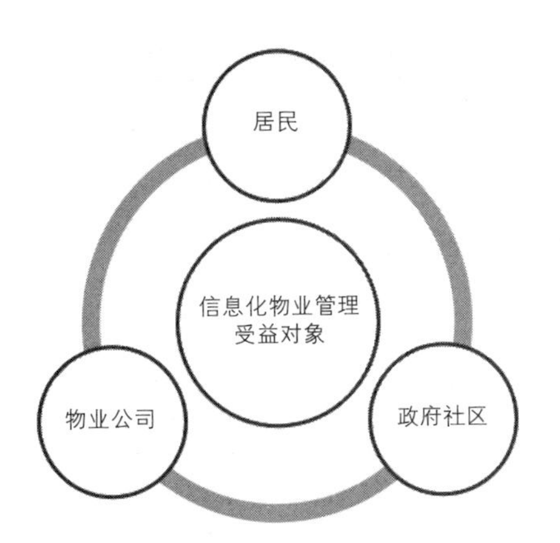

图 5-4　信息化物业管理受益对象

3. 政府社区治理更精准、社区服务更高效、特殊情况防控更快速

通过系统平台，建立政府与社区居民双向的信息通道，让政府的社区治理更加精准与高效，有效提升政府的应急处理能力，尤其在疫情肆虐的情况下，老旧小区信息化物业管理平台高效的数据处理能力能够有效协助各项社区事务的推进。

5.1.3　传统物业管理与信息化物业管理对比

随着物业市场竞争愈演愈烈，物业作为劳动密集型行业，面对逐年攀升的成本，传统的盈利模式适应不了现有市场的发展，同时逐年攀升的人力成本、业主不断增加的服务需求等，也给物业带来了难题。总体来说，传统的物业企业都面临着降本增收的问题。

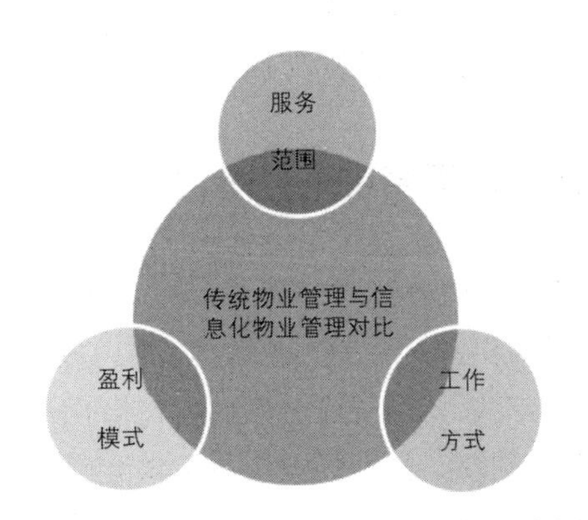

图 5-5　传统物业管理与信息化物业管理对比

表 5-1 分别从服务范围、工作方式和盈利模式三个方面对传统物业管理与信息化物业管理进行了对比（图 5-5）。

传统物业管理与信息化物业管理对比表　　表 5-1

	传统物业管理	信息化物业管理
服务范围	传统物业管理的服务范围一般包括："四保一服务"，即保安、保洁、保绿、保修以及客服中心。传统的物业服务仅仅覆盖了业主基本生活方面	在原有传统物业管理的基础上，信息化物业管理还根据业主不断增加的需求，进行服务范围拓展。相对于传统物业管理，信息化物业管理服务范围更广、服务内容更丰富，也更贴合业主不断发展的需求
工作方式	在传统物业管理中，物业服务人员的工作方式偏线下，线下催缴物业费、开票、发通知，触达率不高……项目合同管理、物资以及设备管理等线下巡检记录方式效率低下	信息化物业管理下的物业人员，工作方式多为线上作业，物业人员手拿一个移动终端，现场巡检，可拍照，可录像，也可以用文字做记录，然后直接传到服务器里面去做存储；进行维修检查的时候，可以通过二维码检索后对设施设备进行检查维护、通知业主直接利用手机端通知、线上提醒缴费、业主线上报事报修…… 对物业人员的工作方式进行了重新定义
盈利模式	在传统物业管理下，随着人力成本的不断提升，盈利的方式单一，造成物业企业近年来利润空间不断被压缩，甚至不少物业管理企业出现亏损的现象。传统物业管理的服务范围在四保一服务内，在服务范围不变的情况，盈利来源变少，成本高，盈利少的矛盾造成了传统物业管理的主要困境	信息化物业管理拓宽了物业的服务范围，通过移动互联手段对原有的服务模式进行升级改造，从内嵌入信息化物业管理系统等管理工具，对外借助社区O2O平台解决社区服务问题，将线上和线下进行了完美的结合。最终实现集约化管理，起到整合资源，提升盈利模式多样化的效果

总的来说，传统物业管理与信息化物业管理的区别就在于信息化与否，具体来说便是是否运用信息化物业管理系统，是否应用信息化手段来对物业管理与服务模式进行改造与升级。

随着"互联网 +"的浪潮汹涌而来，信息化、智能化是未来物业管理行业发展的必然趋势，作为传统服务业的物业管理，需要大力引进新技术，实现物业管理现代化、信息化，拥抱人工智能和物联网，加快向现代服务业转型，推行标准化管理，通过扩大服务规模实现规模化效益。

5.2　老旧小区信息化管理系统搭建路径

根据当前物业管理的信息化发展趋势，结合物业公司的现状，以及能获取到的数据资源，为老旧小区提供针对性的物业缴费、来访登记、维修服务、信息通知、客户服务等信息化解决方案，尤其关注老旧小区信息化平台建设过程中适老化需求，在提升住户满意度的同时，更为物业企业提供全新的运营模式。信息化物业管理平台建设应达成以下的目标：

（1）打造安全社区环境，设备信息化更新或改造；

（2）信息精细化采集并实现定期更新，尤其针对老旧小区内部特殊人群；

（3）提升服务效率与水平，实现智能缴费，建立线上线下维修服务；

（4）系统的增值服务。

老旧小区信息化物业管理平台系统的设计应确保系统安全可靠、运行稳定、功能完整、性能优良。其次平台系统的设计应充分利用微信端、移动互联网技术，实现基础数据的统一结构化处理以及应用能力的移动端输出等需求，同时要选择适合的有巨大发展潜力的先进性网络技术，以满足未来系统业务管理维护及二次开发需求。具体而言，平台系统的设计应遵循以下原则。

（1）遵循标准与规范的原则；

（2）充分利用现有资源的原则；

（3）先进性和适用性相结合的原则；

（4）合理性和实用性相结合的原则；

（5）开放性与标准性相结合的原则；

（6）易维护性和扩展性原则；

（7）安全性和可靠性原则。

结合智慧社区、智慧城市等发展趋势，综合考虑多元主体参与老旧小区信息化物业管理系统搭建的优缺点，对老旧小区信息化物业管理系统进行搭建，并根据老旧小区自身特点，调整侧重方向，提高针对性。

平台搭建过程中明确老旧小区物业信息化管理系统的设计理念，针对老旧小区，对于平台模块架构与子系统功能设定，着力于适老化改造与养老机制建设，用 AI、云计算、大数据等技术，提升老旧小区韧性，发掘老旧小区潜力。某老旧小区信息化物业管理系统的搭建路径如图 5-6 所示。

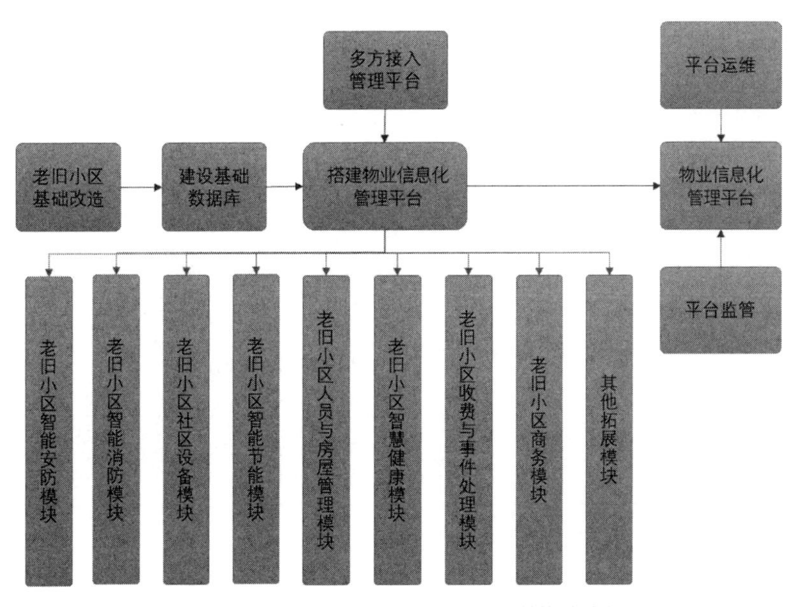

图 5-6　老旧小区信息化物业管理系统搭建路径

从老旧小区信息化物业管理系统的建设与运维两个维度进行综合考虑并给出解决方案，其中建设过程首先需建设基础数据库，并在基础数据库的基础上根据功能需求的不同搭建不同的模块，而运维则是在管理系统搭建完成后，为保证系统长期稳定运行，需定期或不定期对系统进行维护。总而言之，建设与运维是老旧小区信息化物业管理系统中同样重要的组成部分，两者缺一不可。

由于多数老旧小区改造均存在融资相关问题，对信息化改造过程形成较大的阻碍，因此应借鉴老旧小区综合改造的相关经验，采用“微改造”的建设思路对于老旧小区信息化物业管理系统进行建设，依据老旧小区自身的能力和现状，应将各模块的子系统进行相应的划分，将模块子系统划分为基础类、完善类和提升类三大部分，分类对搭建顺序具有一定的指导作用，每个老旧小区应根据自身情况，对信息化建设形成完整的搭建思路与流程设计，对资金进行合理的分配，进行长时间、逐步的综合信息化系统建设与改造。给出一个简单的模块搭建流程建议，即如表 5-2 所示。

老旧小区模块搭建流程建议表　　表 5-2

模块	基础	完善	提升
信息设施系统	信息接入机房； 综合布线光纤入户； 5G 部署	—	—
智能安防模块	出入口控制系统； 视频监控系统； 周界入侵报警	楼宇对讲系统； 社区智能报警系统； 访客管理系统； 电子巡查	—
智能消防模块	火灾自动报警系统	消防安全控制室	—
社区设备模块	多媒体系统； 公共照明与控制	停车场管理系统； 智能充电桩系统	智能梯控系统
智慧节能模块	—	智能抄表系统； 垃圾分类系统	智慧海绵小区系统
人员与房屋管理模块	居民信息管理系统	物业人员管理系统； 房屋管理系统	志愿者与宣传人员信息管理系统
智慧健康模块	—	—	智慧健康管理系统
收费与事件处理模块	—	智能收费系统； 事件处理系统	—
商务模块	—	商务管理系统	—
拓展模块	—	—	—

首先实现安全防范与人口信息采集信息化建设，目的是解决或缓解多数老旧小区安全隐患高、租户和老人群体比例高所带来的相关问题；后续可再引入其他

相关模块，实现对应功能。本表格作为老旧小区信息化物业管理模块搭建流程参考建议，各小区可根据自身社区现状，设计过程中需要重点对于自身现状和资金状况做出评估，结合实际对老旧小区信息化改造流程进行定制化设计，实现系统搭建。

5.3　老旧小区信息化物业管理系统搭建与系统子模块

老旧小区基础设施改造是搭建老旧小区物业信息化管理平台的前提条件，主要内容包括市政配套基础设施改造提升以及小区内建筑物屋面、外墙、楼梯等公共部位维修等，包括改造提升小区的供水、排水、供电、弱电、道路、供气、供热、消防、安防、生活垃圾分类、有线电视、移动通信等基础设施，以及光纤入户、架空线规整（入地）等。

信息化平台作为老旧小区物业服务与管理水平提升、居民生活条件改善的主要途径，应在基础设施完善的前提下进行搭建，在基础改造完成后，根据各小区各自实际情况进行信息化系统建设和物业管理系统搭建。

根据设计要求，老旧小区信息化物业管理系统的建设分为两个步骤，即首先完成基础数据库的搭建，后续进行适应老旧小区特点的物业信息化平台各模块的建设。基础数据库作为系统建设的基础，是老旧小区信息化建设过程中所必须完成的改造或建设项目，而针对第二步中模块的建设，可以结合小区自身基本情况对模块建设流程进行差异化设计。下文将对老旧小区信息化数据库与各模块的搭建进行详细介绍。

5.3.1　基础数据库搭建

老旧小区信息化物业管理平台的基础数据库包括基础信息数据库、运行操作信息数据库和信息分析数据库三大部分。

1. 基础信息数据库

基础信息数据库是用于统一管理平台的基础信息，如用户信息、管理人员的信息、住户信息等相对固定但又同时适用于多个服务的基础性数据。

（1）用户信息用于记录用户名、密码、楼宇名称、房号是否已注册等用户信息。用户 ID 是主键，系统会自动生成。所使用的字段是用于表示是否由系统管理员注册的。

（2）管理人员的信息是记录包括员工 ID、姓名、性别、年龄、联系方式等的管理人员的信息。

（3）住户信息记载住户的信息，包含用户 ID、姓名、房型、建筑面积、工作单位、联系方式等。物业管理人员通过物业系统对业主家庭成员基本数据信息进行录入。

（4）公告信息表显示模板的标题、关键字、布告类、用于存储公布的页面文件的路径等，以模型用户分发的公告信息和技术应用的典型情况为记录而使用。

（5）费用信息用来记载在记录小区业主入住时填写的物业信息，包含住户姓名、物业地址、收费项目、收费方式、起始时间、物业地址、查看或修改业主信息以及删除信息等。

（6）物业信息用来记载用户姓名、业主信息、主要合同信息、电表信息及物业相关管理信息，并进行查询和管理等。物业管理人员通过物业系统对所涉及的各项物业费用进行设置，以便为后续收费提供计算依据。

2. 运行操作信息数据库

主要用于日常业务的开展，如维修、缴费、IC 卡使用等实时的、持续的数据管理。传统的物业管理只能进行人与物、人与人之间的沟通建议，而且沟通会受到时间、空间的限制，具有滞后性。信息化物业管理系统可以通过网络，实现人与物、人与人信息的及时交互，且各类交互信息均会记录在运行操作信息库中。

（1）设备需要维修时的信息交互。信息管理平台可以根据何处设备出现问题以及何处设备需要进行维修，实现管理者和用户的信息交换。

（2）物业缴费时的信息交互。大部分小区用户的水、电表数据以及燃气表数据可通过网络采集，然后统一传输到物业管理公司，业主可通过网络查询自家水、电、燃气的使用情况与应缴的费用，在开通电子商务的小区，业主可以直接网上缴费。

（3）使用 IC 卡时的信息交互。通过业主进出小区时使用的 IC 卡，可以实现该业主房产信息、停车位管理、单元门禁等信息的共享。

3. 信息分析数据库

老旧小区信息化物业管理系统在实施运行的过程中，会积累大量的原始数据，数据涉及居民的各个方面，如不加以利用，只会占用大量的存储空间，随着信息技术的发展，大数据技术可对管理系统中的数据进行统计分析，一些分析结果可用于帮助决策层进行决策管理。特别是对于老旧小区中老年人健康管理有着重要的意义。信息分析数据库分析应用，可以对数据进行在线统计、数据在线分析、随即查询等发掘信息数据价值的工作，服务于平台的决策支持系统。

5.3.2 老旧小区智能安防模块

老旧小区信息化改造中，安防是重中之重，与新建社区相比未经过信息化改造的老旧小区存在诸多安全隐患，例如：监控系统较为落后、采用的访客管理系统等级较低、小区无智能识别门禁系统、小区车牌识别系统存在局限等。总之，由于老旧小区设备老旧、出租率高、留守老人、空巢老人比例逐年上升等特点，致使老旧小区的安防改造需求等级高，因此应针对老旧小区自身特点，对智能安防模块进行建设。

“智能安防”建设以大数据、云计算、互联网、物联网、智能引擎、视频技术、数据挖掘等新一代信息技术为基础，实现社区安全各环节防范。模块内子系统高度集成、深度共享、协调运作，逐步成为居民小区社会治理的支撑点和突破点，图 5-7 为智能安防控制室。

图 5-7　智能安防控制室

智能安防模块由诸多子系统构成，子系统之间共享数据，实现智能安防模块内部协调，预判安防问题，快速响应、高效处理安防事件，同时与相关行政机关（例如：公安系统、消防系统）建立联动机制，为复杂或危害重大的安防事件提供信息通道，尽可能降低社区居民受到的危害。

根据子系统功能不同，智能安防分为出入口控制系统、视频监控系统、楼宇对讲系统、社区智能报警系统、访客管理系统、周界防范报警系统、电子巡更系统，等等，如图 5-8 所示。

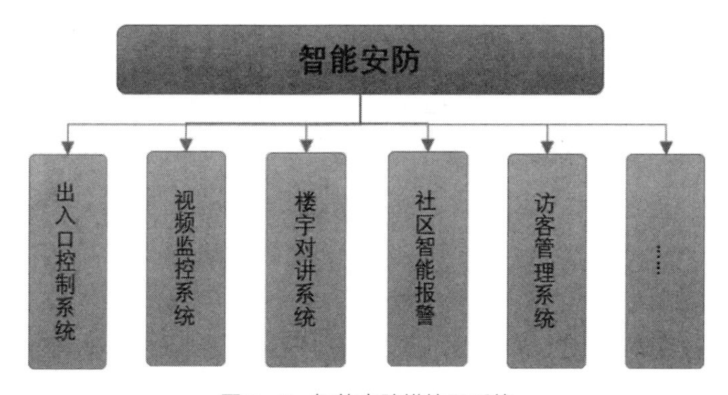

图 5-8　智能安防模块子系统

1. 出入口控制系统

出入口控制系统通常是指采用现代电子与信息技术，在出入口对人或物这两类目标的进、出，进行放行、拒绝、记录和报警等操作的控制系统，属于“数字化安防”的应用表现形式（图 5-9、图 5-10）。

图 5-9　老旧小区出入口

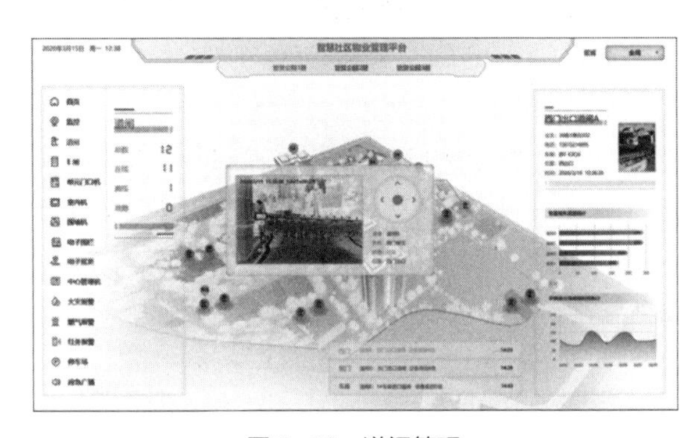

图 5-10　道闸管理

社区出入口，采用人脸识别、视频比对、数据分析、热成像测温等技术，实现老旧小区出入口数字化和可视化安全管理，为小区居民的生活提供了安全保障以及便捷的出行体验。而针对老旧小区，在实现居民社区出入口控制系统的功能的同时，也应做出适应老旧小区特点的调整。

（1）老旧小区出入口控制系统基础功能

1）对已授权的人员或车辆，持有有效卡片的人员，允许进入。

2）对于未授权人员或车辆，拒绝其入内。

3）对某段时间内，人员或车辆的出入状况、停留时间等资料实时统计、查询和打印输出。

4）控制出入口的启闭。

5）出入口出现非法侵入、系统故障时报警。

（2）老旧小区出入口控制系统引入差异化功能

1）出入口人脸识别闸机高度适当降低或高度实现可控调整，方便社区老年人正常使用闸机。

2）对社区常住老人出入状况等资料进行单独存储。

3）针对独居老人或残疾人员的出入状况数据利用信息化技术进行研判与预警，便于社区或物业人员对突发性不规律的数据进行筛查核对。

2. 视频监控系统

在加强社区内部的管理中，拥有可以对社区内部进行视频监控的系统可以节省下来很大一部分人力，并且比人为的巡逻更加可靠、安全（图 5-11）。

图 5-11　老旧小区监控摄像头

根据社区结构的特点和实际情况，在主要出入口、主要干道以及人群较为集中的活动区域等地点安装摄像头，系统将获取的画面直接传送至监控中心。监控中心可以通过系统软件中的云台控制功能对社区重点区域进行多角度、全方位的实时监控，调用或者回放视频记录，对这些区域内的人员、车辆及小区公共场所的实际情况进行全面的了解，直观地掌握整个社区内的安全动态信息（图 5-12）。

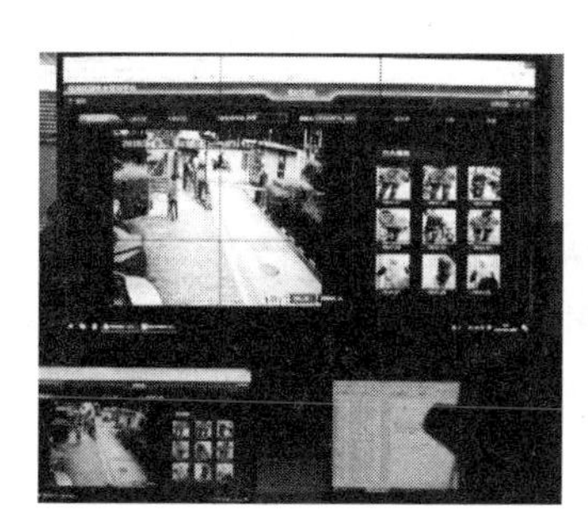

图 5-12　小区监控系统

老旧小区中设立的监控系统除去基础功能外，根据老旧小区信息化设备老化、安全隐患较多、老年人占比高等特点，监控系统作为基础布置的信息化系统，应承担起更多的功能，主要以识别为主，通过监控的信息收集能力，为社区居民，尤其是老年人，提供一个更加安全与舒适的生活环境。引入适用于老旧小区的提升性功能模块，使得老旧小区信息化改造服务对象能够与社区自身情况适配，具体功能如图 5-13 所示。

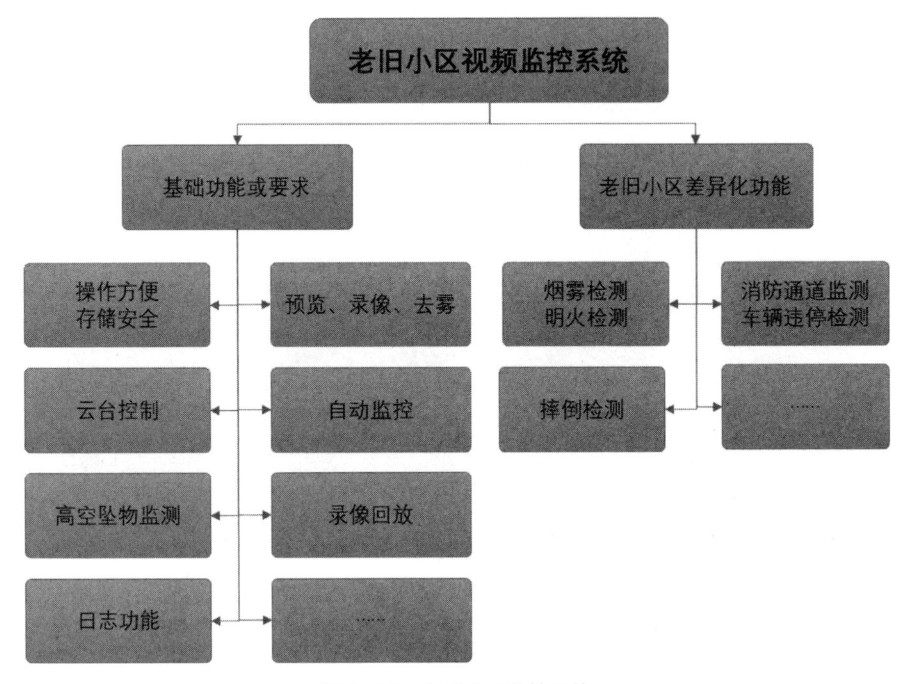

图 5-13　老旧小区监控系统

由于老旧小区道路普遍通畅度较低，设施设备相对老化，外立面情况复杂，老人与外来租客较多，物业管理对于视频监控系统具有更高的依赖性，要求视频监控系统具有更多的功能，根据老旧小区自身状况，视频监控系统可适当加入以下差异化功能，用于针对特殊事件的监测与记录，当检测到事件发生时可以通过电话、邮件、短信等方式发出警报，并保存事件截图。

1）烟雾检测和明火监测。

老旧小区由于设备老旧，更易发生火灾，从而造成巨大的安全事故和经济财产损失，因此对火灾发生前产生的烟雾和发出的明火的监测对于老旧小区极为重要。系统对社区重要区域进行实时监控，启用该功能后可及时监测到监控区域内发生的烟雾以及明火，并及时发出警报，通知物业人员，做出相关处理，防止火势的蔓延。

2）消防通道监控和车辆违停监测。

消防通道是小区发生紧急事件时居民逃离现场和消防救助的重要通道。老旧小区中道路复杂且违停现象严重，部分居民消防意识淡薄，用家具或物品将消防通道阻塞，若发生紧急情况，不利于人员疏散。视频监测系统搭载此检测模块后，可在软件中设置消防通道所在的位置，一旦有车辆停泊在该区域内超过设置的时间上限时，系统随即发出警报通知有关人员进行处理，保证小区内消防通道的交通流畅。

3）摔倒检测。

近年来随着我国人口老龄化不断加深，日常生活中老年人出现意外摔倒的情况时有发生，基于各种摔倒检测算法已经成为国内外研究的热点。而在老旧小区中老年人占比明显高于一般小区。系统通过图像处理技术，对监控画面中老年人的运动情况进行实时分析和检测，当检测到摔倒时，系统将在声光报警的同时截取相关的视频图片，并将该图片传送至监控中心以及其亲人的移动设备中，以确保相关人士及时采取有效措施。

3. 楼宇对讲系统（图 5-14 ~ 图 5-16）

AI 技术促进了可视化对讲系统的发展，如人脸识别技术等，能有效完善安防系统。在小区的安防系统设置中，对讲系统的搭建加强了对电控防盗门及语音交流系统的建设。用户可通过对讲系统来辨别访客，可在一定程度上提高用户居住的安全性。

图 5-14　楼宇对讲系统

近些年很多老旧小区对楼宇对讲系统进行了改造，对于居住人群复杂的老旧小区，业主与访客通过楼宇对讲系统辨别访客身份尤为重要，对讲系统同时兼顾物业与业主沟通通信通道，尤其针对行动不便的老人，楼宇对讲系统能够提高其居住安全、减少上下楼等存在风险的活动。在进行危险预判的同时，通过对讲系统记录的语音、图像等信息都可作为危险发生后可靠的留存记录。

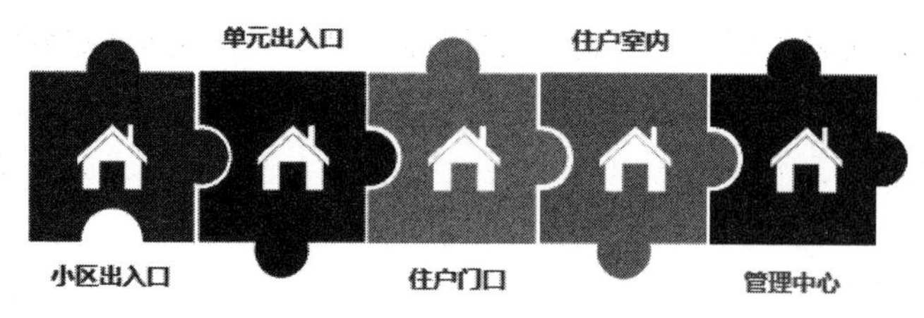

图 5-15　楼宇可视对讲系统组成

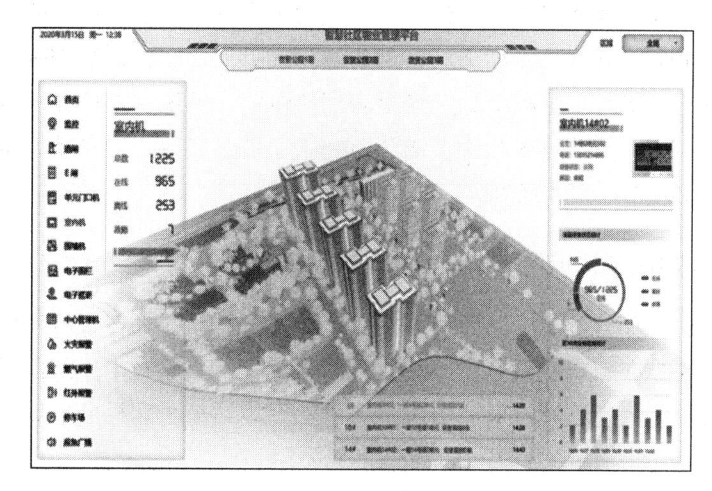

图 5-16　楼宇对讲管理

4. 社区智能报警系统（图 5-17 ~图 5-19）

使用社区报警系统，通过信息化技术提升社区安防。在改造资金允许的情况下，社区可构建更为完善的报警系统，从公共区域到业主室内区域，为社区安全提供保障。联网报警系统将小区内用户报警信息直接集中管理。

物业处应建立一套专业的二级联网报警系统管理软件，把业主部分报警信息及小区公共部分报警信息进行集中统一管理；由物业在技防的基础上结合人防进行及时有效的干预，以确保小区内的业主家庭安全、特殊紧急事故、财产安全不受任何侵害。

老旧小区的智能报警系统在搭建过程中应充分考虑社区人员的构成及社区自身的环境，实现与其他子系统的深度数据共享，例如与出入口控制系统，楼宇对讲系统、视频监控系统等进行深度互联，实现数据采集与运用，与对应政府行政机关（消防系统、公安系统等）和医院等实现合作与对接。突发情况发生后，划分社区事件类型，快速响应。

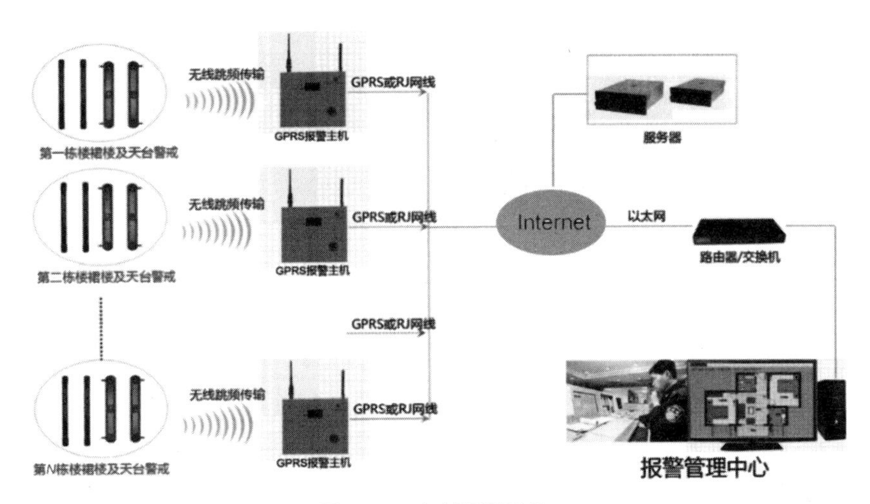

图 5-17　智能报警系统

针对老旧小区，着重加强与医院相关的合作，实现居民突发情况快速报警，当业主家中老人有紧急事故发生，需要求助，按下紧急按钮，报警信号通过 GPRS 无线网络通道或有线网络通道传送到业主家庭成员的手机 App 上或微信上报警，同时把信息上传至联网的小区物业报警平台，平台电子地图联动点位分布图和视频监控。由物业人员快速就位与预处理，信息互联的医院能够快速提供救助。

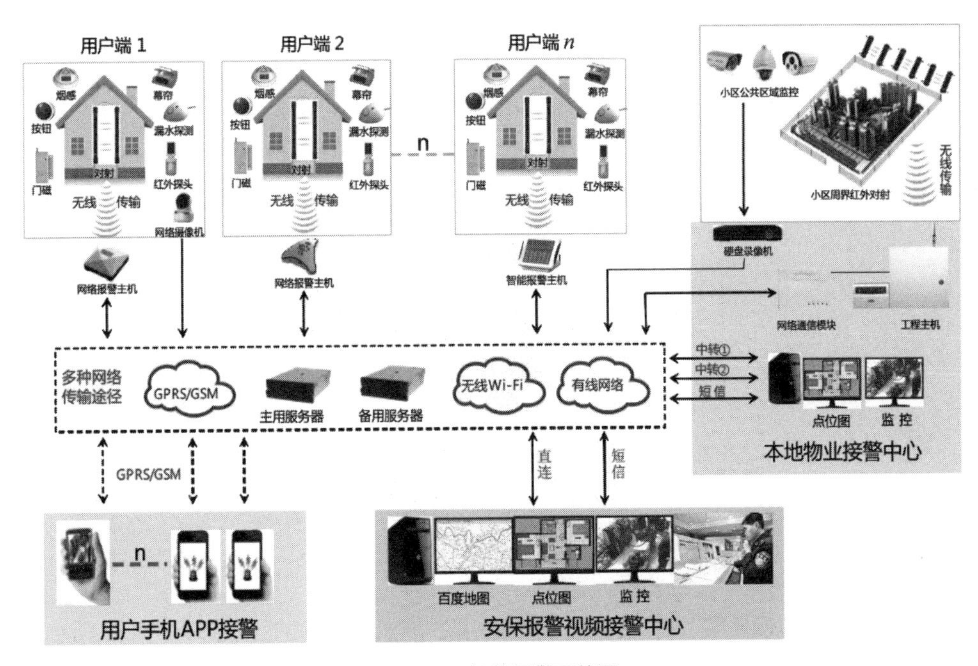

图 5-18　智能报警系统图

老旧小区智能报警系统可分为两部分组成：

图 5-19　智能报警系统组成

小区公共部分： 依靠老旧小区周界报警系统硬件设施，实现数据收集，利用监控系统实现信息研判，由物业管理人员判断启动后续相应响应。

业主室内部分： 在各业主家里安装一套 GPRS 无线网络主机或有线网络主机；老旧小区许多业主户内厨房设备老化，需选择配置一个防可燃气体泄漏探头，一个防盗窃的红外探测器及一个一键式手动报警按钮，可选配一至二个无线遥控器（方便老人一键式撤布防），以上组成业主室内智能报警系统。

不管是业主家庭的网络报警主机，还是物业管理的接警平台都留有足够的拓展空间，后续可以根据需要随时增加各类报警探头。

5. 访客管理系统（图 5-20）

每日进出小区的访客类型多，包括亲戚来访、商务拜访、外卖人员、送货人员等，老旧小区长时间缺乏出入口管理，部分小区内存在穿行现象，内部存在非居住、办公、商业、学校等区域，人流性质更加复杂，是大部分老旧小区的安全隐患之一。因此访客管理系统是老旧小区安防模块中重要的组成部分。

图 5-20　访客来源

传统的人工登记的方式，存在效率低下、准确性低、不宜保存、查询困难等问题。因此小区对人员进出的管理靠人防是不够的，还需要利用高科技的手段进行科学的管理，来防范外来人员可能带来的安全隐患。

访客管理系统采用了人脸识别技术、移动互联网技术、物联网通信技术、云计算等手段，做到人员、证件、面部信息的统一，登记速度快，便于安保人员查看小区内逗留的外来人员，信息长时间留存，可查找可追溯。

访客管理系统应实现：物业人员管理、亲友邀约识别、服务预约上门、权限管理、访客黑名单等功能，尤其是访客黑名单功能对于老旧小区居民属于重点功能，针对产品推销、广告、贷款、骚扰等人员应着重防范，避免上当受骗。可考虑接入公安系统，将危险人员列入黑名单，限制其访问权限，确保小区安全。

老旧小区中部分智能安防模块下子系统与一般社区子系统功能一致，例如周界防范系统与电子巡更系统等，可依照一般社区的设计与改造方案进行。

5.3.3　老旧小区智能消防模块

居住区等人员相对密集的地方，一旦出现火灾将造成难以估量的损失。而老旧小区具有人口众多，人员复杂，火灾隐患无法预测，消防设备老旧，道路布局不合理，人员疏散、灭火救援难度大等特点。老旧小区现存的消防系统缺陷较大，消防设施老旧，部分老旧小区由于管理问题，消防设施的工作状态难以保障；居民相对复杂，老年人和租户比例明显高于新建小区，业主消防安全意识薄弱，家用炉灶设备老旧。业主、公共区域存在消防隐患，物业预警信息不畅，一旦发生火灾，无法快速精确定位事故发生的时间、地点，也不能很好调度周边公共信息，做出科学的警情研判、调度、处理等决策。

智能消防系统是建设智慧城市中的重要一环，是将 GPS、GIS、无线通信技术和计算机网络技术等技术集于一体。智能传感器自动将报警信号传送至报警接收机，并最终将报警信号传至指挥中心，从而实现消防指挥中心对火警的实时监测和发送，完成自动报警。主要面向区域性消防问题。

老旧小区智能消防系统作为城市智慧消防管理系统中的一部分，主要利用物联网和 AI（人工智能）技术实现火情预防和快速报警，实现了公共空间隐患点的全覆盖。智能消防系统的数据与智能安防模块数据实现深度共享，利用部分智能安防模块下的硬件设施，例如视频监控系统、室内报警装置等，辅助火灾信息采集。布设智能消防预警装置，例如“火眼”摄像机、烟感报警器等，设备先进且种类繁多，以摄像头为例，利用信息技术增设针对火灾隐患的识别功能，例如：堆物堆料预警、消防通道监测、电梯内电动自行车和电池识别等。所有智能设备采集到的数据，实时汇总到消防指挥中枢——由民警以及社区保安、协管员 24h 接收，一旦发现隐患或火情，将立即采取相应的措施。

1. 老旧小区消防系统构建（图 5-21）

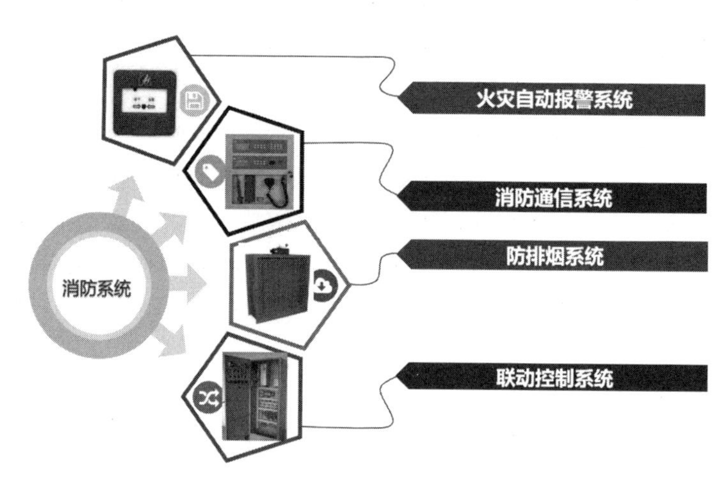

图 5-21　老旧小区消防系统

（1）火灾自动报警系统

老旧小区设备老旧，火灾隐患相对于新建小区较大，因此在火灾监测及火灾自动报警方面更需要大量投入。火灾自动报警系统是指能自动探测火灾，发出声、光报警信号，显示着火部位，并能联动控制消防设施，显示其工作状态的固定消防系统。探测装置应根据小区自身情况来设定位置，针对堆物堆料阻塞消防通道、电动自行车拉线不规范等老旧小区的普遍安全隐患着重架设相应探测设备。在起到预警功效的同时，改善社区居住环境。

（2）消防通信系统（图 5-22）

消防通信系统包括公共区域的消防专用电话、消防广播系统和居民家中的消防通信系统。

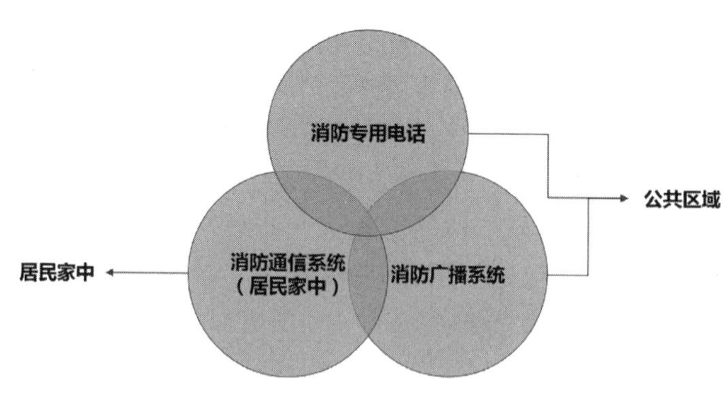

图 5-22　消防通信系统

消防控制室、各值班室、主要出入口处，设置消防专用电话，并与区域性消防系统合作，能和 119 火警电话线接通。

消防广播主要用于大范围社区内通知火灾情况，由于老旧小区地形复杂，为避免人员聚集或阻碍消防救援，广播系统还可兼具提示功能：可引导疏散，避免拥挤发生二次伤害。

居民家中的消防通信系统主要是精确地为居民提供服务。为火灾点位临近的居民提供帮助。对于老旧小区中的孤寡老人和有老人的家庭提供定向救援。

（3）防排烟系统

设置防排烟系统，并在防灾中心显示所在分区。以手动操作为原则将排烟口开启，排烟风机与排烟口的操作连锁启动。为居民疏散提供环境。

（4）联动控制系统

火灾探测器探测到火灾信号后，自动切除报警区域内有关的空调器，关闭管道上的防火阀，停止有关换风机，开启有关管道的排烟阀，自动关闭有关部位的电动防火门、防火卷帘门，按顺序切断非消防用电源，接通事故照明及疏散标志灯，停运除消防电梯外的全部电梯，并通过控制中心的控制器，立即启动灭火系统，进行自动灭火。

2. 老旧小区智能消防模块功能

（1）对日常消防隐患排查巡检任务、整改单等工作进行统计分析，发现问题，分析改进。

（2）利用信息技术对设施进行状态监测，并设立定期检查机制，保障设施设备正常运转。多维度对社区内各类基础资源、设备、火情、日常巡查等工作进行统计、分析，为工作提供支撑。

（3）管理人员能够及时获取火情位置、来源、发生时间、火情现状等第一手精确信息。

（4）在火情发生时，提供多种形式的告警通知方式，保证警情信息及时、准确地传达至对应部门负责人，保障居民及时得到准确的灾情信息，解决火情信息传达不及时问题，结合居民信息相关模块为特殊人群或者老年人提供额外应对机制。

（5）与老旧小区多媒体系统建立合作，支持日常相关消防政策发布、消防基础知识学习、消防通知、消防宣传等工作的开展；侧重内容需要针对老旧小区自身状况做出调整。

（6）为区域性“智慧消防”提供数据。

智能消防模块作为老旧小区中应对火灾的重要系统，建立后能够有效提升老旧小区消防水平，消除消防隐患。

5.3.4 老旧小区社区设备模块

1. 公共照明系统

现存的老旧小区多是20世纪80年代至21世纪初的产物。社会的发展日新月异，从时间维度上来看，社区经历了漫长的岁月，当初设计的照明设施由于各种原因不能得到良好地更新与维护，已经无法满足当前的需求。此外，老旧小区的很多基础设施与公共服务设施也无法适应当代人的需求。

老年人的视力水平较年轻人有很大程度的衰退，高杆路灯的灯光微弱，不利于老年人的夜间出行。此外，老年人惧怕眩光，一味地追求明亮度的强光灯也不适合老年友好型社区。

社区光源的选取必须考虑节能、适老等多种因素，选取光线较温和、光感舒适宜人的LED灯具作为光源。经济基础较好的小区可以考虑使用智能灯杆，其可以根据不同的气候与明暗环境调节照明强度。

老旧小区公共照明系统模块的使用权限为管理员和物业人员，可对老旧小区所有路灯的基本信息进行管理与查询。系统能够进行路灯的信息录入，信息统计，工作状态管理，路灯能耗统计以及路灯故障预判等功能，当灯具故障、设备及线路被盗、非正常工作状态、窃电以及相应预警时及时报警。基于系统的控制策略，解决故障排除滞后问题。基于物联网通信技术，使用无线控制终端，实现对路灯的智能化控制照明，路灯能够根据车流量、人流量及特殊天气条件等情况按需、分时自动调节亮度，节省电能的同时降低设备维护成本。

（1）自动化控制：支持场景控制模式，可设置定时、分组、延时等多种控制模式。比如活动庆典中，可设置多路照明回路，对每一回路亮度调整后达到灯光气氛；可预先设置不同的场景，切换场景时的淡入淡出时间，调控灯光亮度，达到柔和变化；支持对偶尔有人经过的区域，如楼梯间等采用红外探测或声控开关。

（2）灯光效果变化：利用场景变化，增加照明环境的艺术效果，呈现出立体感、层次感的照明效果，营造适宜的环境。

（3）公共照明监测系统支持照明设备亮度控制、亮度按时间程序控制、照明按时间程序控制和故障报警。

2. 多媒体系统（图5-23）

多媒体系统将视频、音频信号、图片信息和滚动字幕通过网络传输到播放器，然后由播放器将多媒体信息转换成显示终端的视频信号播出，能够有效覆盖物业管理中心、电梯间、小区餐厅等人流密集场所，对于新闻、天气预报、物业通知等即时信息可以做到立即发布，在第一时间将最新鲜的资讯传递给业主。另外，该系统还能够提供广告增值服务，成为老旧小区文化窗口，提升物业服务品牌。

多媒体系统后台进行发布管理工作，包括用户管理、信息采编、发布设置、发布审核、计费等功能。服务支撑平台根据后台预设的发布参数，采用不同数据类型，利用多种传输通道对外发布信息。

（1）小区入口：小区入口处等宽广的区域布置落地式/壁挂式一体机，播放视频及图片用作社区的宣传，部分位置用作引导信息，引导住户方向。还可布置触摸一体机，供住户查询社区概况、楼层情况、周边信息等。

（2）电梯间：在电梯等候厅放置壁挂式一体机，可播放实时新闻、广告信息、通知通告等，让信息传递无纸化、快速化。同时还可进行赛事或电视节目的直播。

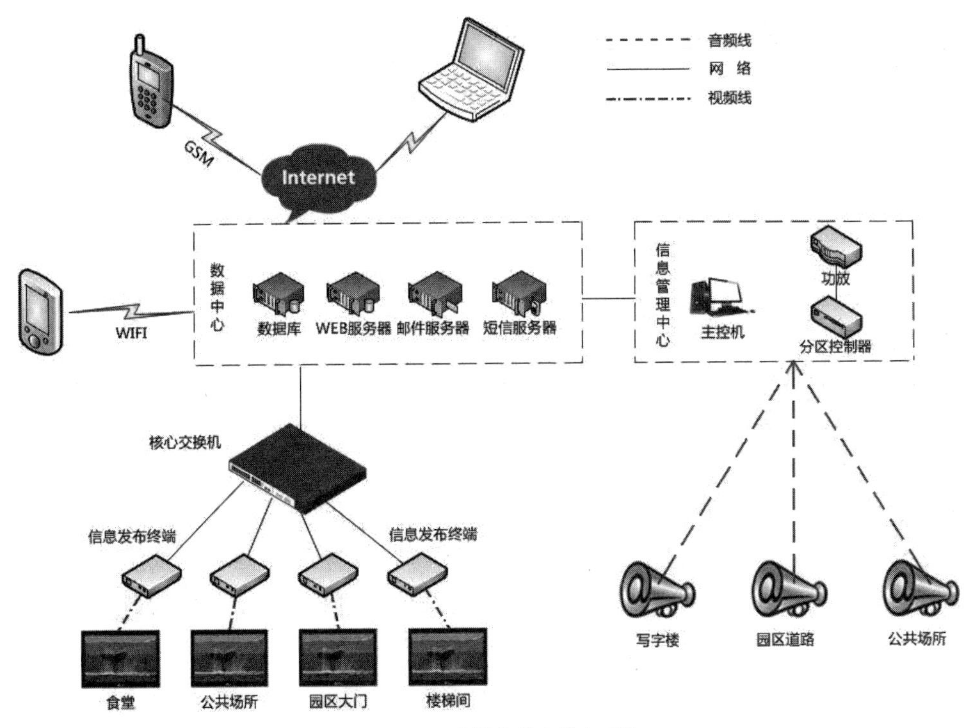

图5-23 多媒体信息发布系统

3. 停车场管理系统（图5-24）

随着经济的不断发展，各个城市的汽车保有量也大大增加，车辆的不断增加给小区出入口管理带来了新的问题。针对以上停车场出入口管理可能会出现的问题，停车场管理系统采用基于车牌识别、驾驶员人脸抓拍的车辆出入口控制与管理系统，配合车辆高清智能识别摄像机集成整套集车牌识别、出入口控制等功能于一体的综合性管控系统，对进出车辆提供抓拍控制和管理。通过车牌自动识别技术，运用动态视频和静态图像高精度识别车牌，识别率高，响应速度快，达到快速通行，避免排队拥堵。

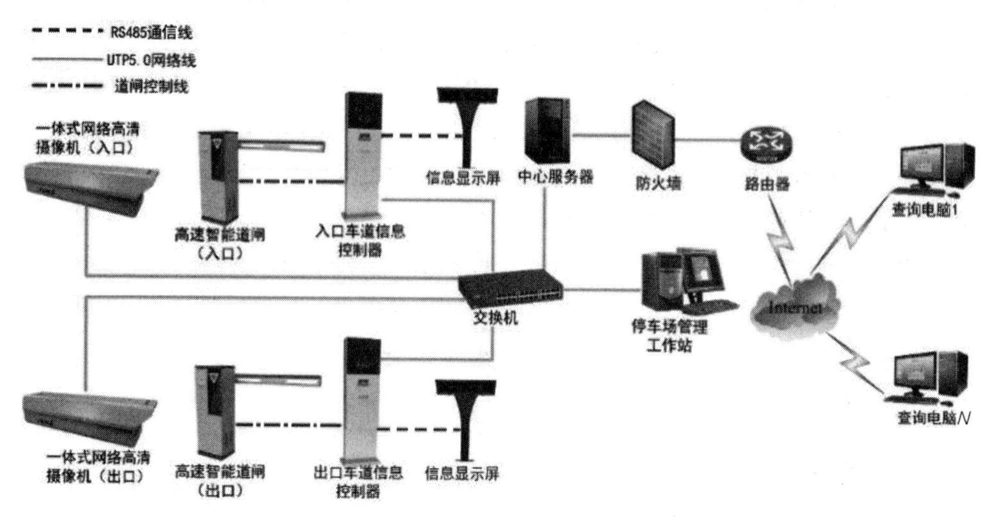

图5-24　智能车辆管理系统

4. 智能梯控系统

在老旧小区加装电梯的进程中，从老年人的生理、心理角度出发是老旧小区增设电梯适老化、提升居民幸福感不可或缺的一项重要因素。

在老旧小区增设电梯需考虑无障碍设计，主要指通过对扶手、缓坡的处理等辅助设施的增添，使老年人及残障人士能自由出入电梯。老年人受身体衰老的影响，出现腿脚不便等问题。因此在出入口地坪的高差处理上，以缓坡的方式为主，台阶为辅。扶手的材料应采用实木或合成树脂等亲肤、防滑材质，提高其舒适性。根据老年人的生理特点，应适当降低楼梯高度并增加楼梯宽度。视觉上，使用不同颜色对台阶的踢面与踏面进行区分，并在踏面使用暖色系的材质以增强老年人对台阶的视觉警示作用，进而满足老年人的视觉安全需求以及心理的舒适需求。

同时，还需合理调整电梯楼层按键布局。电梯楼层选择按键作为电梯使用不可或缺的一部分，是人使用电梯最频繁的部位，因此对其合理的布局是提升电梯适老化最重要的一部分。老旧小区的建设楼层在7层以下，因此在电梯的按键面板有足够的空间进行双排布局，降低了高楼层按键的高度，使居住在高层的老年人的使用便捷性增加。

通过对不同单元楼电梯首层外围材质的区分，增强老年人对目的电梯的记忆性与识别性。听觉上，增加语音播报系统并适当提高其音量，增加对其听觉系统的刺激，使老年人能快速地对目的楼层做出相应的反应。

智能梯控系统就是对电梯进行控制，业主们使用电梯专用卡，刷卡后才能正常地乘梯，这样就防止了外来人员随意乘梯的现象，提升了老旧小区的安全等级，同时还可以利用梯控系统进行电梯费用的收取，梯控系统的限时、扣费功能等都可以帮助物业人员进行收费，在原有的电梯上安装一个类似“门禁”的系统装置，只有刷卡后电梯才会启动，将业主送到其要达到的楼面。

5. 智能充电桩系统（图 5-25、图 5-26）

城镇老旧小区建成年代久，由于原有设计施工标准相对较低、维修养护责任不到位等因素，智能充电桩存在很多问题。①城镇老旧小区普遍容积率低而建筑密度大，内部接电无管廊或通道受阻，电力等市政基础设施管网破损，车主缺乏在停车位建设充电桩的条件，且电动汽车充电负荷需求大，原有配变承载能力难以满足，无法实现“家门口”充电。②作为仅能满足部分居民需要的充电设施，发动居民形成建设共识难度较大。③由于新能源汽车的配套设施属于新增需求，获得小区物业或居委会配合难。

图 5-25　电动车充电柜

通过智能充电桩负荷控制方式，限制高峰时期电动汽车充电设施功率，避免公变高峰时段超容过载，降低线路及配变负载率，保障电网供电安全，丰富居民充电时段，加大居民峰谷价差，引导用户有序充电，实现电网削峰填谷。

系统平台保存微信用户信息，对所有的充电交易记录进行存储，支持精细化的订单管理和检索功能。

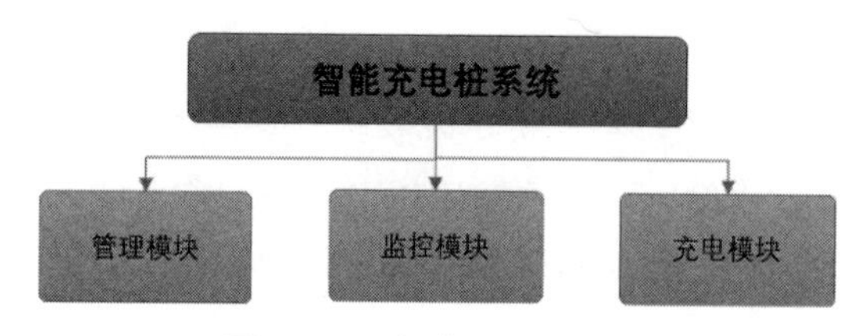

图 5-26　智能充电桩系统

5.3.5　老旧小区智能节能模块

1. 智能抄表系统（图 5-27）

无线智能抄表系统主要由数据终端服务器、DTU、ModBus 总线和电表四部分构成。其中，数据终端服务器是上位机，其他设备是下位机。电表作为用户终端设备，每个电表对应一个唯一地址，通过 ModBus 总线连接到数据传输设备（DTU）。整个无线通信过程为上位机和 DTU 进行通信，DTU 通过 ModBus 总线与电表进行通信。

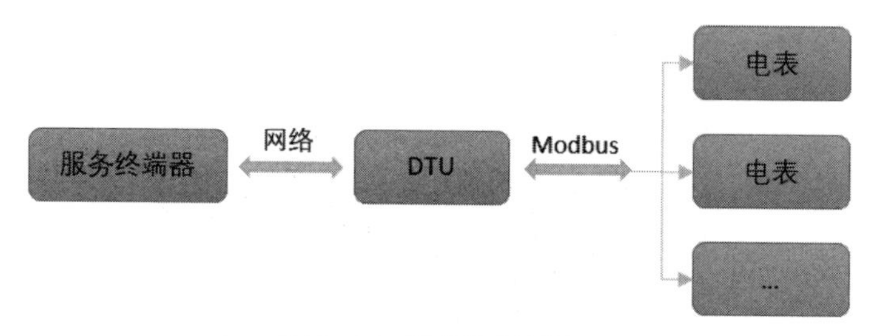

图 5-27　智能抄表结构图

（1）自动抄表流程

自动抄表主要实现了远程用户电表的数据采集与处理，这个过程的流程为：数据系统抄表模块软件进行组成抄表命令并通过网络发送到数据传输单元，数据传输单元通过 ModBus 总线传输指令到电表后，电表把模拟量进行上传，数据最后上传到数据中心数据库，管理员可以对数据进行汇总、分析、处理和存储。

（2）老旧小区智能抄表系统辅助性功能

老旧小区的数据采集工作相对困难，一方面，自动抄表能够显著节省人力的投入；另一方面，老旧小区的管道、线路、设备、居民家中电器等相对老旧，存在安全隐患，老旧小区老人和租户较多，这两类人群安全意识相对薄弱，通过自动抄表系统对老旧小区的能源消耗进行监测，设定对异常的流量警示的内置软件，在水、电、气流量异常的时候警示，识别潜在危险，及时介入其中，寻找流量异常原因，能够有效预防相关安全问题。

2. 垃圾分类系统（图 5-28）

智能化垃圾分类是信息化物业管理系统的重要环节。通过传感器、监控设备，智能垃圾分类终端能产生大量的数据。通过对数据的采集、清洗、分析，可以对垃圾分类行为精准刻画，可以为政府政策的制定、产业战略的调整、城市的高质量发展提供信息和依据。

目前我国垃圾分类系统还不完善，只有上海等少数一线城市开始进行垃圾分类，主要原因是居民对于垃圾分类自觉性不高，很多垃圾桶附近有专门负责指导垃圾分类的工作人员,但这些工作人员并不能一天 24 小时在垃圾桶旁边进行指导，另外还有一部分人不听劝阻，依旧随意丢弃。因此开发自动垃圾分类系统是很有必要的。

垃圾自动分类基于图像识别技术，在垃圾通过时，借助彩色相机技术进行拍照，然后通过图像处理算法自动识别目标物的材质、类型以及具体位置等，同时将该信息发送给后续作业机器人，机器人在接到指令之后进行针对性抓取，进而实现垃圾智能分类。

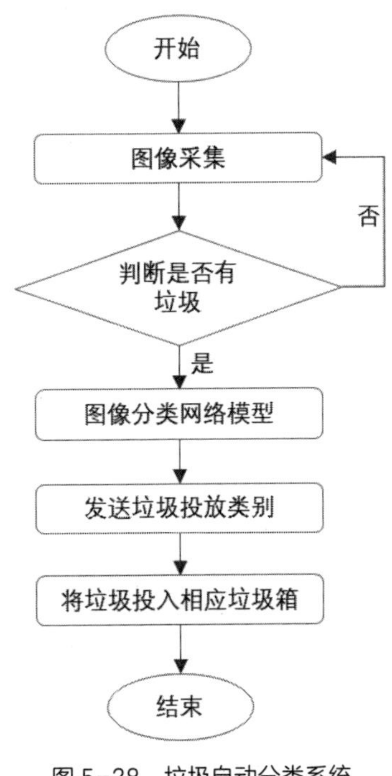

图 5-28　垃圾自动分类系统

3. 智慧海绵小区系统（表 5-3）

智慧海绵小区作为缓解道路积水、减少社区洪涝的重要设计在城市建设规划中愈发重要。“智慧海绵小区”是指社区能够像海绵一样在适应环境变化和应对雨水带来的自然灾害等方面具有良好的弹性。“智慧海绵小区”相对于传统住区能够有效地蓄积、调配雨水，在硬质建筑景观和自然环境之间建立起有效联系。建设海绵社区，即是构建雨水循环系统。无论是屋面、绿地，还是小区道路，都能成为“海绵体”吸收存储大量雨水，并在需要时将蓄存的水“释放”并加以利用，与传统雨水利用相比，智慧海绵小区更注重雨水的自然积存、自然渗透和自然净化，是一种绿色可持续的雨水排放模式。

“老旧小区 + 海绵”改造技术　　表 5-3

“绵化”技术	考虑因素	选用说明
下沉式绿地	老城区建设密度大，绿化空间不足，而下沉式绿地对场地要求较低，施工方便，适用性广	需增设排水管
土壤渗透性较差，地下水位整体较低	广义下沉式绿地包括生物滞留池、雨水花园、雨水湿地、渗透塘、湿塘等	
透水铺装	透水铺装使用区域广、施工方便	人行道、小区道路、停车场可进行透水铺装改造；需增设排水管
植草沟	改造区域建设密度大，可施展空间不足	不宜多用
绿色屋顶	老城区绿色屋顶改造所面临的主要问题是屋顶大多年久失修，承重、排水等条件均较差，且屋顶上多有居民私自搭建的设施	轻型屋顶植被绿化毯的形式凭借对屋顶结构要求低、形式灵活、后期管养方便等优势在老城区改造中得到广泛运用
蓄水池	研究区域建设密度大，而蓄水池节省占地、施工方便。如果改造区域水源不足，需进行雨水资源化利用	可对小区现有水池进行改造，作调蓄池用。建设蓄水模块，配建雨水净化设施，保证出水水质

5.3.6　老旧小区人员与房屋管理模块

老旧小区人员与房屋信息模块（图 5-29）作为老旧小区信息化物业管理系统及各模块使用的基础数据之一，对居民信息和房屋信息进行分类存储，供各模块实时调用，为居民提供更加精确化的服务。

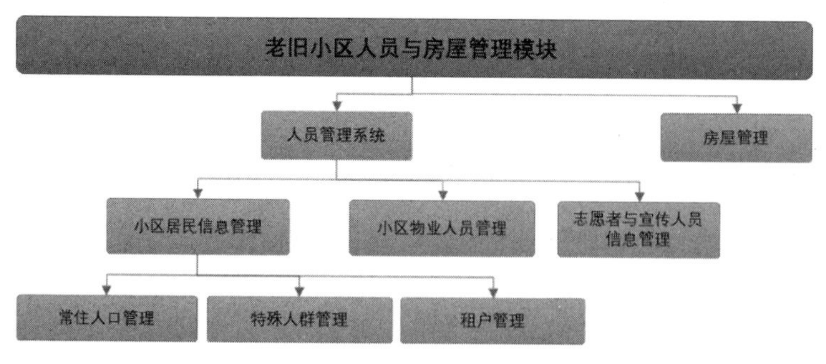

图 5-29　老旧小区人员与房屋管理模块

1. 老旧小区人员管理系统

（1）小区居民信息管理系统

老旧小区居民人员组成成分复杂，且老龄人和租户的比例相对于新建小区明显偏高，针对这一现象，对于老旧小区居民信息管理，应该着重建设老龄人管理系统和租户管理系统，相对于一般新建社区，老旧小区的信息采集工作应更加精细化，也为后续老旧小区与所在街道和社区的工作提供数据基础，为小区内部的智慧养老、智慧健康等相关模块提供数据支撑。

1）常住人口管理系统

构建完备的常住人口数据库，便于突发情况时管理使用，例如在疫情期间，老旧小区缺乏常住人口统计数据，会导致街道与物业等相关方无法有效地进行管理与为社区居民提供相应的服务。

老旧小区常住人口管理系统的建设重点在于提升数据的更新频率，居民可通过老旧小区内系统实现信息更新，同时物业应定期筛查信息的准确性，为后续工作的顺利进行提供保障。

2）特殊人群管理

对于孤寡老人、残疾人、老年人等特殊人群，通过“人口管理”等设备平台的综合管理，对特殊人群分类，通过硬件设备统计人员出入，并对数据进行分析。

如对孤寡老人标记，当 48h 内无进出门记录时，平台将发送预警信息，管理人员安排上门服务查看具体情况。针对弱势群体，老旧小区采取特殊监管，通过移动设备，对老人及儿童进行实时的监管，对老人的需求实时地处理。对小孩的坐标进行实时的定位。

3）租户管理

大部分老旧小区建设时间早，分布于城市内城区，交通便利，导致租户比例相对较高，因此老旧小区的租户管理系统建设必不可少。与房屋管理系统联动，对出租房屋的出租情况进行定期更新。

通过硬件设备对社区内出租房屋进行管理，例如：通过管理人员下发卡片，同时进行租户信息采集。当持卡人员进出小区刷卡时，人脸识别设备拍照进行比对，持卡人员与租户管理系统录入人员人脸匹配，超过三次匹配不成功，系统发出警告，管理员查看。

（2）老旧小区物业人员管理系统

大部分老旧小区的物业管理主体较为复杂，主要原因是我国近 30 年来物业行业的快速发展，采用过不同的物业模式，包括民营企业、央企、国企管理和国管局代管等，因此老旧小区的物业情况更为复杂。

物业为小区提供各种服务，涉及各种劳务人员，例如：保安、保洁、维修人员等。

物业人员的管理系统主要通过对物业人员进行数据采集，分配工作内容，显示处理数量，收集处理结果及处理反馈等。系统对员工基本信息进行采集，对员工工作成果进行评估，并运用评估的结果对工作人员将来的工作行为和工作业绩产生正面引导。老旧小区的物业人员管理平台功能性可与一般新建小区一致，差异点在于物业主体的复杂性上，物业部门对于劳务人员的管理相对薄弱，物业人员管理系统搭建能够大大提升对外包劳务服务的监管。老旧小区的物业人员管理平台应根据自身物业管理需求来进行搭建。

（3）老旧小区志愿者与宣传人员信息管理系统

1）老旧小区志愿者信息管理系统

志愿者指在不为任何物质报酬的情况下，能够主动承担社会责任并且奉献个人的时间及精神的人。由于老旧小区老年人占比高，小区内设备与设施建设年代相对久远，因此相对于新建小区，老旧小区更需要志愿者参与到各项社区活动中，包括社区养老等。

一方面，老旧小区可与社会志愿者组织进行紧密合作，与志愿者组织共同建立相关人员信息管理系统；另一方面，老旧小区物业可通过发放公告的模式，在小区内部登记愿意参与志愿服务的居民信息。通过志愿者管理系统对希望成为志愿者及已经是志愿者的人进行管理。尤其在疫情期间，一套已经建设完备的老旧小区志愿者管理系统能够显著地提升老旧小区韧性，快速与系统内有意愿参与社区服务的人员建立联系，提高紧急情况下应对能力，可以更好地运用人力资源。

2）老旧小区宣传人员信息管理系统

老旧小区由于其自身特点，与政府行政部门、医院等建立合作进行基层宣传工作十分重要。例如：对于老年人来说，通过相关宣传活动可以了解针对他们的诈骗行为特点，和民警建立沟通渠道，对可疑的行为及时反馈及咨询，能够有效降低上当受骗的概率。社区组织相关宣传活动，可以了解消防知识、医疗知识等，丰富社区居民生活。

因此针对老旧小区，应建立与之对应的宣传人员信息管理系统，录入组织单位与合作单位参与社区活动的人员基础信息，保障社区安全与后续工作开展。

2. 老旧小区房屋管理系统

房屋管理系统是老旧小区管理的基本单元之一，小区管理平台可以对小区内所有的房屋进行管理，通过对房屋类型、入住人数、是否绑定车位、入住情况、自住或出租等信息进行统计显示。老旧小区的房屋管理系统应对租户和绑定车位等信息着重管理，车位紧张一直是大多数老旧小区的长期困境，因此车位绑定信息核对是优化小区车位分配和长期管理的数据基础。如图 5-30 所示为某社区房屋管理相关界面。

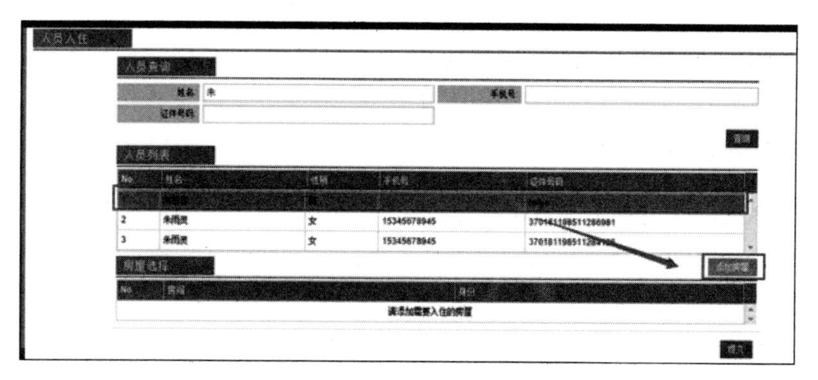

图 5-30　某社区房屋管理相关界面

老旧小区房屋管理不是独立单元，房屋与人员、车辆、保修记录、缴费记录同步关联，在管理房屋的同时也可以查看到当前房屋绑定的其他信息，保障信息准确对应是房屋管理系统的运行基础，因此应确保老旧小区房屋管理系统数据的更新频率是系统运维关键点。

在平台生成房屋。通过“添加房屋”和“人员列表”功能可以将人员添加到固定房屋中，并给予身份定义，如房东身份、租客身份、物业管理人员等，实现人员分类管理。对老旧小区中的特殊人群，如老年人、租户等进行分类显示，为其余信息化模块提供数据基础，实现老旧小区内物业服务的精准化建设。

5.3.7　老旧小区智能健康模块

随着人们生活水平的不断提升，人们对于健康也越来关注，老旧小区由于其特殊原因，老年人在居住者中占比较大，老旧小区中智能物业对于老年人的健康管理更需要引起重视，智能健康模块的主要目的是建立一个能够容纳管理个人健康档案的可扩充的、开放的、可持续发展的模块。智慧健康模块管理系统的设计不仅需要对接区域医疗信息平台、第三方检验 / 影像、主动医疗服务以及新农合等已有医疗服务资源，同时还需要以健康档案数据库为重要依据，实现个性化诊疗、健康评估等关键技术，有效开展健康管理、医疗咨询、移动健康等服务的开发与运行平台，预防疾病，防患于未然，降低医疗费用的支出。

智能健康模块会根据对老人持续的跟踪、健康数据上传以及老人的日常饮食习惯进行关联，对老人的健康进行合理的干预和预测。

对多数老人而言，都对使用智能化产品存在一定的焦虑。如果能够通过“喊话”的语音智能控制方式，则可以大大改变令老人焦虑的现状。同时，在针对老年人健康方面，不仅仅要做到健康的被动监测，还需要考虑到空巢老人独自居家时身体不适时的主动警报。

5.3.8 老旧小区收费与事件处理模块

1. 智能收费系统（图 5-31）

提高物业管理水平必须使用先进的管理理念、现代化的管理手段。小区管理内容繁杂，日常各项收费及其物业维修是小区的主要管理工作，如果使用传统的手工管理方式，将耗费大量人力物力。要想用较少的人力完成复杂的管理，就必须要有一套科学、高效、严密、实用的物业收费和维护系统。采用现代计算机管理系统是实现这个目标的根本途径。

然而，老旧小区具有其独特性，在过去 30 年间，小区物业管理产业变化速度快。老旧小区建设初期由于多种原因，大部分缺乏物业管理公司介入，其收费体系不完善，责任分配不明确，导致老旧小区居民在物业缴费上天然形成抗拒态度，对于老旧小区社区建设无法形成正向循环。智能收费系统建设能够简化收费流程，方便社区居民缴费，针对老旧小区也可以根据居民画像提供更加精确的服务。但是对于老旧小区居民缴费意愿如何培养，仍是物业管理行业需重点研究与解决的问题。

老旧小区智能收费系统使用计算机管理可以实现管理的模范化、服务的标准化，使收费管理、物业维护更加简洁、方便、快捷，从而降低管理成本、降低工作人员的劳动强度、提高管理的效益。计算机管理信息系统的应用是物业公司成为现代化企业的重要标志。

物业管理信息化平台下各个子系统深度合作，数据共通，能够有效实现数据轻量化，智能收费系统除去物业相关费用的缴纳，还应提供燃气费、物业费以及水电费等费用的查询、信息维护及更改等操作。

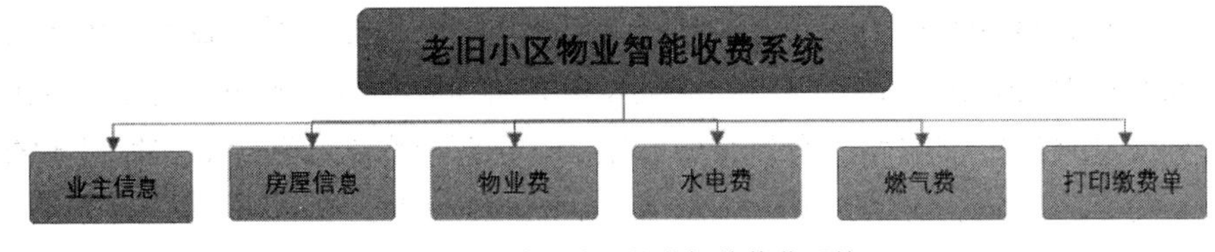

图 5-31 老旧小区物业智能收费系统

针对老旧小区，物业智能收费系统还针对自身社区特性，提供与一般智能收费系统差异化的服务与功能。

针对老旧小区的老年人，系统应提供多种的缴费方式，在用户端口提供老龄人专用系统，从字体、提示、操作习惯等方面进行优化设计。物业人员应该为部分老年人提供教学服务，简化其操作流程。针对社区内独居老人等特殊人员，可在业主同意的情况下，将水电等使用数据与缴费情况与监护人或亲属进行数据互联，定时发送使用情况或提供代缴服务，保障缴费的同时也能够实现监管。

与其他设备模块数据进行联动，例如智能抄表系统，实现数据互通，简化社区居民缴费行为，减少物业管理人力成本的投入。

通过建立老旧小区智能收费系统，使小区物业管理工作人员对业主信息和费用信息的管理更方便，更加高效。适应网络时代发展的需要，使得整个小区物业管理网络充分发挥作用。系统可及时向业主提供各方面的查询信息。将数据能够准确存档，形成相关档案。

2. 老旧小区事件处理系统（图 5-32、图 5-33）

此部分主要是针对社区内各种突发事件，包括环境类、治安类、施工管理类、社会秩序类等，事发后社区内的所有工作人员（包括群众）均可对事件进行上报。老旧小区对于事件处理系统的构建基本流程与一般小区一致，但针对设备、治安等相对薄弱的环节应完善应急反应措施，保障社区居民安全。

图 5-32　事件处理流程

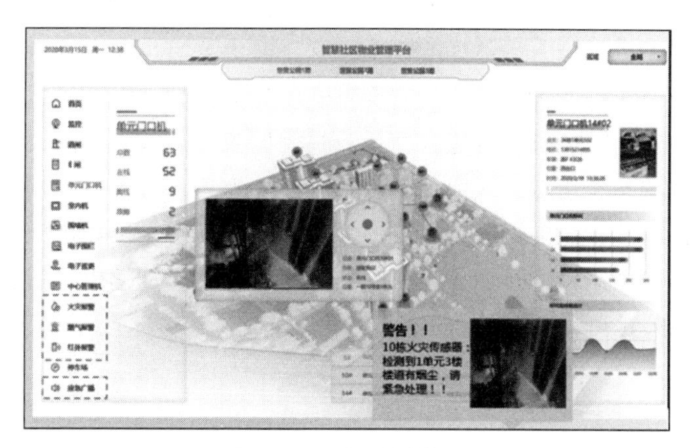

图 5-33　社区事件管理

5.3.9　老旧小区商务模块

老旧小区信息化物业管理系统中，电子商务模块对于资本来说具有巨大的利益空间，电子商务模块的开发也是信息化物业管理系统中重要的一部分。

商务模块组成如图 5-34 所示。

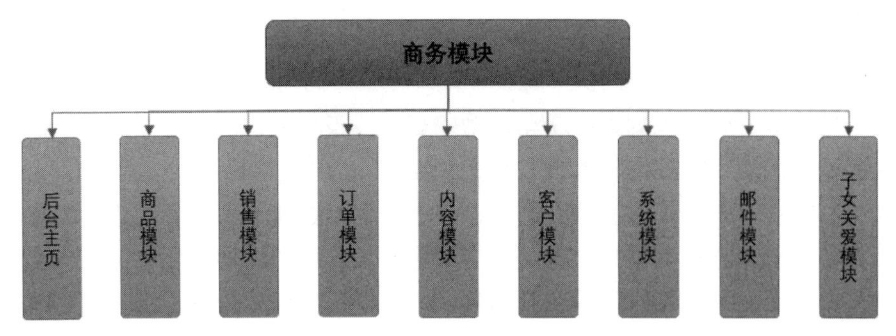

图 5-34 商务模块组成

电子商务的操作往往需要用到手机、平板等电子设备，这些电子设备操作流程对于老旧小区的老年住户来讲往往过于复杂，因此本模块针对老年人，设置子女关爱模块，将老年人账户与子女账户绑定。父母只需要点击相应图片，子女手机 App 上即可收到相应提示，并且只要父母处于电子商务系统中，子女即可主动与父母进行通话，不需父母点击接听按键。

5.3.10 拓展模块

在老旧小区信息化建设过程中，常常会受到资金不充分以及其他一些不可预知的客观因素的制约，因此老旧小区的信息化物业管理系统搭建往往不能一次性建设完毕，而是一个分阶段、分模块、不断优化完善的长期的过程，首先搭建的通常是一些目前最基础、最急需的模块，这些模块的搭建能立竿见影地解决目前老旧小区物业存在的种种问题，具有绝对的优先级，而一些功能性提升的模块往往需要在解决了居民最基础的需求之后，并根据资金及需求情况进一步完善，同时，随着社会的不断发展，人民生活水平的不断提高，人民对美好生活的需要也会不断变化，因此，在前期进行基层模块搭建的过程中必须要考虑到未来的发展趋势，在老旧小区信息化物业管理系统中对将来可能拓展的模块留有空间，以发展的眼光考虑问题。

第 6 章　老旧小区资金统筹与保障管理机制

老旧小区改造面临的问题各不相同，但改造项目普遍缺乏稳定的融资渠道以及改造后的运营管理机制。综合来看，全国老旧小区改造的资金模式主要为财政出资 + 居民自筹，对地方财政的依赖较大。考虑到老旧小区所在城市的经济发展水平较差，地方财政全盘支持老旧小区改造的工作往往进展缓慢。因此，探索新的资金统筹和保障管理机制将成为老旧小区改造工作的重中之重。本章首先介绍国外城市更新的投融资模式，并通过案例说明，总结出可供参考的经验；其次通过综合法规政策及各地老旧小区改造的经验，总结出国内老旧小区改造的多种融资方案；最后论述社会资本以多种方式参与老旧小区改造，通过获得物业等社区的经营权实现资金平衡的可行性。

6.1　国外城市更新综合改造投资模式及经验

国际上一些国家和地区城镇化进程较早，城市更新改造进度较中国更早。纵观各个国家城市发展的历史，城镇化水平加速发展的阶段也是城市问题集中爆发的阶段，欧美国家旧城更新和居住区改造开始于 20 世纪 60 年代，经过三四十年的探索，形成了相对稳定的改造逻辑和较为完善的工作框架。本章通过介绍国外典型老旧小区综合改造的投资模式，总结出国外老旧小区综合改造的经验。

6.1.1　国外城市更新改造运作模式的特点

本小节通过总结英国、美国等国家的城市更新历史，分析各国和地区在城市更新上的法律法规、政策体系、治理结构等内容，总结海外城市更新运作模式主要特点如下。

1. 拥有完善的政策法规体系

英国、美国等国家和地区的城市更新都有相关的政策法律体系。城市更新政策已经上升为上述国家或者地区的最高战略和政策要点，在国家或者地区最高权力机关设有相应领导机构，形成综合统筹的顶层设计，明确了城市更新战略模式、主管部门、协作部门以及资金安排。从制度体系上来看，上述国家建立了以城市更新管理法规为核心、搭配相关专项配套的法律体系。各地根据地区特点进行配套，保障了土地出让、产权收拢、公众参与、实施环节的有法可依。

2. 因地制宜的规划管理

城市更新所涉及的关系复杂，各国家或地区都有一定的灵活规划制度给予支持。如新加坡、日本、英国等实施土地用途弹性变更制度，允许特定范围内一定比例的土地用途变更弹性，以此来为城市提供灵活的建设发展空间；英国、美国、日本等实施容积率奖励制度，并制定了详细的管理方法，对不同区域的不同建设内容提供差别化容积率奖励，以此来吸引社会资本参与城市更新项目。此外，各国均有政策优惠更新区，针对城市中某一个具有特别价值的地域（城市中心区、重点开发区、特色功能区或历史文化街区等），通过“目标 + 手段”组合，采用一系列法定的优惠和鼓励措施，如美国的特别目的区、英国企业区等。各国家和地区均根据其自身的城市更新环境与特征制定因地制宜的规划制度，以此来推动城市更新的顺利发展。

3. 创新城市更新组织模式

欧美国家的城市更新组织模式经历了从中央政府和地方政府为主到政府与私人投资者合作，再到政府、私人部门和地方团体三方共同进行和控制城市更新开发的过程。自 20 世纪 90 年代以来，亚洲国家和地区都表现出由“官办为主”到“官促民办”的趋势。政府让渡权力，逐渐由开发商作为城市更新的实施者。将“民申官审”与政府先行制定城市更新计划相结合。建立了自下而上的需求导向型的城市更新路径。在这个过程中，政府并非完全退出城市更新，而是转向为市场服务。政府在这个过程中主要承担的责任主要是监督管理、信息汇总、利益协调、法律救济、少数群体利益保障以及历史文化保护等。这样公私协作的方式，减少了政府经济成本，政府与市场矛盾减少降低，较大提高了城市更新的效率。

4. 实施激励与强制并举的政策工具

各国家和地区在城市更新过程中均采取了一定的激励政策和一些强制执行政策。其中激励政策包括资金补助、容积率奖励、专项融资贷款等方式。这些激励政策在城市更新过程中为各国推动城市更新发挥了一定的激励作用。除此之外，部分国家也采取了强制措施来平衡利弊，加强规范和引导。比如亚洲部分国家和地区在城市更新中采取了基于多数原则的产权和土地的强制出售政策，一定程度上有效地避免了“钉子户”的现象，提高了城市更新效率。

5. 注重公众参与

各国家和地区城市更新过程中逐步提高公众参与程度，在城市更新项目的各个环节均保障公众的参与权。公众参与的客体打破了政府、业主和开发商的范围，更新项目的周边居民、全市范围内的其他民众以及学者、行业协会等也是参与和征询的对象。公众参与方式多样化，除了一般的座谈、调查问卷等传统的参与方式以外，当地政府会邀请当地的民众业主参与到城市更新的设计当中，网络公众平台的设立也为公众参与提供了多样化的渠道。

6.1.2　国外城市更新综合改造的投资模式以及可借鉴经验

1. 英国

英国是最早开始城市化的国家之一，其真正意义上的城市更新始于 20 世纪 30 年代的清除贫民窟计划。1930 年，英国工党政府制定了格林伍德住宅法，采用“建造独院住宅法”和“最低标准住房”相结合的办法，要求地方政府完成中央政府提出的消除贫民窟的 5 年计划，并在清除地段建造多层出租公寓，在市区以外建一些独院住宅村。这一法规首次提出对清除贫民窟提供财政补助。

英国政府建立了城市开发公司，城市开发公司隶属于环境部，由国家政府直接控制并委派官员负责，不受地方管制。其主要职责是土地开发的前期准备工作，如强制收购、土地整理等，将土地出售给合适的开发商；同时培育资本市场、土地市场和住宅市场等，利用国家公共资金的投入和一些优惠政策，刺激更多的私人资金注入指定区域。

英国城市更新的初期是政府主导，政府及公共部门的拨款补助为主要资金来源。随后，政府和城市开发公司设立企业区，通过优惠政策鼓励私人投资，把投资引入旧城区的开发与建设中。

1980 年，英国颁布了《地方政府、规划和土地法案》，确定了城市开发公司的目的是通过对土地和建筑物的有效使用，鼓励现有的和新的工商业发展，创造优美宜人的城市环境，提供住宅和社会设施以鼓励人们生活、工作在这些地区。

自此，英国政府的城市更新政策有了重大转变，逐步发展为以市场为主导、以引导私人投资为目的，最后公、私、社区三方合作，让公众参与到城市更新的过程中，变被动为主动，更快更好地推动了城市更新进程。

英国的城市更新由政府操纵的“自上而下”的方式过渡到了“自下而上”的社区规划方式。

为了解决城市更新的资金问题，中央政府设立了专项基金，各地方政府与其他公共部门、私有部门、当地社区及志愿组织等联合组成的团体进行竞争，获胜者可用所得基金发展他们通过伙伴关系共同策划的城市更新项目。

2. 法国

第二次世界大战以后，为了解决住房危机，法国推出了“以促进住宅建设的量”为首要目的的住宅政策。经历了 1950—1980 年这段辉煌时期后，法国城市建设开始关注到更新那些被认为已过时的大型居住区。法国的城市更新运动主要表现为对城市衰败地区的大规模推倒重建，即重新组织和调整居住区空间结构，使其重新焕发活力。这段时期重建模式主要由政府主导，国家设立住宅改善基金，专门用于改善居民的居住条件。

在对旧城区的活化和再利用中，法国十分注重保护性更新。特别是对于历史文化悠久的城市，在保护好历史文化遗产的基础上，对建筑物进行维修，改造现有城市街区。这种模式抛弃了旧式的政策干预，以市场机制为主导，政府还会提供辅助融资的便利，如设立促进房屋产权贷款，专门用于鼓励房产主对传统建筑物进行改造。

在城市土地储备方面，法国主要依靠规划协议发展区（ZAC）和延期发展区（ZAD）两种手段，处理土地空置问题。ZAC 由城市制定，开发已规划开发的区域，为公共和私营开发商提供合同安排，包括土地整合、基础设施投资和其他与已定综合计划相一致的安排，并将规划和发展批准权下放到土地利用计划已获批的城市。ZAD 是将土地征收权赋予国家或其他政府，用于开发或者储备土地。

为了保障城市更新的资金来源，法国公共部门完全或者部分投资基础设施、居住、活动场所或者公共空间更新改造。例如：巴黎市政府的做法是市政府出资获得 51% 的股份，与私营公司合资成立一个旧城改造的专业化投资公司。政府为该公司提供信用担保，该公司从银行贷款取得主要的改造资金。同时，私人投资者在市场条件下投资大部分的城市建设活动，但是依附于公共部门的决策。

3. 美国

美国城市更新采取的是“自上而下”的模式，先通过国会立法，制定全国统一的规划、政策及标准，确定城市更新的重点以及联邦拨款的额度。由联邦政府统一指导和审核城市更新规划，并辅助地方政府的具体实施。更新项目的实施更加强调地方性，充分考虑不同城市的更新需求，由地方政府来提出和确定具体的更新项目。

美国城市更新的资金来源，主要是基于税收：一种是税收增值筹资（TIF），是州和地方政府使用的一种融资方式，为在特定地区吸引私人投资，促进地区再开发。税收增值筹资通过发售城市债券，筹得的资金可以用于改善公共设施，也可用于向私人开发商贷款进行划定区域的建设。城市债券通过 20 ~ 30 年期的地产税收入来偿还。另一种是商业改良区（BID），是基于商业利益自愿联合的地方机制，征收地方税为特定地区发展提供资金来源。BID 是一种以抵押方式开展的自行征税，通常是用于划定区域物质环境的改善。

为了推进城市更新进程，1949 年美国《住房法》规定，清理贫民窟，促进城市用地合理化和社会正常发展。城市重建的模式是将清理贫民窟得到的土地，投放市场进行出售。

1954 年，美国对城市更新政策进行修正，提出要加强私人企业的作用、地方政府的责任以及居民的参与程度。一方面，联邦政府对用于搬迁的公共住房增加拨款；另一方面，允许将 10% 的政府资助用于非居住用地的重建，或者是开发后不用作居住用地，建设商贸设施、办公楼或豪华高层公寓。

4. 日本

20 世纪末，日本开始在国家层面推进城市更新政策，试图通过城市更新刺激经济复苏、提升城市竞争力和人民生活质量。总体来看，我国与日本的快速城市化过程相似，老旧小区在空间形成与更新改造中所面对的社会问题也近似，日本的经验教训对我国城镇老旧小区更新改造的模式以及政策制定方面具有一定的参考价值。

（1）拥有完善的城市更新制度体系

东京城市规划的一系列法规和制度对东京城市形态的演变和城市更新的实施具有至关重要的作用。东京城市规划管理主要由行政区划为单位的土地利用规划、城市基础设施规划，以及为推进城市更新而产生的土地区划整理事业和市街地再开发事业三方面组成。在此基础上，为了实现某些范围内的土地利用转换或改变容积率、高度等限制条件，主要还设立了“地区规划”“特定街区”和“城市更新紧急建设区域”等规划法规和制度。在日本城市规划管理体系中，容积率奖励是政府推动城市更新建设所采用的最重要的激励手段。日本《建筑基准法》和《城市规划法》规定，对提供公共空间等改善城市公共环境的建设项目给予容积率奖励。容积率奖励的制度化，对刺激民营资本积极参与城市建设，大幅减少政府在城市环境方面的投入发挥了重要作用。

（2）采用 TOD 模式主导城市开发

在东京，几乎所有的城市更新项目都位于轨道交通站点区域，简称 TOD（Transit-Oriented Development）模式。这与大众的出行偏好密切相关。东京上班族和学生乘坐轨道公共交通的比例高达 86%，因为私家车出行容易受到道路交通状况影响，且中心城区停车位紧张、停车费昂贵，而日本企业通常会提供员工通勤的公共交通费，所以东京人更倾向于能够准确把握时间的轨道交通。由于东京城市轨道交通的绝对主导地位，房地产开发项目选址更加趋向于轨道交通站点位置，距离轨道交通站点的步行时间和周边可利用的公共交通资源情况，成为市场评判开发项目最重要的因素之一。

（3）以多方利益平衡为城市更新前提

土地私有制是影响日本城市开发和城市演变极其重要的因素。在日本，城市更新涉及的主要利益主体有土地权利人、政府和项目实施主体。土地权利人包括土地所有人和租地或租房等相关权利人，项目实施主体可分为有政府背景的开发机构和民营资本开发商。在城市更新过程中，土地权利人通常会追求土地效益最大化，使得政府与土地权利人达成一致意见的沟通和谈判是一个漫长和艰难的过程。虽然日本大型城市更新项目有时会有多达一两百位土地权利人参与，但大型城市更新项目仅靠土地权利人的自有资金和技术力量很难实现，这就需要寻求可靠的项目实施主体参与项目。因此，日本城市更新项目的确立必须以三方达成共识为前提。

（4）充分利用民间资本参与城市开发

20 世纪 80 年代后期，日本政府面临巨大的财政压力，为了解决城市更新所需的资金问题，日本政府充分发掘其社会管理职能，通过制定激励政策，尤其是容积率奖励，来刺激民间资本进行大规模的城市开发。以东京大丸有地区为例，该地区原本就是高度成熟的城市区域，日本政府为刺激经济振兴，打造亚洲第一个当代意义的 CBD，将大丸有地区确定为城市更新紧急建设区域。但要实施大规模的城市更新难度极大，为此政府破例追加了更大力度的支持政策，包括放宽土地利用限制、缩短项目审批时间、给予特殊金融支持和税收优惠等，最终促成了政府与民营资本的合作，并以民营资本为主导推进城市更新。在东京汐留站地区，由于当时国铁的大量赤字亟待清算，而政府财政十分困难，之后国铁的土地出售给了民营企业，民营资本成为汐留地区整体开发的主力。东京实践证明，在利益方众多、权利关系复杂的大型城市更新项目中，政府与民营资本合作的机制不可或缺。

（5）给予项目公共补助金和税收优惠

日本国土交通省为了促进城市更新的推进，建立了公共补助金制度，对城市更新项目实施主体进行经济支持，还为权利更换手续中实际发生的交易行为建立了减免税金的制度。日本法律规定，市街地再开发事业项目费用中的部分内容可获得公共补助金，包括调查和规划设计费用、建筑物拆迁和场地平整费用、建筑施工费用、住宅项目范围内的公共开放空间的建设费用等，这些项目的公共补助金可达到城市更新项目总开支的 20%。在市街地再开发事业项目中，城市道路建设通常较多，根据“公共设施管理者负担金”制度，由城市更新项目实施主体代替应负责该道路建设的政府部门实施道路建设，但实施所需的一切费用均由对应的政府部门负担。税收优惠制度方面，政府提出在市街地再开发事业项目中的权利更换环节，如更换后的物业使用功能与城市更新前相同，可免除转让所得税、注册执照税和合同印花税等。此外，城市更新项目竣工后的 5 年之内，可享受固定资产税和城市规划税的减税政策。

6.2 老旧小区改造资金

6.2.1 老旧小区改造资金来源

老旧小区综合改造中的利益相关者涉及面甚广，它至少涉及中央政府、地方

政府、地方政府职能部门、业主、物业管理企业等主体。除此之外，可能还间接涉及很多主体，如外国政府和机构等老旧小区涉及的利益主体（图 6-1）。

图 6-1　老旧小区涉及的利益主体

中央政府和各地政府都很重视建筑改造，不同的省市有不同的做法，根据资金性质归纳起来，主要有以下几类：政府投资、专项债券、政策性金融、居民合理出资、专营单位投入、城市更新基金（老旧小区综合改造的资金来源见图 6-2）。

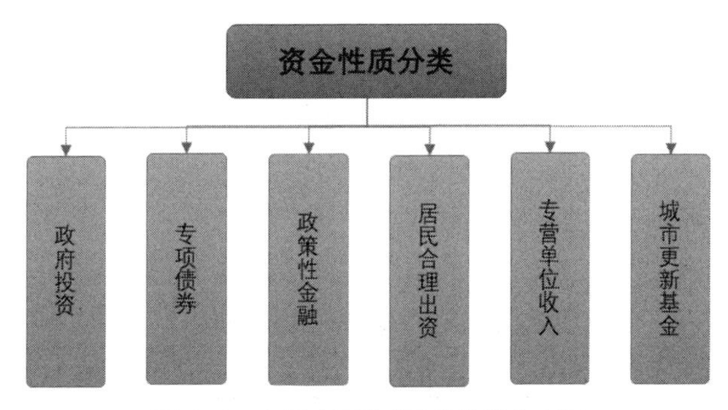

图 6-2　老旧小区综合改造的资金来源

1. 政府投资

（1）中央财政城镇保障性安居工程专项资金

国办发〔2020〕23 号文提出："将城镇老旧小区改造纳入保障性安居工程，中央给予资金补助，按照'保基本'的原则，重点支持基础类改造内容。中央财政资金重点支持改造 2000 年底前建成的老旧小区，可以适当支持 2000 年后建成的老旧小区，但需要限定年限和比例。"

中央财政城镇保障性安居工程专项资金是指中央财政安排用于支持符合条件的城镇居民保障其基本居住需求、改善其居住条件的共同财政事权转移支持资金，专项资金由财政部、住房和城乡建设部按职责分工管理。2019 年，财政部与住房和城乡建设部联合印发《中央财政城镇保障性安居工程专项资金管理办法》（财综〔2019〕31 号），明确公租房保障和城市棚户区改造、老旧小区改造及住房租赁市场发展为专项资金支持范围，老旧小区改造专项资金“主要用于小区水电路气等配套基础设施和公共服务基础设施改造，小区内房屋公共区域修缮、建筑节能改造，支持有条件的加装电梯支出”。

老旧小区改造专项资金采取因素法，按照各地区年度老旧小区改造面积、改造户数、改造楼栋数、改造小区个数和绩效评价结果等因素以及相应权重，结合财政困难程度进行分配。2019 年老旧小区改造面积、改造户数、改造楼栋数、改造小区个数等因素权重分别为 40%、40%、10%、10%，以后年度老旧小区改造面积、改造户数、改造楼栋数、改造小区个数因素、绩效评价因素权重分别为 40%、30%、10%、10%、10%。

国家发展改革委固定资产投资司负责人在 2020 年 7 月的国务院政策例行吹风会上指出，城镇老旧小区改造中，中央预算内投资主要支持供水、排水、道路等与小区相关的配套基础设施建设，以及养老、托育、无障碍、便民服务等小区及周边的配套公共服务设施建设。其中，中央预算内投资将向排水等公益性改造内容倾斜。

（2）各地出台老旧小区改造财政支持政策

国办发〔2020〕23 号文提出，老旧小区改造“省级人民政府要相应做好资金支持。市县人民政府对城镇老旧小区改造给予资金支持，可以纳入国有住房出售收入存量资金使用范围”。针对老旧小区改造，各地根据自身情况，制定财政支持政策，部分地区资金相关政策文件如表 6-1 所示。

部分地区资金相关政策文件　　表 6-1

序号	省市	文件名称	主要内容
1	北京	《老旧小区综合整治工作方案（2018—2020 年）》	加大资金支持：在明晰政府、市场、业主投资边界基础上，合理确定市、区两级财政资金负担比例。市财政局、市发展改革委会同相关行业主管部门按整治计划同步确定年度综合整治市级配套资金；市财政局以转移支付方式将市级资金全部安排至各区，由其统筹使用
2	浙江	《关于全面推进城镇老旧小区改造工作的实施意见》	省财政安排资金支持城镇老旧小区开展综合整治改造。市县政府对城镇老旧小区改造给予资金支持，可纳入国有住房出售收入存量资金使用范围；符合条件的，可申请发行地方政府专项债券给予支持。统筹涉及住宅小区的各类财政资金用于城镇老旧小区改造，对相关资金开展全过程预算绩效管理，提高资金使用效益

续表

序号	省市	文件名称	主要内容
3	山东	《山东省深入推进城镇老旧小区改造实施方案》（鲁政办字〔2020〕28 号）	创新财政资金政策。积极争取中央补助资金，各级财政在预算中统筹安排资金用于老旧小区改造。省财政对纳入省项目库的承担全国老旧小区改造试点任务或‘4+N’融资试点任务的项目择优给予奖补资金支持。各地整合涉及老旧小区的民政、城市建设和管理、文化、卫生、商务、体育等渠道相关资金，统筹投入老旧小区改造
4	福建	《福建省老旧小区改造实施方案》（闽政办〔2020〕43 号）	积极争取国家补助资金，省级财政统筹安排资金支持老旧小区改造。相关省直部门在专项补助资金安排时，对老旧小区改造配套项目予以倾斜支持，对老旧小区改造中符合社区综合服务建设等省级专项资金使用对象条件的项目予以补助；老旧小区改造可纳入国有住房出售收入存量资金使用范围

（3）各部委出台老旧小区改造专项资金政策

国办发〔2020〕23 号文提出，“要统筹涉及住宅小区的各类资金用于城镇老旧小区改造，提高资金使用效率”。由于民政、文化、教育、医疗、卫生、体育、绿化等渠道涉及的老旧小区专项资金、项目资金种类繁多，且不同省市差别较大，本文以北京市为例，介绍梳理与老旧小区相关的资金政策。

1）社区建设

①社区健身

国办发〔2020〕23 号文明确将建设改造体育健身设施纳入到城镇老旧小区的改造，2020 年 12 月，国务院办公厅印发《关于加强全民健身场地设施建设发展群众体育的意见》（国办发〔2020〕36 号）提出：“社区健身设施未达到规划要求或建设标准的既有居住小区，要紧密结合城镇老旧小区改造，统筹建设社区健身设施。”

②社区服务设施、社区公共和公益事业

2019 年 2 月，中共北京市委和北京市人民政府印发《关于加强新时代街道工作的意见》提出，“加大社区建设资金支持力度，动态调整社区公益事业专项补助资金，实现街道年度预算 80% 以上用于为群众办实事”。

2）养老服务

①社区居家养老服务

2018 年 10 月，北京市人民政府办公厅发布《关于加强老年人照顾服务完善养老体系的实施意见》（京政办发〔2018〕41 号）提出：“加大资金扶持力度，完善各类养老服务设施运营补贴制度。”“市、区要把老年人照顾服务工作所需资金和工作经费纳入本级财政预算，并建立多渠道资金筹措机制，积极引导社会组织和企事业单位以结对帮扶、设立公益基金、开展公益捐赠等多种形式参与和支持老年人照顾服务工作。制定市、区、街道（乡镇）三级购买服务目录和实施流程，通过政府购买服务方式，将老年人照顾服务项目逐步交由具备条件的社会组织和企业承担。”

②老年人助餐配餐

2019 年 1 月，北京市老龄办发布《关于进一步加强老年人助餐配餐服务工作的意见》提出：“对已备案的老年餐集中配送中心、社区（村）食堂、老年餐桌等养老助餐服务单位通过养老服务驿站给老年人提供助餐配餐服务的，按照《北京市养老服务驿站运营扶持办法》有关规定执行。”

③养老服务驿站运营扶持

2019 年 3 月，北京市民政局发布《关于印发〈北京市促进养老领域消费工作方案〉的通知》（京民养老发〔2019〕43 号）提出：“对社区养老服务驿站，从服务流量补贴、托养流量补贴、连锁运营补贴、运维支持等方面加大养老服务驿站运营扶持力度，促进驿站可持续发展。支持本市养老驿站连锁化品牌化运营，连锁运营一家养老驿站，可获得不低于 5 万元补贴。”

（4）财政拨款的特点

通过政府投资的老旧小区综合改造项目，具备如下优势。

1）使用流程规范，项目完成度高

自财政部将老旧小区综合改造纳入中央预算内资金以来，我国老旧小区综合改造工作全面铺开，并且财政资金的使用有着全套的严格的流程与机制，保证申报项目的应改尽改。

2）基础改造为主，完善提升为辅

政府财政资金多用于基础设施改造类项目，涉及提升类项目诸如加装电梯、养老以及教育等提升类项目，鼓励采取社会资本参与共建的模式，政府财政的背书提升了企业参与老旧小区综合改造的积极性。

3）居民信任充分，带动社会资本

由政府主导的老旧小区综合改造项目，居民对项目的信任度很高，利于综合改造的开展，加装电梯、立体停车等单项改造项目可以采取社会资本参与共建的模式，鼓励居民出资等多种方式参与改造。

2. 专项债券

（1）城镇老旧小区改造专项债券的相关政策：

国办发〔2020〕23 号文明确：“支持各地通过发行地方政府专项债券筹措改造资金。”

2020 年 7 月，财政部发布《关于加快地方政府专项债券发行使用有关工作的通知》（财预〔2020〕94 号）明确：“赋予地方一定的自主权，对因准备不足短期内难以建设实施的项目，允许省级政府及时按程序调整用途，优先用于党中央、国务院明确的‘两新一重’、城镇老旧小区改造、公共卫生设施建设等领域符合条件的重大项目。”

在国务院和财政部明确将城镇老旧小区改造纳入专项债券支持范围后，我国地方政府专项债券的债券类型新增加“城镇老旧小区改造专项债券”一项。狭义的城镇老旧小区改造专项债券仅包含“城镇老旧小区改造专项债券”类型的地方政府专项债券；而广义的城镇老旧小区改造专项债券从改造内容上进行界定，除狭义“城镇老旧小区改造专项债券”类型外，还包含与城镇老旧小区改造内容相关的专项债券。这是因为从我国城镇老旧小区改造的范围看，涉及水、电、气、热等基础设施改造、配套停车场的新建或改造、城镇污水垃圾处理、养老托幼设施的新建或改造等内容，这些类型项目虽可申报对应项目类型的地方政府专项债券，但由于项目实质建设内容针对城镇老旧小区，仍属于城镇老旧小区改造专项债券范围。

（2）城镇老旧小区改造专项债券偿债资金来源

1）老旧小区配套基础设施收益（水电暖气）；

2）老旧小区区域内国有资产产生的收益；

3）多个项目打捆实现整体收益平衡；

4）老旧小区区域内土地出让收益；

5）老旧小区区域内配套商业设施运营收入；

6）老旧小区改造项目直接收益；

7）财政专项补贴收入。

专项债券的特点为需要在规定期限内偿债。为满足城镇老旧小区改造专项债券本息覆盖要求，需要积极拓展债券偿债资金来源。

3. 政策性金融

2020 年 7 月，在住房和城乡建设部的推动下，国家开发银行、中国建设银行已与全国 5 省 9 市签订战略合作协议，未来 5 年内将提供 4390 亿元贷款，重点支持市场力量参与的城镇老旧小区综合改造。

政策性金融推动了我国老旧小区综合改造的创新方向，主要分为 7 个方面。

（1）持续提升金融服务力度

银行机构结合各自职能定位和业务范围，按照市场化、法治化原则，依法合规加大对城镇老旧小区改造的信贷支持力度。商业银行加大产品和服务创新力度，依法合规对实施城镇老旧小区改造的企业和项目提供信贷支持。

（2）量身制定融资方案

银行机构结合老旧小区改造模式特点，推进业务创新、流程创新，开发适宜的金融产品。调研项目建设规划、资产状况，科学评估未来经营收入等情况，会同小区改造融资主体研究制定融资方案，提高项目融资的可操作性。对融资规模较大的改造项目，可通过银团贷款等方式，集中金融资源，给予融资支持。

（3）共同立项支持大片区统筹项目融资

对于大片区统筹平衡模式或跨片区组合平衡模式生成的小区改造项目，政府将无法产生收入的老旧小区改造与具备充足现金流的棚户区、老厂区改造等项目统筹搭配、捆绑立项，实现项目资金平衡，银行机构可通过整体授信方式提供融资支持。

（4）支持项目以未来现金流提供融资增信

对于小区内自求平衡模式的改造项目以及其他模式的改造项目，能够通过新建、改扩建用于公共服务的经营性设施，银行机构可以将相关设施未来产生的收益作为还款来源，为改造项目提供融资支持。

（5）积极承销和投资专项债券

省财政可调剂部分地方政府一般债券用于老旧小区改造，对符合条件的老旧小区改造可通过发行地方政府专项债券筹措改造资金，鼓励金融机构积极开展相关承销和投资业务，支持专项债券发行工作。

（6）优化消费金融服务

针对老旧小区改造带来的居民户内改造和装修消费、银发消费、幼儿消费、绿色发展、节能减排等新的消费领域，银行机构要契合场景金融，创新金融产品，提供个性化金融服务，满足多样化消费金融需求。

（7）探索发行 REITs（不动产投资信托基金，Real Estate Investment Trust）支持老旧小区改造

政府在社会公募融资等方面给予定点倾斜，探索老旧小区基础设施改造类 REITs 项目，有针对性地加大交易所和银行间市场的金融产品投放。

4. 居民合理出资

国办发〔2020〕23 号文指出要建立改造资金政府与居民、社会力量合理共担机制，合理落实居民出资责任。按照谁受益、谁出资原则，积极推动居民出资参与改造，可通过直接出资、使用（补建、续筹）住宅专项维修资金、让渡小区公共收益等方式落实。支持小区居民提取住房公积金，用于加装电梯等自住住房改造。鼓励居民通过捐资捐物、投工投劳等支持改造。鼓励有需要的居民结合小区改造进行户内改造或装饰装修、家电更新。

但是，此部分资金来源，会受到多方面的影响，如购房原因、租户居住房主配合意愿低、认为改造费用应当政府承担、担心出资不能用到实处以及房屋存在拆迁的可能性等，导致老旧小区综合改造的推进不顺畅。所以，要想居民出资，需要持续培育居民素质及加强居民主体性的地位、建立公开透明的资金监管制度、建立包含居民出资意愿的老旧小区综合评价体系。居民合理出资在老旧小区综合

改造的资金筹措中，所占比例虽然不高，但是仍能够弥补资金缺口和激发居民的积极性。

5. 专营单位投入

（1）专营单位参与老旧小区改造模式

1）财政补贴，专营单位实施

财政补贴是一种政府行为，旨在通过直接或间接的方式影响特定生产者或消费者，纠正市场缺陷，体现政府公共服务职能同时可以降低专营单位的社会公益性成本。多数专营单位的新项目建设及旧有项目改造的资金来源依托于地方财政补贴。

老旧小区改造是一项长期的工作，既有当期改造资金的投入，也有长期管理维护的费用，仅靠各级财政支出难以保证，必须有可持续的资金筹措渠道予以保证。同时政府还可加大奖补资金支持力度，将国家有关的保障性住房基础设施配套资金、棚改补助资金、既有房屋的节能改造资金等统筹用到试点城市老旧小区管网改造工作中，发挥资金的整体效益。

2）特许经营方式

给水排水、燃气、供暖、电力等城镇公用事业属于有一定收入来源的准经营性项目，项目的改造和建设发展可采取特许经营模式、PPP（政府和社会资本合作的运作模式）或政府购买服务的方式筹集建设资金。

（2）专营单位参与老旧小区改造案例

1）山东省济宁市协调实现弱电下地序化改造（图 6-3）

济宁市在深入推进老旧小区改造工作中，以“破除飞线症结、照顾各方利益、兼顾长远功能”为目标，针对“蜘蛛网”式的弱电线路，创新推进机制破解资金难题调动各方积极性，深入实施弱电下地序化改造。

图 6-3　济宁市老旧小区弱电改造

2）山东省滨州市无棣县加大财政资金补助破解电力设施改造难题

滨州市无棣县创新思路，积极协调，加快推进供电专营设施设备改造移交工作，大力破解供电专营设施改造难题，取得了突破性进展。

无棣县老旧小区大多建成于20世纪90年代，普遍存在供电设施超期运行、设备老化、容量偏小等问题，供电质量难以保证，安全隐患较多。小区住户通过向人大代表提意见、12345政府服务热线等方式，表达对更新供电设备的强烈愿望。“民有所需，政有所为”，无棣县积极回应百姓诉求，组织电力公司对26个老旧小区改造开展供电等设施设备改造（图6-4），协调供电公司出资800余万元负责安装入户电能表、表箱、集中采集器等供电设备，住户出资安装户内的线路设施，政府采取“以奖代补”方式对改造项目出资1700余万元，有力调动了专营单位参与改造的积极性。在供电设施改造完成后，小区内的专营设施设备将按照《山东省物业管理条例》有关规定，移交给各专营单位进行维护和管理。

图6-4　无棣县老旧小区供电设施改造

6. 城市更新基金

城市更新基金是以城市更新为投资标的私募基金，是私募基金的一种形式，遵循《证券投资基金法》《私募投资基金监督管理暂行办法》《合伙企业法》《公司法》等相关法律法规合法合规地开展城市更新基金的设立、备案、发行、募集、投资。

国办发〔2020〕23号文提出吸引各方社会力量参与城市更新的投资，基金协会鼓励支持城市更新的私募基金的备案。

各地在老旧小区改造相继进行政策鼓励中都提出创新金融以及基金等模式进行老旧小区改造资金的进入。例如：山东省地方金融监督管理局、山东省财政厅等5部门联合发文《关于做好金融支持全省城镇老旧小区改造工作的通知》，提出深化政府和社会资本合作。对符合条件的项目，鼓励运用政府和社会资本合作（PPP）模式，引入银行机构、基金公司、民间资本，拓宽资金来源，共同推动老旧小区改造项目。同时建立以老旧小区改造为投资标的城市更新基金，不断地创新探索，寻求老旧小区城市更新基金的投资参与者。

6.2.2　老旧小区改造投资融资的建议

对于城镇旧住宅区综合整治更新，加强环境综合整治和房屋维修改造，资金来源是主要问题，国家将从多渠道资金、落实税费减免政策等方面支持改造，并在筹措资金方面要求以增加财政补助、加大银行信贷支持、吸引民间资本参与、扩大债券融资、企业和群众自筹等办法筹集资金。

其中，多渠道融资方式（图 6-5）包括：发行政府债券、公募基金、信托等金融手段；由国家开发银行、世界银行提供无息、贴息贷款，或引入投资公司；采用 PPP、合同能源管理等模式；通过发行专项彩票、从现有土地出让金或彩票收入中提取一定比例作为老旧小区更新基金等方式筹措资金；采取加层加面积、增加小区商业功能以及拆除部分老建筑、增加新建建筑等筹措资金措施。

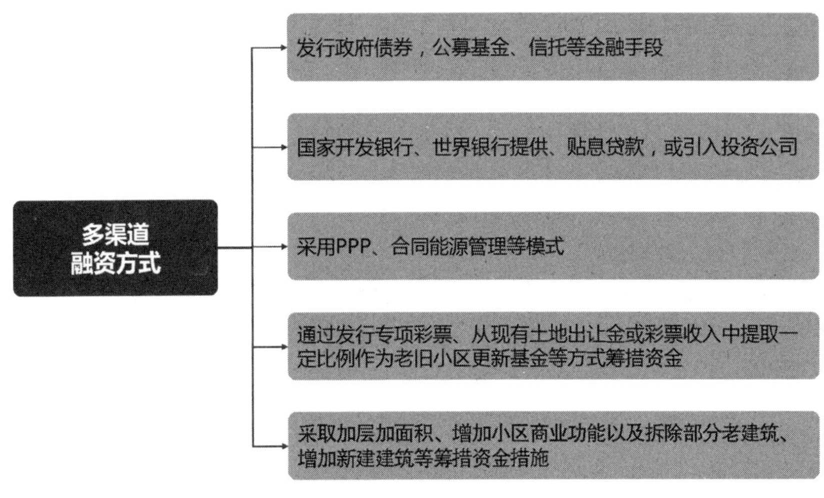

图 6-5　多渠道融资方式

1. 鼓励规模化改造主体主导老旧小区的改造运营

老旧小区改造工程多呈零散状，将改造项目化零为整，通过大片区或跨片区综合运营，才能实现资金平衡。为此，一方面是政府要组建规模化改造主体作为统一的融资主体，便于开展投融资活动；另一方面是政府在项目规模化设计后，给予改造主体一定年限的项目经营权，以形成改造项目的现金流与盈利点，同时出台税费减免的优惠政策。像目前政府对为社区提供养老、托育、家政等服务的机构免征增值税，并减按 90% 计入所得税应纳税所得额。

建议培育规模化改造主体的具体做法包括：管线经营单位将改造项目进行规模化打包后开展各种方式融资；利用公房、权属用地等资源，采用 BOT 模式（Build-Operate-Transfer，建设 - 经营 - 转让），公开招商引入社会资金参与改造；

大片区、跨片区改造项目统一规划，做好项目资金平衡预算，吸引企业参与；支持国有企业按照保本微利的原则参与老旧小区改造；财政资金重点支持收益性差、居民改造意愿迫切的改造项目。

2. 适度放宽老旧小区改造的规划限制，支持新增商业服务设施建设

实践表明，老旧小区改造后的主要收益来源是新增商业服务设施的租金收入。因此，吸引社会主体参与老旧小区改造的关键是要适度放宽老旧小区的规划限制，适度增加商业服务设施，形成老旧小区改造后的盈利点，作为多元化融资的基础。一是利用老旧小区的区位优势，通过合理利用小区闲置土地、拆除违建、对简陋房屋再开发、建筑加层等措施，增加老旧小区的商业经营面积。二是明确小区停车位、幼儿园、托老所等公共设施建设运营的综合收益归属。如，深圳市明确规定了城市更新中的容积率奖励政策，对于整治类城市更新单元计划，在符合《深圳市城市规划标准与准则》的前提下，通过加建扩建、功能改变、局部拆建等方式增加生产经营性建筑面积。

3. 支持老旧小区改造项目以银行贷款、资产证券化、REITs、担保、改造基金等多元化融资方式进行融资

（1）鼓励商业银行积极支持老旧小区改造，开展产品创新，研发适合老旧小区改造的专门信贷产品，并在统计房地产类贷款时，可不受贷款限额管理的限制。

（2）加快开发存量资产证券化和 REITs 等工具，将老旧小区改造中的存量房产、各种管线资产实现证券化融资。

（3）成立老旧小区改造政府担保机构，为金融机构融资提供担保。

（4）支持建立城市更新基金或老旧小区改造基金，为老旧小区改造提供专项融资支持。

6.3 老旧小区物业管理运营资金

为保证老旧小区日常房屋修缮、设备维护等活动的正常开展，克服物业管理企业长期以来的微利困境，物业管理企业需要进行创新性发展，形成稳定的、多元化的产业链，在保证物业管理企业正常运转的前提下，配合政府部门、社会资本方共同完成老旧小区综合改造项目。

6.3.1 老旧小区物业管理运营资金来源

目前我国物业管理企业的资金来源共分为三类（图 6-6）：物业管理企业自有资金、居民缴纳物业管理费以及物业管理企业开展相应的营收性活动。

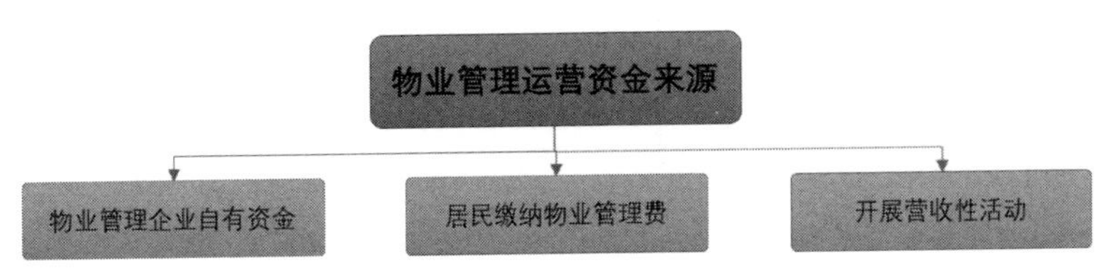

图 6-6　物业管理运营资金来源

1. 物业管理企业自有资金

物业管理企业通过企业融资运营、银行贷款等渠道获得资金为企业进驻社区开展各项服务提供前期资金保障。

2. 居民缴纳物业管理费

2020 年 5 月 28 日，《中华人民共和国民法典》发布，并于 2021 年 1 月 1 日开始实施，全国各地根据当地情况出台相关物业费管理办法（表 6-2）。

老旧小区改造后，物业服务企业按照当地的物业管理办法，通过物业服务合同与业主确定本住宅小区的物业服务等级，在对应的收费等级政府指导价范围内约定具体收费标准；老旧住宅改造后带电梯的物业服务费按照不高于高层制定收费标准。

国内地方物业管理费收取办法　　表 6-2

序号	省市	物业管理费收取办法
1	北京市	北京市于 2005 年发布《北京市物业服务收费管理办法（试行）》《北京市经济适用住房小区物业服务收费政府指导价收费标准》（京发改〔2005〕2662 号），自 2006 年 1 月 1 日起施行。北京市物业服务收费的价格管理形式为根据不同物业的性质和特点分别实行政府指导价和市场调节价管理。除未成立业主大会前的经济适用住房小区、执行《北京市加快城市危旧房改造实施办法（试行）》政策的危改回迁小区外，其他物业服务收费实行市场调节价。实行市场调节价的物业服务收费，可以采取包干制或者酬金制方式。物业服务成本或者物业服务支出构成一般包括：管理服务人员的工资、社会保险和按规定提取的福利费等；物业共用部位、共用设施设备的日常运行、维护费用；物业管理区域清洁卫生费用；物业管理区域绿化养护费用；物业管理区域秩序维护费用；办公费用；物业管理企业固定资产折旧；物业共用部位、共用设施设备及公众责任保险费用；经业主同意的其他费用
2	甘肃省	物业管理企业按照物业服务合同的约定，对房屋及配套的设施设备和相关场地进行维修、养护、管理，维护相关区域内的环境卫生和秩序，向业主或物业使用人所收取的费用
3	山东省	实行政府指导价的，价格主管部门应当会同物业主管部门，根据住宅物业种类、服务内容、服务等级和物价指数变动情况等，制定相应的基准价和浮动幅度，并每年向社会公布。具体收费标准由业主与物业服务企业根据基准价和浮动幅度在物业服务合同中约定。物业服务企业为业主或者物业使用人提供物业服务合同约定以外的专项服务的，其收费标准可以另行约定

3. 开展营收性活动

（1）物业管理企业开展传统型经营活动

老旧小区作为业主的集中地，是一个需求非常集中的天然市场。物业管理企业要想进行长期运营并参与老旧小区改造项目中，必须尽可能挖掘老旧小区内可利用资源，经营思路要打破原先以“小区物业”为核心的传统做法，改为以“人的需求”为核心的做法。

1）开展家政服务

许多小区的业主，因工作忙而无暇顾及家庭清洁，他们往往请家政公司的清洁工上门服务，这本是无可厚非。问题是，业主请家政公司的人员上门服务，无论是对业主，还是对小区管理和安全都不利。家政公司的清洁工上门，业主家里必须有人，而家政公司的人员进入小区，物业管理企业也保证不了安全。因此，物业管理企业可根据业主的这一需求，提供有偿家政服务，既能够保证业主人身和财产的安全，又能创造利润。

2）为业主开办代售飞机、车船票、旅游联系、订餐订宾馆、物流等业务

现在人们的生活，讲究凡事图方便，而物业开展上述业务，就很好地迎合了业主的需要，又得到了中介服务费，同时还融洽了业主与物业管理企业的关系。

3）开办电梯、园区等广告业务

许多商家在做宣传时，不仅仅只关注报刊和电视电台等新闻媒体，也将物业小区的电梯、园区等公共场所列入他们的关注范围。物业管理企业可以经过业主委员会的同意，将电梯、小区院内显眼处用作商家张贴、悬挂广告宣传画和招牌的场所，并与业主委员会合理分配收入。

4）开办房屋中介业务

房屋出租、出卖现在比较普遍，往往是业主想出租、出卖房屋而找不到租赁户、买方，而租房者、买方也因找不到有意向的业主而发愁。物业管理企业可以提供中介服务，这样既方便了业主，又方便了租赁方，收费合理、服务方便，各方都能得到满意的结果。

5）家居装修装饰行业

随着我国城市化进程的加快，居民生活水平不断提高，家装行业发展迅猛，蕴藏着巨大的市场商机。物业管理行业与装修行业有着天然的紧密联系，参与这项服务有其天然的资源优势，物业管理企业可采取投资成立家装公司或与家装公司合作两种方式进行经营。

6）社区内公共空间运营

通过对社区内的公共空间进行合理运营物业管理企业可以取得长期的运营收入，同时物业管理企业也可以提供停车服务获取收益。

总体来说，物业管理企业除了收取物业管理费外，也应该积极创新，开展现代化物业服务，增加运营收入。

（2）物业管理企业开展创新性营收活动

1）构建物业信息化管理平台

物业服务是现代服务业的重要组成部分，目前老旧小区物业管理工作处在粗放型发展阶段，信息化程度偏低，社会满意度不高。应当继续以信息化推动物业管理现代化，提高物业管理企业的服务质量。构建物业管理信息化平台既可以实现老旧小区管理现代化，也可以通过信息平台为居民提供信息化服务，从而实现盈利。

2）构建物业线上购物平台

物业管理企业不能将眼光停留在为社区业主提供基本服务，而应将眼光放在为业主搭建电商平台的方向。在解决业主们基本消费需求的同时，拓展自身的业务版图，图 6-7 为某社区物业开展 O2O 购物。

图 6-7　社区物业开展 O2O 购物

物业管理企业具有开展社区线上购物平台最突出的优势：

①自带流量：高频、多元的邻里社交（社区活动、邻里互动）；

②场地以及其他资源：免费的“地推”场地资源、免费的配送暂存地点、免费的广告资源、周边商家等其他便利。

物业管理企业将社区业主资源迁入到线上平台，实现对存量客户的持续经营，社区电商、广告实现流量变现，提高收入和利润为物业服务企业创造多元化、持续的经营收入。

3）组织社区公共活动

物业管理企业可以利用特定节假日，与社区共同组织相关主题活动，一方面可增进与业主的联系，另一方面可以拓宽运营收入，图 6-8 是某社区端午节包粽子活动。

图 6-8 端午节包粽子活动

6.3.2 老旧小区物业管理运营资金建议

1. 吸引政府和企业资金参与运营管理

（1）城投公司作为投资主体

2018 年，国家发展改革委发布《关于实施 2018 年推进新型城镇化建设重点任务的通知》，其中深化城镇化制度改革的部分为城投公司探索转型发展带来了新的发展机遇，文件指出要分类稳步推进地方融资平台公司市场化转型，剥离政府融资职能，支持转型中的融资平台公司及转型后的公益类国企依法合规承接政府公益类项目。

作为城市开发和建设的主力军，各区县的城投公司积累了大量城市建设经验和资源整合优势，可牢牢把握老旧小区改造和城市更新的重大机遇，以市场换空间，发挥自身的建设能力，成为老旧小区改造的实施主体，担负老旧小区改造的主要职责。

老旧小区改造的基础类主要属于公益性项目，地方融资平台公司以承接财政资金来完成基础类项目的改造。提升类及完善类项目大多投资回收期较长。地方融资平台公司可以发挥自身在资源整合及融资上的优势，以此为契机转型升级，全面提升综合服务水平，与物业管理企业共同参与管理，加快从开发商到运营商转型，图 6-9 为云南省城市更新有限公司成立。

云南城投集团斥资 15 亿元组建的全省老旧小区和城市更新改造平台——云南省城市更新有限公司，于 2020 年 10 月 23 日完成组建工作（图 6-9）。城市更新公司前身是云南省政府确定的省级棚户区改造实施平台之一——昆明未来城开发有限公司。城市更新公司是一家通过市场化运作平衡棚改成本的棚户区改造平台公司，成立后积极参与民生、基础设施和公共服务配套项目投资建设，形成保障性住房、棚户区改造、基础设施和公共服务设施配套建设、城镇老旧小区改造等城市更新业务格局。除此之外，上海、武汉、长沙等地的城投公司也陆续组建了城市更新公司或城市更新业务部门，布局城市更新和老旧小区改造业务。

图 6-9　云南省城市更新有限公司成立

在城投公司与物业管理企业共同运营下，物业管理企业的产业结构得到了拓展，也为物业管理企业参与老旧小区改造项目提供了有力支持。

（2）社会资本作为投资主体

国办发（2020）23 号文指出，“通过政府采购、新增设施有偿使用、落实资产权益等方式，吸引各类专业机构等社会力量投资参与各类需改造设施的设计、改造、运营”。“支持规范各类企业以政府和社会资本合作模式参与改造”。“支持以‘平台 + 创业单元’方式发展养老、托育、家政等社区服务新业态”。

在物业管理企业前期运营资金缺乏以及运营收益回报较低的情况下，社会资本的引进成为物业管理企业的一大助力。社会资本与物业管理企业共同投资运营，保证了老旧小区改造后的顺利运营，也为物业管理企业带来了新的运营模式以及资金支持。社会资本方具有先进的、创新的运营模式，在其助力下，物业管理企业会更加拓宽经营思路，创造更多营收。

2. 争取物业管理企业规模化发展和上市投资

新时代的物业管理企业是连接人群的最有力的媒介，现在物业管理企业的大战略，就是围绕人群进行业务布局。服务品牌、经营人群和掌控上下游产业链是物业管理企业最核心的竞争力，但是由于资本渠道的匮乏，物业管理企业没有规模化发展和上市。

老旧小区中的物业管理企业，要想实现在综合改造中有所作为并且实现可观的营收和长久的发展，需要规模化发展并实现上市。

据统计，如图 6-10 所示，从 2018—2021 年的物企上市首日平均市盈率来看，2020 年平均首日市盈率达到了 46.82%，创历史最高，可见物业管理企业的上市是被市场看好的。物业管理企业上市后能给自身带来资金流，进一步提升企业自身的价值与流动性，对企业的后续融资有一些帮助。

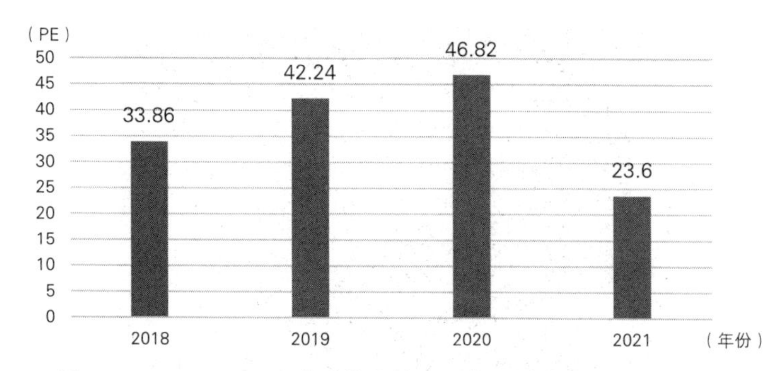

图 6-10　2018—2021 年度物业管理企业上市首日平均 PE(TTM)

3. 物业管理企业取得社区特许经营许可

在老旧小区改造后的运营阶段，物业管理企业可通过盘活存量资源的方式，以新增配套项目形成以企业为载体、以小区为经营单位、以居民为组成的利益共同体，为尚有工作能力赋闲在家的小区居民提供就业、创业大平台；通过参与建设、管理获得经济收益，将居民从使用者变为投资者、建设者、就业者、管理者。以全民参与机制发挥社区自治、自理、自营的积极作用，实现决策共谋、发展共建、建设共管、效果共评、成果共享。

物业管理企业通过“改造－建设－运营”一体化模式参与老旧小区综合改造，既可以实现服务功能的多元化植入，形成以居民需求为主体，政府、物业公司、群众团体、社会力量等参与的共投、共建、共管、共享新格局，营造医疗、养老、度假于一身的新城市综合体，又能以增建配套空间和配套服务建立多业态、多模式、集团化运营服务公司的全产业链可持续发展模式，形成围绕老旧小区需求布局的新产业集群，带动物业管理企业长效参与老旧小区的运营。

例如碧桂园服务打造的天津军粮城老旧小区改造项目，现已逐步在社区引入共享汽车、共享单车等便利生活新业态，为业主构建 1+*N* 社区场景化生态圈。社区的改善包括“0.5 幸福”社区文化价值主张、“123 服务法则”、管家 100% 取得红十字救护员资格证等，这些服务标准及成果的取得，使物业服务产业在实践中不断成长。

在完成军粮城新市镇一期物业服务项目的陆续接管后，碧桂园服务天津区域将落地为军粮城新市镇项目量身定制智慧物业红色社区大运营模式。即以党建和服务为基础，创造“1+2+4”服务模式（即党建引领＋基础服务、增值服务＋智慧管控、养老服务、邻里互融、公益活动）的智慧物业红色社区大运营模式。利用科技化公司优势打造智慧社区，实行网格化管理。

被赋予特许经营权的碧桂园服务在老旧小区后期运营中，为居民提供了更优质、贴心的服务，同时也为自身取得了可观的收益，图 6-11 为碧桂园服务军粮城项目网格化管理。

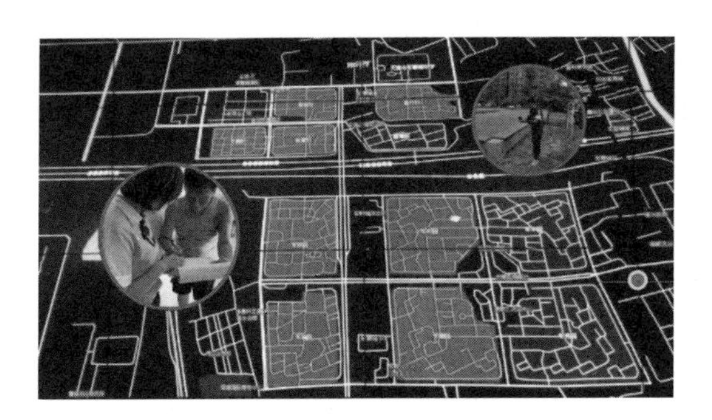

图 6-11　碧桂园服务军粮城项目网格化管理

6.4　老旧小区更新保障措施与长效管理机制

6.4.1　老旧小区更新保障措施

老旧小区更新保障措施主要分为：组织保障、政策保障、技术保障、群众工作、监督考核、新能评定和示范推广几个方面，本节主要从政府政策、标准技术体系等方面详细探讨老旧小区更新改造过程中所需要提供的保障措施，确保老旧小区更新改造的顺利推动。

1. 组织保障

加强组织领导，明确工作职责。国务院有关部门和地方各级人民政府加强对老旧小区改造工作的组织领导。省级人民政府对本地区老旧小区改造工作负总责，对所属城市人民政府实行目标责任制管理，有关工作情况纳入对城市人民政府的绩效考核。城市人民政府要落实相应的管理机构和具体实施单位，切实抓好各项工作。各城市成立老旧小区改造领导小组，负责领导、决策、指挥和协调工作，下设办公室和资金统筹、房屋建筑施工改造、小区公共设施综合整治等工作组，各区县也成立相应协调机构，负责政策落实、改造进度控制、资金使用、工程管理、档案归集、竣工验收和后续管理等，有效推进老旧小区改造和后期物业服务工作。

加强统筹协调，建立工作机制。各级人民政府建立协调工作机制，建设、发改、财税、房产、城管、水务、燃气、供电等相关部门参与，密切配合，形成“明确主管领导、明确责任部门、明确整治范围、明确目标任务、明确完成时限、明确验收考核”的“六个明确”工作机制，统筹推进老旧小区改造资金筹措与使用、房屋建筑施工改造、小区公共设施综合整治、竣工验收和后期物业服务等方面工作，加强资源整合，将各部门各行业涉及老旧小区改造的内容进行有机整合，包括：供电部门的电力设施改造、供水部门的二次供水设施改造、通信管理等部门的通信管线扩容和入地工程、消防部门的消防设施改造、水务部门的积水点改造、民政部门的适老性和小区养老设施改造、体育部门的健身设施增设、质监部门的老旧电梯更新改造、环卫部门的小区垃圾箱房改造以及街（镇）社区实施的防盗门安装、技防设施增设、残疾人通道建设、小区活动等配套设施改造、违章建筑整治、居改非群租整治等。简化和加快各项行政审批事项，压缩审批流程，形成绿色通道，发改、自然资源、规划、建设等部门的行政审批事项减少互为前置的要求，采用并联审批方式办理。

2. 政策保障

依据《中华人民共和国物权法》《中华人民共和国土地管理法》《中华人民共和国城市房地产管理法》《中华人民共和国城乡规划法》等法律法规，出台专项政策，解决老旧小区改造后，可能出现的容积率变化、房屋面积变化、户型变化、房屋功能变化、配套设施变化等带来的规划审批和产权问题。修订和完善《物业管理条例》，明确老旧小区改造和后续管理的责任主体、资金来源、运行方式、保障机制等内容。

出台保障性安居工程、棚户区改造、既有居住建筑节能改造相关工作与老旧小区改造统筹实施的资金使用管理办法以及居民提取住房公积金和房屋维修基金用于老旧小区改造的管理办法；出台土地供应、资本金注入、投资补助、财政贴息、税费优惠等相关激励政策措施，吸引企业和其他机构参与老旧小区改造和运营。针对老旧小区改造项目免收城市基础设施配套费等各种行政事业性收费；出台老旧小区物业管理费用的补贴政策，增加保障性物业的财政支出，建立财政资金补贴机制，对物业企业新接手和自助式管理的老旧小区、散居楼，实行资金补助，推行专业化物业管理，实现老旧小区长效管理。

3. 技术保障

完善老旧小区改造相关标准规范、技术导则和图集，编制老旧小区建筑物鉴定评估标准、老旧小区改造技术标准，修订、完善轻钢结构住宅主体结构、集成技术、应用材料相关标准规程，制修订钢结构建筑防火、防腐、新材料、新技术相关技术标准，研究砖木结构和竹木结构建筑改造技术标准体系，修订停车场（库）设计规范，编制老旧小区改造验收标准、老旧小区住宅性能评定技术标准。

积极争取国家科技重点研发任务对老旧小区改造关键技术研究的资金支持，发挥行业骨干企业主导作用和高等院校、科研院所基础作用，完善以企业为主体、市场为导向、产学研用相结合的创新体系，开展协同创新，建立老旧小区改造技术创新服务平台、国家工程技术中心、国家重点实验室以及产业创新联盟，重点研发一批对产业竞争力整体提升具有全局性影响、带动性强的关键共性技术。重点研究不同地区、不同经济发展条件下的既有居住建筑改造工艺和工法系统，研究适用于老旧小区改造的海绵城市建设技术体系，研究老旧小区基础设施治理关键技术。

4. 群众工作

群众的理解、支持和配合是老旧小区改造工作顺利实施的关键。老旧小区改造必须着力切实改善和保障民生，解决好群众现实问题，充分尊重民意、依靠和发动群众，做好宣传引导工作。在改造项目的实施全过程，实施单位做到“事前征询、事中协调、事后评议”，不断提高管理标准，全面实施标准化管理，实现程序管理标准化、技术规范标准化、承发包管理标准化、施工现场管理标准化、群众工作标准化，强化工程监管、确保安全质量、赢得群众支持。实施方案必须在改造范围内公示，认真听取业主和居民意见，不断优化方案，在工程项目所在小区设立市民监督员制度，由居民参与评定和反馈工程的质量和效果。通过多种形式对老旧小区改造成果进行宣传，争取老旧小区群众理解、支持物业服务，培养群众缴费意识，提高群众对老旧小区物业全覆盖工作必要性的认识，做好老旧小区后续运营，巩固改造既有成果。

建立有效的居民利益协商机制。由政府、社区、居民、企业等组成协商委员会，明确各方责任，责任到人。充分发挥基层政府及其派出机关、居民委员会、业主委员会等力量，各方根据老旧小区实际情况确定协商内容，协商设计方案，提高对确定改造方案、居民个人出资、工程质量监督以及后期物业管理等协商事项的针对性、有效性，并通过小区议事会和民主听证会等多种协商形式，做好群众工作，避免出现“要更新他反对，不更新他后悔”的现象，在真正保障居民利益的前提下顺利开展更新工作。根据《中华人民共和国物权法》和《物业管理条例》中“权利和义务应与房屋权属关系相对应”的规定，老旧小区实施改造应遵循“权责相对，程序规范；产权明晰，互利共赢”的原则，针对房屋本体的改造更新，可以根据房屋产权关系确定责任主体，房屋产权人应承担改造更新责任，如房屋产权面积增加部分的费用；针对基础设施等公共部分的改造，按照“表前表后”原则进行产权明晰，明确企业和居民更新维护责任。

5. 监督考核

各地区、各有关部门要加强对老旧小区更新的监督检查，全面落实工作任务和各项政策措施。地方各级政府按照“全覆盖、全过程、属地化”原则，将老旧小区改造纳入政府绩效考核。市县人民政府加强监督检查，对老旧小区改造规划落实、资金落实、进度情况、工程质量、安全生产、群众满意度等内容实施全方位监管，及时发现并解决各种问题，坚决制止老旧小区改造过程中损害居民合法权益的行为。省级住房城乡建设部门会同相关部门负责本地区工作的督查检查，将半年工作进展情况、年度计划完成情况及土地供应开发情况报住房城乡建设部和相关部门。住房城乡建设部同监察委等有关部门建立有效的督查制度，定期对老旧小区改造工作进行督促检查。对老旧小区改造实行定期督查和通报制度，推广交流好的经验做法，对进展缓慢、效果较差的项目提出通报批评。对资金不落实、政策措施不到位、改造进度缓慢、质量安全问题突出的地方政府负责人进行约谈，限期进行整改等措施。对在老旧小区改造工作中滥用职权、玩忽职守、徇私舞弊、失职渎职的行政机关及其工作人员，依法依规追究有关责任人的行政和法律责任。

6. 性能评定

完善性能认定制度，制定《老旧小区住宅性能评定技术标准》是全面开展老旧小区改造工作的重要保障。住宅性能认定实行第三方认证，以保证认定结果能科学公正地反映住宅的综合性能水平。体现节能、节地、节水、节材等产业技术政策，鼓励开发商提高住宅性能。

住宅性能认定在我国是一项开创性的工作，住宅性能认定技术标准是我国住宅建设工程实践和科研成果的集中体现。2022 年 10 月 31 日，住房和城乡建设部发布新修订的《住宅性能评定标准》GB/T 50362–2022 并开始实施。住宅性能分为适用性能、环境性能、经济性能、安全性能、耐久性能五个方面;《住宅性能评定技术标准》就是对这五方面性能细分成定性定量的项目单独评价，并以此作为基础进行综合评定。

《老旧小区住宅性能评定技术标准》的编制就是要在《住宅性能评定技术标准》的基础上，以典型住宅及居住区综合改造示范工程为载体，建立一套完善的建筑技术评价体系。它为参与老旧小区改造的不同主体提供了一个共同的标准，从技术上服务于老旧小区改造的全过程，从组织管理上提供了统一对话的平台。

7. 示范推广

老旧住宅小区改造的示范推广，按照“以点带面、示范引领、整体推进”的思路，选择一批具有科学规划、精心设计、高质量实施，打造引领改造的亮点工程，总结经验做法，带动全国整体推进。鼓励各地探索采用公私合营模式（PPP）实施老旧小区改造，引导企业和业主共同体全程参与项目初期的规划设计以及后期的建设、运营管理和维护，因地制宜开展改造模式和机制创新示范。

6.4.2 老旧小区长效管理机制

老旧小区改造后的长效管理，可从国家层面出台有关政策，明确老旧小区后续管理主体，因地制宜、灵活多变，建管并重、重在管理，贴合小区实际，尊重居民意愿，建立“政府扶持、社区管理、物业服务、社会协同、公众参与”的长效管理机制，切实提高小区管理水平，维护和巩固改造成果，打造宜居社区。

1. 出台改造后产权问题的政策和法规

依据《中华人民共和国物权法》《中华人民共和国土地管理法》《中华人民共和国城市房地产管理法》《中华人民共和国城乡规划法》等法律法规，针对老旧小区改造带来的产权问题出台专项政策，妥善解决老旧小区改造后，容积率变化、房屋面积增加、户型变化、房屋功能变化、配套设施变化等带来的产权问题，对新增加的建筑面积予以房产确权。

2. 建立灵活适用的物业管理模式

老旧小区基础条件不一，其产权性质、房屋年限、业主结构、配套设施等方面差异很大，情况复杂。在物业管理模式上，可以根据综合整治后房屋、环境、配套设施、业主或使用人的经济承受能力，以及物业管理的实际需求情况，按照符合老旧小区实际、尊重居民意愿的原则，区分小区的不同情况和特点，采取灵活多样的后续管理模式，促进老旧小区管理的良性循环。

（1）规范化物业管理模式

对于配套设施相对独立、完善，有一定规模的老旧小区，通过公开招标引进专业化物业公司进驻管理，把管理权交给业主与物业。对于小规模、零散分布的小区，可以就近整合成规模较大的片区，实施统一管理。

老旧小区居民没有缴物业费意识，容易造成物业公司停止服务或降低服务标准，进而加深物业公司与小区居民的双方矛盾。初始阶段，所需物业管理费可以采用财政补贴与业主缴纳相结合的方式，并逐年提高业主交费比例，最终实现完全由业主缴纳物业费。当地政府还可以建立老旧小区物业管理税收减免制度，提高物业公司参与老旧小区管理服务的积极性。

（2）居民自治模式

达不到实施规范化物业管理标准的老旧小区，可以召开业主大会成立业主委员会，暂时不具备成立业主大会的小区，先由社区主导以楼栋或单元为单位，挑选公益心强的业主作为业主代表，选举成立业主代表委员会。业主委员会或业主代表委员会代表小区居民对小区实施管理，依法与房屋和设施设备维修、保洁、保安等专业服务企业签订委托管理和服务合同，以一个准物业的形式对小区进行物业管理，实施业主自我管理、自我服务、依法维权。待各项条件成熟后，可以由业主自行选择适合的后续物业管理模式。

（3）社区代管模式

对于条件较差且无法实施自治管理的小区，可以采用保障型管理模式。成立依托于街道的非营利性物业服务机构，广泛吸纳辖区就业困难人员，经培训上岗，通过向居民低收费以及多方筹措资金等方式，实现准物业管理的市场化运作，为居民开展简单的保洁服务和安保服务、公共设施维护服务等。

3. 建立小区内市政公用设施的管理机制

目前老旧小区的市政公共设施如供水、供电、供气、供热、通信、有线电视等分属不同主管部门，管理状况普遍不佳。老旧小区改造完成后，需要因地制宜，创建灵活管理机制，妥善解决老旧小区范围内的市政公共设施管理难题。

已实施标准化物业管理的小区，小区物业需按照《物业管理条例》的相关规定，承担小区内市政公用设施的管理、维修、养护责任；未实施物业管理的小区，当地政府应该协调各公用设施的主管部门，灵活采用政府委托代管、公用事业服务向小区延伸等方式，由供水、供电、供气、供热、通信、有线电视等单位承担物业管理区域内相关管线和设施设备维修、养护的责任。在收取市政公用设施费用时，应当考虑包含运营费和共用管网、设施设备的维修、大修、折旧费等费用。

4. 推行工程安全质量社会保险制度

加强与银保监部门合作，落实《关于推进建设工程质量保险工作的意见》（建质〔2005〕133 号），并制定工程质量安全保险制度配套法规和实施细则，以老旧房屋改造项目实施为契机，推行工程安全质量社会保险制度。利用保险机制，通过经济手段实施质量风险管理，构筑一个以市场力量为基础的工程质量保证新机制。保险期内，因工程质量问题导致的老旧小区二次更新，由保险公司提供改造经费，将政府从大量质量管理、调解经济纠纷等具体事务中解脱出来，理顺政府的职责，促进政府职能的转变和政府效能的提高，达到建筑市场的“多赢”局面。

5. 加强宣传引导巩固改造效果

（1）转变消费观念，推进物业化管理

基础设施建设与小区自治建设要同步进行。广泛开展宣传活动，组织工作人员深入小区和居民家中讲解政策，通过电视台、新闻、报纸等媒体进行宣传报道，营造良好的舆论氛围。积极引导居民转变思想、更新观念，树立“花钱买服务”的意识，自觉自愿地缴纳物业管理资金，逐步推进小区管理向物业化管理方向良性发展。

（2）提高居民维护环境意识

强化小区业主的主人翁意识，激发广大居民参与自治的热情，发动群众参与小区管理，提高居民维护小区美好环境的意识，倡导文明生活习惯，避免居民破坏改造更新后的小区公共环境。同时也要发挥社区志愿者的作用，多为小区管理提供必要的志愿服务，维持小区的美好环境。

第 7 章　案例

7.1　国外城市更新改造案例

7.1.1　英国北方传统历史街区更新政策

本文通过对英国北方传统历史街区更新利用政策的研究，为构建长效机制和更加健全的政策提供了一定的借鉴经验。英国各个阶段的街区更新利用方式为传统街区在社区治理下如何进行更新保护、规划建设方面的专业技术人才如何下沉到基层、各个利益相关方如何协同联系提供启示。

1. 英国传统住宅街区起源及现状

（1）传统住宅街区起源

1860—1900 年，英国北部为了适应工业革命带来的人口大量迁移，解决城市人口爆炸问题。大量建造多层联排住宅，即一种古典风格公寓式租住房，为移民劳动力提供可负担的租房。这些建筑通常是 2 ~ 5 层楼，沿街区围合，在城市中心高密度建造，统一高度沿街道整齐排列，形成具有古典街道立面的历史街区（图 7-1）。

图 7-1　典型联排住宅立面

（2）传统住宅街区衰败

由于战时多年的积压，到 1917 年仅英国北部地区就需要增加 236000 套房屋来满足住房需求。面对压倒性的需求，住房改革和新住房供应成了城市的主要问题，集约式的联排公寓成为工业化城市的首选，这种廉价租用房开始大面积占据街区，成为市中心最有效、最经济的住房形式。20 世纪 50 年代，联排住宅中的租户贫困状况逐渐恶化，由于公共财政援助非常薄弱，住区衰败的问题无法得到缓解。

（3）更新前状况

20 世纪 90 年代，由于业主分担高昂成本，房屋共同维修成为一个持续的技术和社会问题。主要维修问题表现在侵蚀的立面、腐烂的屋顶元件（檐口、植被、山墙）、扭曲的开口等（图 7-2 ~ 图 7-5）。

图 7-2　爱丁堡 Market 街山墙剥落

图 7-3　爱丁堡 Market 街檐口腐朽

图 7-4　格拉斯哥 Gorbals 街区植被侵蚀

图 7-5　格拉斯哥 Gorbals 街区山墙剥落

在 2010 年，英国住房状况调查报告称，近 60% 的住宅结构年久失修，其中一半以上需要紧急维修。英国北部有近 50 万套 1919 年以前的住房，其中 90% 以上为私人所有。2011 年英国北部房屋状况调查报告中提到超过四分之三的“传统联排住宅”有结构稳定性的问题。2017 年的数据虽然略有改善，但仍然表明，整个传统联排住房存量中有超过三分之二的主要构件已年久失修。

2. 不同阶段更新政策

进入 20 世纪以后，英国政府认识到传统街区质量恶化带来的城市卫生、城市安全等问题，开始用制定国家政策方式来解决环境衰败、住房需求等社会问题，针对不断演变的社会情况而颁布的一系列旧城更新策略及政策在城市规划中占有重要地位。

在不同阶段，英国出台了不同操作主体下对传统街区的保护政策，每一个发展阶段都呈现不一样的思路与特点，也侧面印证了更新的方法同时代与社会背景的变化而持续演化。

英国城市街区保护政策和更新是随着城市更新理念而变化的，根据不同的操作主体可分为四个阶段：政府主导强制拆除、政府主导半福利更新、企业主导开发式更新、社区主导再生。

第一阶段：政府主导强制拆除。20 世纪 50 年代为了满足战后住房需要，根据卡林沃斯报告修订的更新标准，由政府主导并提供公共资金支持，提高城市传统街区环境。

第二阶段：政府主导半福利更新。20 世纪 60—70 年代经济增长和社会水平的提高，借用社区力量进行自下而上的保护更新。

第三阶段：企业主导开发式更新。20 世纪 90 年代经济增长趋缓，公共补助紧缩，为了解决城市衰退问题，主张以市场开发导向对传统街区进行更新。

第四阶段：社区主导再生。鼓励社区进行自助式保护，2004 年《物业法》和 2006 年《全面提升计划》提供业主和社区全面专业咨询平台，提高社会力量对公共项目的影响。

（1）政府主导强制拆除

20 世纪 30 年代，政府尝试以公共卫生为出发点，制订最低卫生要求法案以改善衰败的街区，但由于考虑不充分未能很好地实施。

第二次世界大战后，低收入家庭散布在人口稠密和被遗弃的传统街区中，根据 1954 年的《住房法》要求，不满足居住条件的房屋需被强制拆除，随后于 50 年代末开始了针对这种城市中的贫民窟的清理工作。

20 世纪 60 年代开始，由于社会潮流和经济发展情况的转变，一系列关于清理城市中传统联排住宅街区项目大量展开。

（2）政府主导半福利更新

表 7-1 为英国北方社区导向的城市更新四个阶段。

英国北方社区导向的城市更新阶段　　表 7-1

	第一阶段	第二阶段	第三阶段	第四阶段
理念	清理贫民窟	福利社区更新	市场导向开发	人本主义社区复兴
效果	物质面貌更新； 城市功能丰富	贫富差距缩小； 社区质量提高	社区自信提升； 旧城活力提高	重视经济、文化和公众参与

续表

	第一阶段	第二阶段	第三阶段	第四阶段
问题	社会责任沉重； 原住民迁离； 过分重视物理环境提升	政府财政压力沉重； 可实施地区较少； 更新地区的经济结构并未提高	人口置换严重的绅士化； 贫富差距大； 忽视对贫困阶级的考虑	财政紧缩影响效果； 社区责任加大，却没有实权

在一系列“城市绅士化运动”的基础上，政府明确制定关于历史街区改善标准，主要是审查不适合居住条件的街区，提出修改建议。政府部门通过公共资金支持，强力推广对传统联排街区进行更新。

1968 年，著名的“卡林沃思报告”制定了“可容忍标准”。作为第一个综合性住房质量标准，该标准确定了街区是否为贫民窟的审查依据，任何低于标准的房屋都要接受改造或拆除。卡林沃思报告通过公共资本补贴形式，强调业主在财政支持的帮助下进行所需的改善工程，实现了贫民窟住房向私有制转变。这一政策依靠政府大力调控实现了全国规模的住房质量提升，虽然在实施过程有许多矛盾，但是经过改进后的街区质量明显提升，为后来能够实现这些历史街区的整体再生做好了基础工作。

（3）企业主导开发式更新

1974 年，《住房法》对住房立法进行了重新调整，鼓励在城市发展计划之下以社区力量为主进行历史街区更新。通过建立社区住房协会积极鼓励当地历史街区通过开发再利用进行改造，并且从规划角度上对传统历史街区空间保护再利用提供了具体的行政管理手段和依据，是传统历史街区保护再利用的直接动力。

（4）社区主导自主再利用更新

2003 年，政府颁布“住房提升任务”。在低于可容忍水平的住房显著减少之后，报告取消对房主的补贴，强调业主责任制度，鼓励住户及业主对自己的财产承担适当的管理和维护责任以保证历史街区的长效发展。2004 年，《物业法》专门针对传统的联排住宅及所在的街区，规定了物业的维护和管理结构，强调了维护传统住宅的个人权利和义务，详细制定了住房产权契约、维护管理的规定等。

7.1.2 伦敦罗斯蒙特三角地块旧城改造

1. 基本情况

罗斯蒙特三角地块是两条铁路主线和一条城市主干道围合的规模较小的密集居住区。居住片区的大部分建筑建于 20 世纪初，主要的建筑在 20 世纪 60 年代建成，部分年代久远的建筑已经属于危房。居住片区内的居民主要是一些低收入者或者短期的租赁者。地块的主要问题有：铁路线的穿越，失败的地产开发，严重的停车问题和不适合的办公环境导致商业境况不佳等。

2. 更新机构

通过与规划部门协商，PTEa 获得了片区改造的规划许可证，编制了针对整个居住片区的结构性规划。为了保证项目开发的顺利进行，PTEa 还邀请了主要的土地所有者以及一家私人地产开发商参与合作，在保留现有可利用建筑的基础上，改善居住区环境，形成稳定社区，提升土地和房产价值，并从中获利。

3. 改造目标

（1）安置现居住在该片区的低收入租户；

（2）整修维护历史老建筑，协调融入可持续的新建住房；

（3）加大居住开发强度，新建多种单元尺寸的高品质住宅；

（4）组织所有房东重新分配社区管理和维护的责任；

（5）充分利用有潜力的工业和荒废的铁路用地新建可私人所有的商品住宅，形成产权形式多样化的居住社区；

（6）对居住区进行整体更新改造，改善绿化景观环境，加强交通管理。

4. 更新方式及成效（图 7-6、图 7-7）

（1）改造地块内废弃的工业用地，并转卖给城市住宅联合协会，利用政府拨款和私人基金，专为低收入租户提供保障性住房。

（2）新建景观公园提升环境品质，并在其周围开发居住用房。

（3）对于年代久远的旧建筑，住房协会利用政府资金进行拆除和重建，就地安置原有的租户，新住宅以现代理念与保留的历史建筑取得协调。

（4）大量新建住宅的开发，使改造地区不再是贬值的孤立地块，随着地价上扬的趋势，PTEa 开展了新一轮的开发建设。

（5）对于现有地区文脉、特征的保留起到了积极作用，少量的私人住宅被保留，并将原有共用屋内设施的住房改造成为拥有自带厨卫的独立住房单元。住房单元的改造在保留历史传统肌理的前提下，满足居民的现代化居住需求。

（6）对于被拆除住宅，回迁的租户可入住整修改造过的沿街公寓或新建住宅。此外，多余的住宅将会作为“产权共享”住房（购买部分产权，交付部分租金，以帮助低收入者获得产权）。

经过数年的土地收购整合，该地区成功转变成一个融合了办公、作坊、私人别墅以及当地自然保护区的综合区，并形成稳定的保障性住房和活跃的市场住房的居住格局。

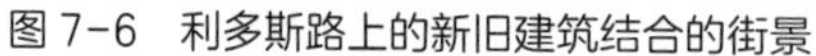

图 7-6 利多斯路上的新旧建筑结合的街景

图 7-7 典型的沿街翻修住房

7.1.3 英格兰本斯海姆和索尔特维尔旧城改造

1. 基本情况

盖茨黑德坐落于英格兰东北部的泰恩河南岸，本斯海姆和索尔特维尔是盖茨黑德市水边区域和文化长廊的重点之地。本斯海姆和索尔特维尔历史悠久，可追溯到 19 世纪早期。该地区的住宅多为泰恩式公寓，并以组团形式而建，在尺寸、体量和高度上保持了一致性，同时也具有各色各样的建筑细部。

20 世纪 80 年代，盖茨黑德的建筑遗产被认可，并建立了相应的保护措施。更新的工作由盖茨黑德市政府及相关的城市更新机构负责。

2. 更新方式

（1）政府计划阶段

盖茨黑德市政府递交了盖茨黑德房地产革新试验的计划书，获得了 6900 万英镑的革新试验基金。其后，政府进行了前期分析和框架计划，它提供了连接住房、环境、循环、社区和街区管理为目标的一个空间复兴计划。

总体规划包括在旧厂房建筑上的现代扩建部分以及新旧建筑整合组成和谐有序的滨水地带开发。

（2）地区改造

索尔特维尔地区：更新改造废弃街道以提供高质量住房的选择；新建开敞空间和大力改善的公众领域；将对索尔特维尔路和保留下的住宅进行全面美化，改善绿化，提高环境质量；社区设施群将通过设施分享计划联合投入使用（图 7-8）。

大道地区：市政府采用 4∶1 的资金分配比例来修缮房屋，即市政府提供修缮总费用的 80%；各住户出剩余的 20% 来修复住房，住户必须在规定的时间内完成自家的修复并且住满一定的年限。同时，通过街道绿化，改造公共空间，划定“住家区域”以减少私家车的使用，对后巷进行改造等。

科兹沃兹地区：传统的街边零售店被升级为一个更加可行的商业中心；改善公

图 7-8　索尔特维尔公园边联排式住宅

众领域环境和减少交通流量；在废弃空地建立新建住房；泰恩式公寓被改建成独立家庭住宅；全面改善社区内的公共设施群和开敞空间，鼓励社会内聚性。

（3）公众参与

在本斯海姆和索尔特维尔有 3300 人参与了 35 个咨询事宜。盖茨黑德市政府对参与者的活动非常重视，确保达到地区和人口上的平衡。咨询的方法包括了设立研究小组、与利益相关者面对面地交谈、住户调查、外展工作和学校项目。

（4）居住者的所有权

居住者的所有权是开拓者革新试验的重要部分，保护当地房东的利益既可以稳定房地产市场，也能提高当地的私有投资。共享所有权是市政府提出的一项机制，使当地资金有限的居民可以获得房屋的所有权成为可能。

居民和市政府一起购买房产，然后居民分月付给政府属于政府部分的房产租金，直到居民有足够的资金能力可以买下全部房产。

（5）福利计划

住区的福利还包括了提供地方培训和工作机会的计划，以减少本斯海姆和索尔特维尔的失业率。这项计划历经了 10 到 15 年，整个地区就业机会呈现一个可持续性的提高。

3. 改造成效

虽然试验革新项目的物质利益是可观的，并且很有可能促进经济的增长，但房地产价值的升高所带来的社会压力也使得本斯海姆和索尔特维尔的居民不堪重负。住房市场革新社会经济试验已经做了特别规划以鼓励房地产市场，同时确保适当的住房选择。重新组建的空间和迁入的富裕居民，使得部分当地居民无法适应新的环境。虽然试验革新已经在许多大小规模的复兴活动中被实施，但仍然需要制定一些措施来保护当地的居民和商业避免因无法承担过高的租金而被挤出社区。

7.1.4 韩国首尔大光小区集合住宅改造案例

1. 项目介绍

韩国首尔大光小区建于 1972 年，小区面积为 1.6hm^2，容积率为 1.9，建筑密度为 0.6，停车率为 0.3 辆 / 户。小区共有 5 种户型总计 348 户居民。韩国是一个以丘陵为主的国家，地形起伏较大，小区位于山丘之上，海拔比周边地区高，视野较好，同时小区内部地平比小区前道路中线高 18m。

由于小区建于 1972 年，多数的门窗都已老化，个别居民虽然对门窗进行更换，但是由于没有考虑到整体效果，使建筑立面不能统一。小区只有一条人车混行道路可以进出，停车位占据了小区中心院落的绝大多数面积。结构方面，大光小区采用的是框架结构，而不是砖混结构，为改造提供了很大的灵活性。经济方面，小区户型面积多为 60m^2 以下，居民多为中下收入者，所以在改造中经济性的考虑显得尤为重要。同时小区中的老年人比例比新建小区高，所以改造中必须考虑无障碍设计。

小区已经不能适应社会发展和居民生活的需要，居住和环境等方面暴露出的问题越来越多，从调查中发现问题主要有：室内使用面积狭小；停车面积严重不足；坡度陡，攀爬吃力，尤其对于老幼和残疾人士更为困难；绿地少，公共活动场地和设施严重不足，影响居民生活质量和相互交流等。

2. 改造方法

（1）外部空间

1）停车空间

大光小区的停车空间是改造的重点。现有状况是停车基本占据了小区内的所有可用空间，包括道路一侧、游戏空间和绿地，使小区显得十分拥挤。即使利用完所有空间后也只能停 100 辆车左右。按照每户 1 个车位来设计，小区共有 348 户需要 348 个车位。在小区椭圆形部分大约有 250 户居民，约需要 250 个车位，现在围合院落充分利用也只可以停 60 辆左右，加上停在道路一侧的 10 个车位，仍需建 180 个车位来满足需要，而且不能增加绿地和公共活动空间。

要解决这些问题，就必须扩展主要的停车空间。按照最低标准，要建设 350 个车位，最少也需要大约 6500m^2 的面积，如果建地下停车场，需要更大面积。为此，提出以下两个解决方案。

①区外解决。

通过城市建立大型的集中停车场，不但可以解决一个小区的问题，同时还可以解决周边住区集体的停车问题。这样就可以利用更多空间来绿化，建立公共活

的主体则主要由私人开发公司和社区团体组成。

7.2　我国老旧小区改造案例

7.2.1　漕北大楼高层住宅楼综合改造

1. 案例概况

漕北大楼位于上海市徐汇区漕溪北路 750 号，始建于 1975 年，竣工于 1976 年 12 月，时名“徐汇新村”。该建筑群由 6 幢 13 层及 3 幢 16 层高层住宅组成，总建筑面积 75195m^2。徐汇新村项目为上海市第一批高层住宅建筑群，为上海 20 世纪 70 年代著名的标志性建筑群之一。

作为全国特殊奥林匹克运动会的工程，结合节能减排目标，2007 年 9 月完成了漕北大楼 9 幢高层住宅楼（共计 75195m^2）进行全面的节能综合改造，提高其建筑整体性能，改善区域环境，使漕北大楼重新成为该区域建筑的亮点，图 7-9 为改造后建筑外立面。

图 7-9　改造后建筑外立面

2. 项目改造前存在的问题

1995 年对漕北大楼进行了外立面装饰和加层改造，至改造前已建成十多年，改造前的项目存在着一些问题，主要有以下几个方面。

（1）外墙饰面安全方面

十多年的风雨侵蚀，建筑北立面原有的竖向装饰构件局部缺损，建筑物部分屋面和墙面出现不同程度的渗水现象，墙面面砖部分起壳，随时有掉落的危险，图 7-10 为项目改造前外墙饰面。

图 7-10　项目改造前外墙饰面

（2）外墙附属物方面

阳台外侧各住户自行安装的球门式晾衣架、空调外机架、遮阳棚等外墙附属物繁多，形式五花八门，安装随意性大，有的已锈蚀，存在安全隐患（图 7-11）。

图 7-11　项目改造前外墙附属物

（3）环境状况方面

徐家汇地区作为上海市副中心的地段优势日渐突显，漕溪北路这一路段成为徐家汇商圈的重要组成部分，漕北大楼建筑立面美观与否直接影响这一地区的城市景观，因此，建筑立面的外观不容忽视。而阳台外侧各住户自行安装的球门式晾衣架形式、位置不统一，空调外机架、遮阳棚等外墙附属物形态各异，安装随意性大，对街景造成较大影响（图 7-12）。

图 7-12　原建筑阳台多数被居民自行封闭，形式纷杂

（4）建筑节能方面

改造前该住宅楼的单位面积能耗值为 50.59kW・h/m^2，未达到改造时 50％的节能要求。

3. 改造目标

（1）提高历史建筑的耐久性和安全性

长期使用过程中，原建筑的门窗、外墙、居民自行安装的空调机架和晾衣架等设施都有不同程度的损毁，安全性下降，极易造成隐患。本案例采用先进技术，修复破损部分、统一安装空调机架和晾衣架，提高了建筑物外立面的安全性。同时，本案例采用的外墙外保温技术除了起到提高围护结构热工性能的作用，还能显著提高外墙的热稳定性，减少热应力，防止墙面渗水，避免外墙冻融现象，给建筑物增加了一层保护壳，有效延长建筑寿命、提高建筑物的耐久性。

（2）以人为本，完善使用功能，体现政府“为民办实事”的宗旨

“历史街区的三个重要特征：历史真实性、生活延续性、风貌完整性”。漕北大楼至今仍有千余户居民生活在其中。本案例充分考虑“以人为本”的设计理念，不仅考虑到建筑改造后与区域整体环境的协调，同时在改造过程中充分听取居住者的意见，优化改造方案，提高居住质量。

随着社会经济的发展，人们的物质文化需求不断提高，原先的住宅功能亟须进一步完善。外墙面综合改造工程以及节能保温等措施，将政府便民、利民、为民的方针落实到实处。在提升居民居住舒适度的同时，整洁美观的住区环境有利于形成良好的社区氛围，增加人们对家的归属感、对生活的热爱，有利于和谐社会的创建。

（3）延续历史文脉，美化城市“窗口”，保持城市景观风貌完整性。

建筑以其体态特征、色彩和空间构成等独特的方式呈现历史信息，展现时代烙印。本案例发掘里程碑建筑的文脉特征，最大限度地保留历史风貌。

4. 改造技术

（1）屋面改造

移除原先屋面的架空预制板，将屋面防水层清除至结构层，然后按下列顺序施工：

1）轻质混凝土找坡层压光

2）2mm 厚聚氨酯防水涂料

3）粘贴三元乙丙防水卷材（3mm 厚）

4）35mm 厚挤塑聚苯板保温层

5）0.5mm 厚塑料薄膜隔气层

6）钢筋混凝土整浇层

（2）墙面改造

外墙面原先为米黄色面砖外饰面，本次节能改造采用 35mm 聚苯乙烯泡沫板（EPS）外墙外保温系统，涂料饰面。

主要施工工序为：基层处理——刷界面剂一道——配专用黏结砂浆——预粘板边翻包网格布——粘聚苯乙烯泡沫板——钻孔及安装固定件——板打磨找平、清洁——刷界面剂一道——聚合物砂浆——埋贴耐碱玻纤网格布——抹聚合物砂浆。

（3）外窗改造

将原有单层钢窗改造为铝合金中空玻璃窗。

外窗系列确定：推拉窗及固定窗为 88 系列；型材壁厚及质量按国家标准 GB/T 5237-2004 验收。

外窗玻璃的确定：外窗选用 5mm+6A+5mm 中空玻璃，卫生间配磨砂玻璃，并且按《建筑玻璃应用技术规程》JGJ 113–2015 的要求进行验收。

（4）外墙附属物改造

在本次综合改造实施过程中，将建筑外立面上的空调外机架进行统一设置，并用热镀锌角铁作为空调室外机机架，另外用不锈钢冲孔板制作空调室外机外罩。建筑外立面空调外机凌乱的现象得到整治，大大提高了外立面的美观度。

每户的晾衣架由球门式改为不锈钢伸缩式，增加了外立面的整洁度，也消除了由于球门衣架带来的安全隐患（图 7-13）。

（5）小区绿化改造

随着人们生活水平的提高，公众对建筑立面的变化和小区绿化环境也有美的追求。本次改造时，在建筑群 5 ~ 11 层正对漕溪北路的东立面，安装了外墙花架，用于摆放鲜花盆景，使绿化与建筑融为一体，增加了建筑的美感，区域环境得到美化。同时，在本次改造工程中，对小区内的绿化区域进行了补种，使得小区环境更加宜人（图 7-14）。

图 7-13　改造后空调机架及晾衣架

图 7-14　改造后绿化

（6）小区二次供水改造

小区内进行了二次供水改造，改造的内容包括供水水箱、水池、管道、阀门、水泵、计量器具及其配套设施，改造过程中将居民楼套室内管道外移（包括水表外移），如图 7-15 所示。

（7）新增健身设施

小区内新增健身休闲设施，包括划船器、伸展器、跑步机等器械，为居民锻炼身体提供方便，图 7-16 为新增健身设施。

图 7-15　二次供水改造

图 7-16　新增健身设施

（8）无障碍设施

无障碍设施是残疾人、老年人、孕妇、儿童等特殊群体参与社会生产、活动的必要条件，是完善城市功能、提升城市形象、展示城市文明建设和社会文明进步的重要标志，小区改造过程中充分考虑老年人使用习惯和适老化的设施建设，对公共空间进行适老化改造，安设或修改无障碍设施，保障老年人的正常使用（图 7-17）。

图 7-17　无障碍设施

（9）先进的评估方法

本案例采用的建筑能效评价方法参照了美国住宅能效服务网（RESNET）的建筑能效评价体系，包含建筑能效评价方法和相对应的评价标准。

本案例将 RESNET 的建筑能效评价方法作了适当调整和改进，结合国家和地方现行节能标准，考虑上海地区气候条件以及上海市对老旧小区节能改造的具体要求，提出了全新的建筑节能评估方法和评价标准。

1）标准节能建筑

与被评估建筑的外形、大小、朝向、内部空间划分和使用功能等基本信息相同，而围护结构热工性能和用能设备效率等参数符合上海市现行节能标准的比照建筑。

2）能效指数

以标准节能建筑的能耗值为 100，以没有净能源输入的建筑能耗值为 0，以此作为能效指数的比例尺度，每一等分代表被评估建筑相对于标准节能建筑 1% 的能耗差值，由此计算出被评估建筑的能效指数。

3）能效等级

被评估建筑的能效指数按下式计算，能效指数低于 100 的建筑符合节能标准要求，而能效指数大于 100 的建筑不符合节能标准要求。

$$\text{能效指数}=100+\frac{\text{被评估建筑能耗值}-\text{节能基准建筑能耗值}}{\text{节能基准建筑能耗值}}\times 100$$

能效等级根据被评估建筑的能效指数划定，当能效指数低于 100 时，划分为 5 个等级，从“★级”到“★★★★★级”，其中“★★★★★级”的建筑能效水平最高；能效指数高于 100 时，划分为 5 个等级，从“未达标 I 级”到“未达标 V 级”，其中“未达标 V 级”的建筑能效水平最低。能效等级划分方法如表 7-2 所示。

能效等级划分方法　　表 7-2

能效等级	能效指数 *EEI* 范围
未达标 V 级	$200 < EEI$
未达标Ⅳ级	$175 < EEI \leqslant 200$
未达标Ⅲ级	$150 < EEI \leqslant 175$
未达标Ⅱ级	$125 < EEI \leqslant 150$
未达标Ⅰ级	$100 < EEI \leqslant 125$
★	$90 < EEI \leqslant 100$
★★	$80 < EEI \leqslant 90$
★★★	$70 < EEI \leqslant 80$
★★★★	$60 < EEI \leqslant 70$
★★★★★	$0 \leqslant EEI \leqslant 60$

5. 改造效果分析

在漕北大楼节能综合改造工程完工后，对该工程进行了节能改造后评估，评价其节能改造效果。

（1）围护结构热工缺陷

采用红外热像仪拍摄的漕北大楼外立面的红外热像图（图 7-18），通过分析，漕北大楼节能综合改造工程中外墙外保温施工质量良好，无明显热工缺陷。

图 7-18　改造后外立面实景图与红外热像图

（2）围护结构热工性能

对屋顶和外墙的传热系数进行了现场检测，改造后墙体围护结构热工性能明显提高，表 7-3 为改造前后围护结构热工性能比较。

改造前后围护结构热工性能比较　　表 7-3

改造部位	改造前传热系数 W/（$m^2 \cdot K$）	改造后传热系数 W/（$m^2 \cdot K$）	传热系数降低幅度
外墙	3.23	0.93	71.2%
屋顶	3.70	0.75	79.7%
外窗	6.40	3.50	45.3%

（3）隔声降噪

本案例地处交通主干道，车流、人流密集，噪声很大。此次综合整治方案的建筑外窗采用中空玻璃，气密性较原先的钢窗有了很大提高，隔声效果明显，很大程度上减缓了噪声对居民日常生活的干扰，提高了居民的居住质量。

（4）舒适度提高

本案例通过漕北大楼外围护结构的节能改造，即对外墙、屋面实施了外保温施工，将外窗由单玻钢窗改为铝合金中空玻璃窗，大大改善了建筑本身的热工性能，即夏季隔热、冬季保温，降低了建筑物的采暖空调能耗。对居住者而言，不仅提高了居住舒适度，还能节约空调电费。

（5）节能减排

通过节能评估和计算分析，在标准运行使用工况下，每幢 14 层住宅楼每年可节约用电 142729kW · h，折合标准煤约 50.5t，减少二氧化碳排放约 107.0t；每幢 18 层住宅楼每年可节约用电 163192kW · h，折合标准煤约 57.8t，减少二氧化碳排放约 122.4t。

因此，经过节能综合改造，漕北大楼每年共节电 1345950kW · h，折合标准煤约 476.5t，减少二氧化碳排放约 1009.5t。同时，住宅室内热舒适度得到明显改善，在同样气候条件下，夏季室内温度比改造前可降低 2 ~ 4℃。图 7-19 为漕北大楼的建筑能效证书。

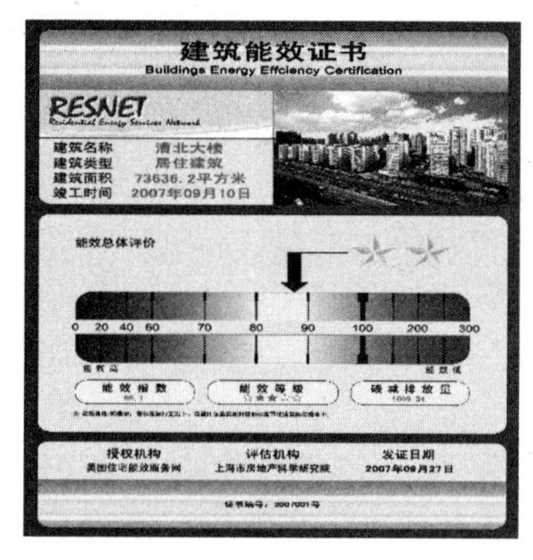

图 7-19　建筑能效证书

6. 改造经济性分析

（1）工程项目投资概算

本工程总投资为 2900 万元，其中建安工程费 2500 万元，设计费 50 万元，审图费 8 万元，监理费 75 万元，不可预见费用 250 万元，其他费用 17 万元。

（2）示范增量成本概算

本工程节能改造部分增量成本按建筑面积折算分别为：

①外墙外保温系统成本为 60 元 /m^2（105 元 /m^2 施工面积）；

②屋顶保温系统成本为 4.5 元 /m^2（64 元 /m^2 施工面积）；

③节能外窗成本为 53 元 /m^2（320 元 /m^2 外窗面积）；

④节能改造增量成本共计 117.5 元 /m^2，仅占工程总投资的 30%。

7. 改造的推广应用价值

漕北大楼 9 幢高层住宅的综合改造工程，不但提高了建筑围护结构的热工性能，降低了采暖空调能耗，还解决了外墙立面的安全隐患，提高了建筑物的安全耐久性能，同时大大改善了小区的居住环境，提高了居民的生活舒适度。并且，该项目在实施过程中，广泛听取居民意见，与百姓形成互动，体现了“以人为本”和“为民办实事”的宗旨。

旧房节能改造利国又利民，百姓的参与能使该工作做得更好。漕北大楼在改造前，居委会就发放了意见征询表，广泛听取百姓意见，还组织了 5 次听证会。每次听证会均由楼组长、业委会、居民代表、物业管理等各方参加，集思广益。百姓的参与对改造方案得以细化、优化起到了很大作用。

由于近年来生活水平有了较大提高，采暖空调能耗大幅上升，提高老旧小区节能改造的群众参与度对老旧住宅而言，节能与改善居住质量能够实现双赢，使老旧住宅的节能改造成为真正的“民心工程”。

老旧小区的节能改造与新建建筑的节能有很大的区别，除了节能技术实施的难度较大外，还会涉及建筑附属物、绿化、二次供水、健身设施、无障碍设施等的改造，另外对老百姓的宣传、解释、信息交流、参与等都会增加整个改造工程的难度和工作量，漕北大楼的改造在这方面积累了良好的经验，该项目的顺利实施为本市及其他省份的老旧小区节能改造工作提供了有益的借鉴和示范作用。

7.2.2 乌鲁木齐市操场巷小区综合改造技术集成示范工程

1. 案例概况

乌鲁木齐市操场巷小区位于乌鲁木齐市新民路和红山路的交汇处，属城市繁华区域。该小区是于1984—1990年所建的8栋6～7层清水墙单元式住宅小区，建筑面积为21736m²（共349户），砖混结构，设计抗震设防烈度为7度，一梯三户共7栋，一梯两户1栋。

该小区建筑物特性：砖混结构外墙；炉渣保温屋顶、SBS防水；原设计为非封闭式阳台；外窗均为双层钢窗；城市热力集中供热；采暖系统采用四柱760散热器，上供下回水平串联。屋面清水墙墙体风化剥落，悬挑阳台底板、顶板、厨房、卫生间部位、顶层室内热桥现象严重；冬季采暖期室内温度低，结露发霉现象十分严重。

本示范工程于2008年7月15日正式开工；同年10月16日，在质量监督站监督下，五方验收一次通过。

2. 改造目标

乌鲁木齐市政府启动了中德合作老旧小区节能改造工程并将操场巷小区列为第一项既有居住建筑节能改造重点启动项目。经与德方专家多次探讨，最终形成改造方案——对8栋单元式住宅建筑采用“4-2-2”方式实施改造，即4栋采用小改方案使之达到节能50%标准，2栋采用中改方案使之达到节能65%标准，2栋采用大改方案使之达到大于节能65%标准。

（1）本示范改造项目目的

1）进一步节约建筑采暖耗能，缓解乌鲁木齐市采暖期污染严重的局面；改善该区域大气环境质量；

2）为乌鲁木齐市老旧小区达到节能50%、65%的目标以及实现低能耗建筑提供示范借鉴，推动乌鲁木齐其他老旧小区节能改造工作；

3）根据实际情况，探索出一系列适合乌鲁木齐地区乃至中国北方采暖地区的技术方案、融资模式、住户参与模式和施工管理方法；

4）学习借鉴德国老旧小区节能改造方面成熟的经验；

5）为按热计量收费提供依据。

（2）选择确定本改造示范小区的原则

1）1984—2002年期间建造的老旧小区；

2）采暖期热桥引起房屋结露现象严重；

3）单位、居民对改造的积极性比较高；

4）居民收入相对稳定，能承担改造费用；

5）成片小区综合改造。

（3）改造前后对比照片

1）外墙（图7-20）

图7-20　外墙改造前后的比较（左图为改造前；右图为改造后）

2）屋面（图7-21）

图7-21　屋面改造前后的比较（左图为改造前；右图为改造后）

3）单元门斗（图7-22）

图7-22　门斗改造前后的比较（左图为改造前；右图为改造后）

4）外窗（图 7-23）

图 7-23　窗户改造前后的比较（左图为改造前；右图为改造后）

（4）项目运用技术介绍

本工程采用综合节能改造技术，主要采用的新技术有：

1）140mm 外墙聚苯板外保温体系；

2）住宅同步呼吸新风系统；

3）室内自动温控系统及热量计量；

4）屋面聚氨酯发泡防水保温体系；

5）65 系列单框三玻塑钢窗加密封胶条；

6）安装电子对讲、声控防盗保温钢门；

7）安装太阳能庭院灯。

（5）改造后运行的实际效果、环境效益和社会效益

2008 年 10 月 16 日，由市建委项目办、市质监站、市建管中心、市设计院、监理单位、市房产集团公司和施工单位共同对操场巷小区综合改造技术集成示范工程进行竣工验收，并通过验收。至此，历时一年多，备受各界关注的首个中德合作项目操场巷小区综合改造技术集成示范工程胜利完成。

2008 年 10 月 30 日，中德技术合作项目中期评估组专家、领导对中德技术合作操场巷小区综合改造技术集成示范工程进行了中期评估。德方专家对工程给予了高度评价，特别是三种不同的改造方式所得到的数据，为不同的节能效果提供了可比较的依据，具有较高说服力。中德项目办主任表示操场巷小区综合改造技术集成示范工程，在群众工作、施工体系、管理模式和技术规范等方面所取得的成功经验，要及时进行总结，并在以后的节能改造工作中加以推广和运用。

操场巷小区综合改造技术集成示范工程是 2008 年乌鲁木齐政府计划改造的 55.0 万 m^2 既有居住建筑和公共建筑节能改造重点工程之一。55.0 万 m^2 老旧小区改造后每年可减少采暖耗标准煤超过 11000t，减少对大气的烟尘排放及二氧化硫

排放，老旧小区节能改造工程对乌鲁木齐来说是一项主要的环保工程；通过此项工程的实施形成良性循环，推动全市节能改造、污染治理的全面开展，是造福当代、惠及子孙的民心工程。

（6）改造经济性分析

1）资金投入

总投资900万元。其中：政府配套资金450万元，产权单位自筹230万元，中德技术合作公司支持120万元，单位、居民自筹100万元。

2）各单体工程竣工结算造价汇总（表7-4）

各单体工程竣工结算造价汇总表　　表7-4

既改方案	单体名称	竣工结算造价（元）
小改方案	61号	851577.00
	63号	793589.25
	64号	933512.49
	67号	937400.05
整改方案	62号	1429165.09
	65号	941230.69
大改方案	集资住宅楼	1031063.85
	发展改革委住宅楼	1100382.02
总计		8017920.44

（7）改造的推广应用价值

1）在施工过程中，举办了工程质量培训班，并介绍了如下重点内容：

①工程质量的概念，每个工程参与者，即从操作工到建筑师应负的责任；

②保温系统工程一般性介绍及对中德在保温工程标准方面的差异的描述；

③质量工作应从工程设计阶段开始介入，入户调查，和产权人协调，施工前检查设计资料并在必要时和设计人员澄清设计中的差异点；

④对待保温的建筑物作前期准备，更换窗户，测量外墙平整度，作锚栓拉拔试验，补修墙面局部受损面，铺设外墙保温层；在培训中还列举了具体的施工方案；

⑤介绍了在整个施工过程中经常性的质量检查的重要性。

2）严格的招标投标程序

本示范工程由乌鲁木齐市政府投资建设工程管理中心委托招标代理机构新疆西北招标有限公司，确定两家施工单位，和一个监理单位。

3）现场的协调

现场协调包括：协调会制度、细部节点的处理、文明施工、进度的及时调整、德方专家的现场指导等。

7.2.3 特变·水木融城老旧小区综合改造技术集成工程

1. 案例概况

特变·水木融城项目的所在地，前身是昌吉市化肥厂，2006 年新疆特变电工房地产开发有限公司响应昌吉市政府的号召，本着盘活国家不良资产、推进发展城市建设的目的，2007 年特变·水木融城项目的开发正式启动。

改造计划主要针对 8 栋保留的住宅楼（图 7-24），总建筑面积为 16606.5m^2，建设时间从 1989 年到 1993 年，建筑结构类型为砖混结构，地上 5 层，地下 1 层，外墙为 370mm 厚实心砖墙，内隔墙为 240mm 厚实心砖墙，楼板为预应力空心楼板。

图 7-24　特变·水木融城规划总平面（图中涂黑部分为 8 栋既有住宅楼）

由于建设时新疆还未强制实行建筑节能，故 8 栋老旧小区外围未作任何保温措施，单元门为木制弹簧门，入户门为木门，外窗为单层玻璃空腹钢窗，阳台为开敞式阳台或单层玻璃空腹钢窗封闭阳台（图 7-25、图 7-26）。

特变·水木融城老旧小区综合改造技术集成示范工程，于 2007 年年底开始，陆续对原住宅的暖气主管网、电力外网、电表计量系统、自来水水表计量系统、建筑外墙保温、屋面防水、屋顶保温、外窗、单元门、建筑外立面、户外景观、户外照明等进行了改造，2008 年 12 月工程整体完工（图 7-27）。

图 7-25　既有住宅改造前正立面实景　　图 7-26　既有住宅改造前背立面实景

图 7-27　改造完工后的建筑整背立面实景

2. 改造的目的

作为一个高品质的小区，为了使小区内的建筑外立面造型、色彩保持一致，房产公司决定对 8 栋既有住宅进行外立面的改造。住户要求对 8 栋原有住宅的屋面防水、保温进行维修，但公司在深入了解之后，决定对 8 栋既有住宅的暖气主管网、电力外网、电表计量系统、自来水水表计量系统、建筑外墙保温、屋面防水、屋顶保温、外窗、单元门、建筑外立面、户外景观、户外照明等进行全方面系统的改造。对 8 栋既有住宅进行全方面系统改造的主要目的是通过这些改造，达到改善原有住宅的室内环境，提高建筑的节能标准，降低住户在取暖、制冷方面的费用，提升原有住宅的外立面效果，同整个小区达成一致，提高住宅的安全性，室外环境提升。

3. 存在的缺陷和需求

为了实施对 8 栋既有住宅的改造，房产公司委托设计院进行了专门的设计，并在项目中投入了大量的资金，对于改造不收取住户任何的费用。但在项目实施的过程中，由于住户的不配合或提出过分的要求致使工程中存在部分阳台未能封闭、塑钢窗未能更换等问题，结果是个别房屋的外围护保温体系不完整，建筑节能的效果因此受到了严重的影响。

4. 改造技术

（1）建筑改造

1）建筑外围护结构的保温改造

按照新疆维吾尔自治区住宅达节能 50% 的要求，设计院经过建筑节能计算，外围护结构的保温改造做法如下：

①外墙外保温

外墙外保温采用胶粉聚苯颗粒贴砌聚苯板外墙外保温粘贴面砖体系，外墙保温采用 70mm 厚带凹凸槽聚苯板保温（EPS 板）。

②屋面保温

屋面保温材料采用 100mm 厚模塑聚苯板（EPS 板）保温。

③外窗

外窗为单框两玻塑钢窗。型材采用三腔二密封 60 型材，玻璃选用二玻一腔（4+9A+4）中空玻璃。窗密封条全部采用三元乙丙原生橡胶条，外窗、门靠墙体部位的缝隙采用聚氨酯发泡剂填缝，窗框四周与抹灰层之间的缝隙采用嵌缝密封膏密封。

2）建筑外立面的改造

①建筑外立面的造型改造

8 栋既有住宅的屋面为平屋面，为了使其同小区内的新建建筑外立面风格保持一致，房产公司根据设计院的设计，对原有住宅的屋面进行了造型的改造，用钢结构及夹心彩钢板将原平屋面改造成了东、西坡向的坡屋顶。

②建筑外立面粉刷

8 栋既有住宅的外立面颜色为浅黄色，同小区新疆建筑的建筑色彩风格不同，故房产公司对原有住宅的外立面进行了重新粉刷。

（2）采暖管网的改造

8 栋既有住宅的采暖采用的是铸铁暖气包的采暖，系统采用整层为一个串联的方式供暖，这导致位于暖气干管近端和远端的住户室内温度相差很大，对近端用户供热能力强，而对远端用户的供热能力不足。为了解决这个问题，对 8 栋既有住宅楼内的采暖系统进行了改造，改串联方式为并联方式，降低由于距离采暖干管的远近而产生的室内温差。

（3）给水排水改造

1）消防系统的改造

原有 8 栋住宅楼由于是昌吉化肥厂为了解决内部职工的住房问题而修建的职

工住宅，修建的年代及规划布局都带有一定的随意性，所以在消防方面未作过多考虑。在特变·水木融城项目的规划设计阶段，公司就将原有 8 栋住宅楼纳入整个小区的消防系统进行考虑，在改造住宅区设置了消防给水窨井，保证了原有 8 栋住宅楼的消防安全。

2）给水系统改造

原有住户供水方式为自供式，即在原住区内打井并利用水泵将水送至各用户，出于用电节约的考虑，水泵的工作时间为间歇式供水，住户用水得不到保障，而且在用水高峰期经常出现顶层供水压力不足的现象。改造特变·水木融城小区时采用了平衡常压给水系统，通过变频式水泵的自调节功能，实现供水压力保证同时兼顾节约。

（4）电气系统改造

1）电源的改造

原有 8 栋住宅楼的用电是由市政变压器，通过室外电杆直接引入建筑，为单电源引入，保证率不高，在特变·水木融城项目的电力外网设计阶段，将原有 8 栋住宅楼纳入整个小区的电力外网系统进行考虑。小区是通过两条市政供电线路引入开闭所，由开闭所再引向各个箱式变压器，从而实现了整个小区的双电源供电，从而使得用电的保证率大大提高。

2）户内电表系统的改造

原有户内电表为普通电表，在进行收费时需要专人上门抄表，不但需要大量的人力、时间，而且收费率也一直无法保证。改造后公司将电表更换为预付费式插卡式电表，不但节约了人力和时间，而且养成了住户主动缴纳用电费用的良好习惯。

（5）室外环境改造

1）室外照明改造

原有 8 栋住宅楼的周边在改造前无室外照明，在改造过程中公司对原有住宅周边实施了亮化工程，在住宅前的绿化中及道路两侧设置了室外景观照明灯具。房产公司积极响应国家鼓励使用可再生清洁能源的号召，结合小区标志性建筑物设置了太阳能集中发电站，太阳能发电站白天收集太阳光转化的电能，储存至干式蓄电池内，在晚上供给室外景观庭院照明，如图 7-28 和图 7-29 所示。

2）户外景观、道路改造

根据小区整体的规划设计，对原有 8 栋住宅楼的宅间绿地及道路进行了改造。在景观的设计中充分考虑对用水的节约，采用节水效果较好的微喷灌技术，较传统浇灌方式节水 50% 以上。

图 7-28　标志性塔上的太阳能集中发电站

图 7-29　室外景观照明灯具

（6）安全性改造、小区安防及周界防护

1）单元门改造

原有 8 栋住宅楼的单元门为木制弹簧门，首先由于门下及门扇同门扇之间的缝隙很大，在冬季基本无法实现楼梯间的保温，而且在安全上也存在很多隐患。通过改造将原有的木制单元弹簧门更换为电子对讲钢制安全门（图 7-30），不但起到了对楼梯间的保温作用，同时也增加了住户的安全性。

图 7-30　更换的电子对讲钢制安全门

2）小区安防及周界防护（图 7-31）

为了向小区的业主提供一个安全的居住环境，在小区的周界设立了闭路电视监控、围墙红外线监控及电子巡更系统，在小区的主入口还设立了智能车辆、人员出入管理系统。原有 8 栋住宅楼作为小区的一部分，同时也分享了这些系统带来的安全的居住环境。

图7-31 小区入口处的智能车辆、人员出入管理系统

5. 改造效果分析

通过对8栋老旧住宅楼的建筑外围护结构的保温、建筑外立面、采暖系统、电气系统、给水排水系统、消防、室外环境及小区安防的改造，8栋老旧住宅楼不论从建筑的保温性能、舒适性、室外环境，还是小区安防都有了大幅度提高。

（1）环境效益

8栋老旧住宅楼的外围护保温改造是依据国家相关规定及新疆维吾尔自治区建筑节能的相关要求进行设计的，通过改造建筑将达到节能50%标准。根据项目所在地昌吉的统计，每平方米建筑采暖耗煤量为90kg原煤（约合66kg标准煤），改造后耗煤量每平方米将减少33kg标准煤。项目总建筑面积为16606.5m^2，改造时建筑已投入使用20年，根据建筑设计使用寿命50年计算，在剩余的使用寿命30年中，8栋老旧住宅楼将节约标准煤：

$16606.5\text{m}^2 \times 33\text{kg/m}^2 = 548014.5\text{kg} = 548\text{t}$

共节约原煤：$548\text{t} \times 1.4 = 767.2\text{t}$

每年节省开支：767.2t × 180元/t = 138096元

减少燃煤排放的气体污染量：$CO_2 = 767.2\text{t} \times 2.662 = 2042\text{t}$

$SO_2 = 767.2\text{t} \times 0.024 = 18\text{t}$

粉尘 $= 767.2\text{t} \times 0.035 = 26.9\text{t}$

由上可见，对8栋老旧住宅楼的改造，每年节约548t标准煤，减少二氧化碳排放量2042t，二氧化硫及氮氧化物18t，粉尘26.9t。直接带来的是能源的节约，使供热能源消耗、制冷用电消耗减少，相对使烟尘、二氧化硫及氮氧化物等排放量减少，减轻了对大气的污染，有助于改善昌吉市的环境，特别是冬季大气环境。

通过对室外环境的改造，增加了植被的覆盖率，减少了沙尘的污染，生活环境的改造，为在此区域生活的人们带来了舒适的生活。

（2）社会效益

特变·水木融城老旧小区综合改造技术集成工程的实施，为新疆乃至全国今后推进既有住宅建筑综合改造建立了科学的理论体系和实践经验，也为新疆下一步推进既有住宅建筑综合改造做好技术储备。通过该项目的实施，将为广大老旧小区居民提供舒适、环保、运行费用低廉的高性能住宅，为社会大幅度降低能源消耗，为降尘、降噪、顺应自然、保护环境提供保障，将建筑行业真正纳入社会可持续发展的主流之中。通过对老旧小区的改造，提高了老旧小区居民室内、室外的居住品质，保障了整个小区的协调与统一。

（3）改造经济性分析

改造费用统计（表7-5）：

改造费用统计表　　表7-5

改造类别	改造内容	改造费用（万元）
外围护结构的改造	外墙保温	118
	女儿墙、阳台底板保温	8
	屋面保温	5
	塑钢窗、单元门	57
外立面的改造	外墙涂料、抹灰	60
	屋面造型改造	30
户外环境的改造	绿化	83
	灯具	33
	太阳能发电站	40
市政管网改造	给水排水、消防、采暖系统改造	27
电气系统改造		40
综合改造费用约合		500

（4）改造的推广应用价值

新疆地域辽阔，跨越了严寒和寒冷两个气候带，建筑节能显得尤为重要，现在建筑节能已在全疆普遍开展，老百姓所关注的分户计量、按热收费的问题，自治区将出台相应的文件，老百姓将真正体会到高舒适度、低耗能的住宅带来的实惠，建筑节能将成为人们的自觉行为。为使老旧小区的住户同样能享受节能建筑所带来的舒适性，国家、自治区积极推进了老旧小区（公建、住宅）的改造进程，并出台了相对应的政策。从技术角度而言，项目所采用的技术都是现行施工中普遍采用的,所以从项目的推广性而言不存在技术上的问题。部分技术(外围护保温、屋面改造等）在建设年代、结构形式相同的建筑中可以直接借鉴、应用。

6. 思考与启示

通过特变·水木融城老旧小区综合改造技术集成工程的实施一方面积累了老旧小区改造的经验，也为新疆下一步推进既有住宅建筑综合改造做出了贡献。

项目的改造已经完成，但由于住户的反对及计量方式的科学性等问题，改造中并没有能实现分户计量、按热收费，也没有热力公司按热收费的政策保障，如果没有相应的计量和政策，就谈不上老百姓自觉地节约能源。所以在对老旧小区改造的同时应给与热力公司按热收费的政策保障，配合分户计量、按热收费，这样才能完善整个改造效果。

7.2.4 九龙坡区 2020 年城市有机更新老旧小区改造项目

1. 案例概况

（1）项目区位：重庆市九龙坡区。

（2）项目地址：重庆市九龙坡区杨家坪农贸市场周边片区老旧小区、杨家坪兴胜路片区、兰花小区、劳动三村、红育坡老旧小区、埝山苑片区老旧小区。

（3）项目规模：总规模 102 万 m^2，涉及六大片区、四个街道、八大社区，涵盖 366 栋楼，14336 户居民，总投资 3.7 亿元。

（4）项目容积率：项目原始容积率为 2.467，目前项目实施过程中暂未发生容积率变化。

（5）投资及运营主体：项目由愿景集团组成的联合体中标。社会资本中标联合体出资 80% 与政府出资人共同成立项目公司，由项目公司负责项目的全过程投融资、设计、建设、运营、维护及移交等所有工作。

（6）建设时间：2020—2021 年。

（7）营业时间：建设期 1 年，运营期 10 年。

（8）项目位于主城中心城区，开发建设年代久远，特别是红育坡片区、白马凼片区，绝大部分房屋房龄在 30 年以上，普遍存在楼栋老旧漏水、基础设施不完善、生态环境待提升、公共服务功能缺失等问题，曾被列为重庆市级 A 类治安挂牌整治重点地区，居民群众要求实施改造的意愿十分强烈。

2. 改造策略

基于对项目改造实施，项目团队采用“体检、调研、评估、统筹、实施”五步走策略，积极引导社会力量发挥专长，通过“三师进社区”，对项目改造进行体检分析，结合对小区居民进行调研，“听民意、汇民智、聚民心”，继而评估工程改造需求，提出设计方案，在政企合作机制之下，统筹政府、居民、企业等各方资源，实施居民居住条件和环境改造提升，推进社区服务提升。

从体检、调研出发，“三师进社区”。在老旧小区改造的设计理念上，坚持规划先行、专业研判，与建设低碳九龙坡、完善适老化体系、保护在地文化融为一体，彰显老旧小区改造的特色性。在调研阶段，充分与社区居民沟通，在提炼社区居民心之所盼的基础上，提供菜单式的服务方案。

评估工程改造需求，提出解决方案。在体检、调研的基础上，评估工程最重要的成果即提炼改造需求，提出针对性的解决方案，落实到具体设计方案中。着重解决如下问题：如楼间空地受大乔木影响，其他乔木生长不良，杂草丛生；空间缺乏文化元素；健身及休闲设施破旧；院坝梳理，重新设计休闲及健身区域；从老人出入安全角度，提升改造入户门；对院坝以及附近的乔木进行修剪，解决采光、通风的问题；增设相应庭院灯、路灯等，楼梯间增设智能感应灯，解决原有建筑公共区域、楼梯间等夜间照明不足的问题。

统筹政府、居民、企业等各方，形成设计成果。在 PPP 模式中，政府、企业分工、合作有序，发挥各自优势，申报相关许可。在与住房和城乡建设委员会、街道、社区、企业的定期会议机制中，动态关注居民意见，由企业根据会议成果输出设计成果，调动相关资源，做好实施的必要准备。

实施改造，呈现设计成果。按照设计方案实施改造是实施改造的关键阶段。鉴于老旧小区改造工作的特殊性，小区居民可以全程近距离关注改造进展，其对改造效果的体会也可以第一时间反馈至街道、社区和企业处。因而，改造过程也将是动态互动的过程。

围绕落实改造的总体项目目标，“体检、调研、评估、统筹、实施”这五个关键步骤的落实并不是相互割裂的，而是在项目大范围和小范围内同时多层面进行的。政企合作机制下，企业负责整体实施和相关服务、社区运营业态的导入和优化。

3. 项目投资

社会资本——愿景集团与国有公司总投入 3.7 亿元共同组建 SPV 公司（项目公司），由市场主体负责全过程投融资、设计、建设、运营、后续维护等所有工作，合作期限为 11 年（建设期 1 年、运营期 10 年）。

4. 改造内容及技术

1）消隐患：实施楼体开裂修复、外立面修缮、路面修整、护栏增设、可燃雨棚更换、架空线规整、屋顶漏水治理、防雷设施安装、下排管网改造、消防隐患整治等，重拳整治治安“乱象”，一批“硬伤”不断“治愈”。

2）补功能：增建白马睦邻会客厅，改造老旧花园，增设公共健身设施和适老化设施，新增立体停车楼；利用闲置房屋打造社区养老服务站，提供日间照料、居家护理、医养结合的一体化服务。

3）提品质：建设五彩风雨长廊，便利居民雨天出行的同时，规整隐藏“三线”；打造宅间院坝休闲区域，配置桌子、座椅，铺装柏油及各类石材路面，更新公共绿化景观，让居民“开门见绿、推窗见景、出门进园”。

4）留文化：深挖社区发展历史、特色文化，通过打造文化墙、墙体彩绘、共享花园等方式，鼓励居民共建共享，丰富居民文化生活，延续文脉。

5）强治理：按照“党建引领、基层推动、群众点单”的思路，构建老旧小区改造“建、管、运”全链条的“五议”工作机制，“居民提议、大家商议、社区复议、专业审议、最终决议”推动居民的参与度、获得感。

5. 完成情况（图7-32～图7-39）

（1）拓展城市空间，小区停车不再难。

针对老旧小区建设年代较早，无车库、无固定停车位等情况，通过“边改边增”的方式。充分利用闲置空间，在白马凼、劳动三村等社区新建停车楼2个、停车位386个，其中白马凼示范区，通过新增智能化设施，在原有能停6台车的20余m^2空地上建成新型机械停车楼，新增车位36个；清理长期占道车辆，在保障人车顺利通行、生命通道畅通的前提下，重新规划路内停车位571个、小区空地停车位381个，获居民广泛好评。

（2）完善功能配套，“一老一小”不再愁。

聚焦群众需求，丰富社区服务供给，清除乱堆放、乱搭建，补齐服务功能短板。设置文娱活动广场，添置乒乓球台、健身器材、儿童游乐场，规整小区及广场绿化，形成“全年龄”亲近自然、休闲健身的好场地；建成白马睦邻会客厅，放置休闲桌椅，设置阅读区域，让群众拥有阅读、下棋、书画、会谈等固定场所；打造白马凼、红育坡等社区养老服务站，提供日间照料、居家护理、机构托老等一体化专业服务，在小区楼道、休闲座椅等社区“细微处”安装适老化设施，让老年人享受安逸幸福生活。

（3）提升社区品质，小区环境不再乱。

着力改善老旧小区宜居环境，通过“整治、美化、提升”三大项目建设，实现“内外兼修”有“颜值”更有“内涵”。实施楼本体整治项目，推进外立面修缮、可燃雨棚更换、下排管网改造、消防整改、屋顶整治，消除老旧“硬伤”；实施环境美化项目，建设白马凼风雨长廊，串联小区楼栋，规整隐藏“三线”；统一底商招牌设置，打造楼间休闲区域，铺装柏油路面，更新公共绿化，实现“开门见绿、推窗见景”；实施人文提升项目，弘扬社会主义核心价值观，发动居民参与整治，强化居民自治，举办送温暖、科普、书法等群众性活动，选取居民书法作品为门牌标识、风雨长廊展示，浓厚社区文化氛围。

（4）引导社会参与，建管并重促共赢。

作为PPP模式的老旧小区改造项目，积极搭建政府、企业、居民三方共治、风险共担、利益共享、长效运营的机制。地方政府提供引导资金和配套支持；市场主体愿景集团从投融资、设计、建设、后续物业管理等全过程实施“建设管理运营一体化”，建设银行对改造项目提供专项贷款支持。通过挖掘片区、社区、小区的闲置资源、资产再利用，以及停车、农贸、商超、广告、保洁等资源“造血点”，重塑片区商业环境，统筹实施建设改造和后续管理、运营，实现资产长期可持续运营、盈利还款。同时，发挥改造提升整体效应，引导规范社区小微商业，如小吃店、家电维修、理发店等，促进城市老旧社区中低收入居民就业，切切实实让群众得实惠，切实提升项目社会效益。

（5）创新工作机制，共建共享强治理。

按照“党建引领、基层推动、群众点单”的思路，构建老旧小区改造“建、管、运”全链条的“五议”工作机制，“居民提议、大家商议、社区复议、专业审议、最终决议”推动居民的参与度、获得感。遵照“消隐患、提环境、补功能、留记忆、强管理”的原则，由区级领导统筹住区相关部门、街道党工委、社区党委等单位，联合项目参建方，充分提炼群众需求，搭建包含“双周例会、专题会议、现场会议”等工作机制，强化项目各个阶段中的“党建引导监督，群众深度参与，企业专业改造”，实现多方共建共享。

（6）创新改管一体，搭建长效运营机制。

从项目前期调研、整体设计至专业改造，运营视角贯穿项目全过程。项目建设既注重硬件设施的人性化提升，也注重“三感”社区的人文化缔造，实现改管一体化，确保改造效果最大化，管理效果最简化，服务效果最优化，创造集“安全、整洁、健康、智慧、文明、温暖”七大要素于一体的重庆“三感”社区，成为让人民群众有更多获得感、幸福感、安全感的社区。

图7-32　楼本体改造前后对比图

图 7-33　居民为社区大门题字

图 7-34　增设公共停车位、立体停车楼

图 7-35　增设健身娱乐设施

图 7-36　主题宅间、院坝休闲区域

图 7-37　新建白马睦邻会客厅、小区绿化提升

图 7-38　居民文化共建、电箱美化、社区 IP 形象

图 7-39　居民美好生活

6. 经验总结

面对城市更新投资体量大，建设内容繁多，运营周期长的问题，重庆市九龙坡区 2020 年城市有机更新老旧小区改造项目为确保项目的资金投入，保障城市更新的长效运营效果，为市民提供可持续的高品质生活，采用 PPP 模式公开招采有资金实力和运营能力的社会资本，进行项目的投资、设计、融资、建设、运营全流程服务，并加强在实施过程中党建引领的作用，提升居民参与度、支持率和获得感。

7.2.5　青岛市李沧区筒子楼老旧小区综合改造工程案例

1. 案例概况

筒子楼改造工程均位于青岛市李沧区老城区域内，大多为原国有大中型工业厂房的职工宿舍。房改后，大部分卖给了本企业职工，部分仍属于公有。该部分建筑多建成于 20 世纪 50—70 年代，建筑类型为 3 ~ 5 层砖混结构。由于年代久远，加之建筑档案保存意识还不是很强，所以基本无原建筑的设计资料，在具体的设计施工中只有对原建筑进行安全质量评估，以此依据进行设计施工。在建造筒子楼时，建设方对房屋质量标准要求低，砂浆标号低，设计师的抗震意识较为淡薄，建筑存在如墙皮脱落，砖墙粉化，墙体裂缝，混凝土构件裂缝、露筋、钢筋锈蚀，预制楼板裂缝、断裂，走廊栏板倾斜严重等结构安全隐患。社区整体环境较差，院落乱搭乱建现象严重，存在硬化毁损、绿化破败、亮化不足、路面狭窄、活动场所缺乏等问题，房屋渗漏、排水设施老化、车辆进出停放不便、无物业管理等民生问题尤为突出（图 7-40 和图 7-41）。平面位置图和鸟瞰图如图 7-42 和图 7-43 所示。

图 7-40　墙体粉化严重

图 7-41　混凝土构件露筋

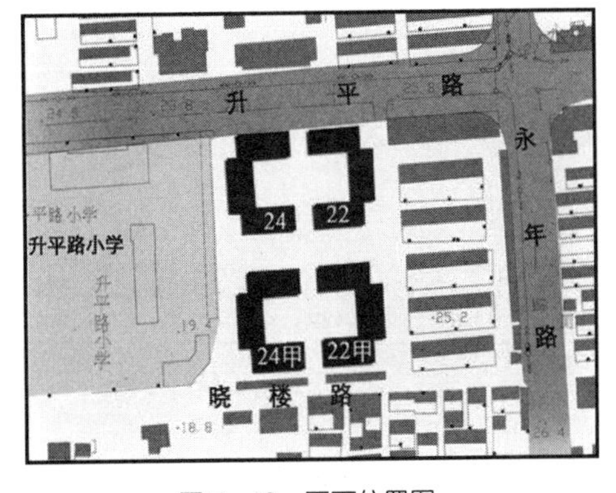

图 7-42　平面位置图

图 7-43　鸟瞰图

2. 项目改造前存在的问题

筒子楼原建筑多建成于 20 世纪 50—70 年代，用途多为职工宿舍。改造前的项目存在着一些问题（图 7-44 ~图 7-50），主要有以下几个方面（表 7-6）：

图 7-44　墙体粉化门窗破损

图 7-45　厕所板露筋

图 7-46　室内墙皮粉化脱落

图 7-47　室内漏雨

图 7-48　室外墙皮脱落情况

图 7-49　走廊内有多处违章建筑

图7-50 项目改造前实景照片

筒子楼建筑主要问题 表7-6

专业	具体问题
整体环境方面	①楼房常年失修，大多数住户居住面积狭小，公用走廊、厕所、厨房，生活设施不配套，外立面破旧不堪，影响城市形象。 ②下水排污管太细，经常堵塞，严重影响居民的正常生活。 ③存在一些违章建筑及居民的煤屋，周边环境脏乱差，影响了整个地段整体的环境。 ④在建造时没有预留绿化用地，居民生活质量无从谈起
建筑方面	①因改造建筑年代久，设计图纸等原始技术资料缺失，设计单位、施工单位及建设部门不详。加之很多住户自己改造，走廊内违章建筑过多，影响房屋整体性及疏散通道的宽度，造成建筑本身也存在很多不同隐患。因此，设计人员必须逐一入户测量、调查，获得尽可能准确的现状图纸，确保设计准确性。 ②由于筒子楼存在团结户的问题，使得改造难度加大，如何合理处理两户或多户的公用空间，在不影响其下层住户的前提下，尽最大可能满足每户的基本生活需要，如解决厨房、卫生间公用等问题。 ③房顶漏水，烟囱、落水管破损，门窗破旧不堪，墙皮风化，严重脱落，一层潮湿；墙体粉化；公共部位如厕所内板露筋，阳台外挑梁出现裂缝；厕所外墙受潮严重墙皮脱落等现象是筒子楼普遍存在的问题，既影响环境也存在安全隐患，最主要的是给居民的正常生活带来不便。 ④楼内共用厨房，卫生间，由于公用空间不足，部分居民将居室与厨房共用，存在很大的安全隐患。公共卫生间因管道老化问题常年失修，部分已失去使用功能，且缺少照明，无上下水，给居民特别是老年人的生活带来了极大的不便。因此为每户加建独立的厨房、卫生间是改造的重点，具有重大意义。 ⑤绝大部分筒子楼公用楼梯间无扶手且无照明，给老年人带来不便
能源利用方面	①无可再生能源的利用。 ②无非传统能源的利用
连接功能方面	未满足楼座的整体内部使用
结构方面	原建筑物建设年代久远，结构整体性差，抗震性能差，存在较严重安全隐患。外墙皮脱落，砖墙粉化严重，墙体裂缝，混凝土构件裂缝、露筋、钢筋锈蚀，预制楼板裂缝、断裂，走廊栏板倾斜严重，走廊存在违章建筑、煤屋等，存在严重结构安全隐患

续表

专业	具体问题
电气方面	①筒子楼普遍存在着电气线路老化、住户私自改装电气线路的现象，存在安全隐患。 ②敷设混乱，楼体外墙随处可见各种线路，屋内电线凌乱。 ③断路器容量与电线管径规格偏小，已经不能满足现阶段社会生活的需要。 ④各家各户公与私安装各种有线电视、电话或各种接收系统，线路混乱，影响美观。 ⑤原楼无防雷接地系统，各处私自搭设各种弱电信号接收系统，线路混乱并存在安全隐患。 ⑥原楼无厨房卫生间，生活设施不完善，居民出入不便。 ⑦原楼梯间无照明设施，居民出入不便
供暖、给水排水方面	①楼房年久失修，大多数住户居住面积狭小，共用走廊、厕所、厨房，生活设施配套不完善。 ②下水排污管太细，经常堵塞，严重影响居民的正常生活。 ③雨水管、下水管位置普遍存在于违章房位置，影响排水及居民居住环境

3. 改造目标

（1）建筑目标

建筑内部结构形成套房式结构布局。适应现代的生活理念、生活方式，提高居民的生活质量、改善生活条件。

优美洁净的生活环境，提升整个小区的整体形象。与周边新建小区环境相协调。

营造优美安全的生活环境，便捷人们的生活，解危救困，提升居民的生活质量和区域地段的整体形象。

（2）结构目标

本次改造首先消除原建筑的安全隐患，对原建筑进行相应加固处理，新旧结合牢固，增强建筑物的抗震性能。

（3）电气目标

本着提高生活质量、节约能源同时减少投资、降低造价的原则，利用可利用的能源。所有管线暗敷，既保证居民使用及人身安全，又有利于美化环境。按现行规定设置户内配电箱，每户统一安装有线电视、电话系统，充分满足现阶段居民生活需要。

（4）水暖目标

建筑内部结构形成套房式结构布局，拥有独立的厨卫空间。适应现代的生活理念、生活方式，提高居民的生活质量、改善生活条件。

重新铺设室外排水管道，提升整个小区的整体形象。与周边新建小区环境相协调。

4. 改造技术

（1）建筑改造

筒子楼改造在选址上本着科学合理的态度，对今后3～5年能够纳入旧城区拆迁改造范围的筒子楼实施拆迁改造，彻底解决居民的住房困难。对不能纳入今后五年“两改”规划范围，但有条件实施改建、扩建的筒子楼，通过改造筒子楼内部结构，扩建厨房卫生间，完善自来水一户一表、供热、燃气等生活配套设施，努力改善住房困难家庭的住房条件和居住环境。对既不能纳入“两改”范围，又不能实施改建、扩建，采取两种方式解决：一是通过捆绑方式解决，二是通过恢复性建设方式解决。

筒子楼作为特定历史时期遗留下来的特殊建筑，居住条件和生活环境都亟待改善。“两改、两增、两扩、一改善”的新住房工作目标，通过整治筒子楼，改善旧住宅区居民的居住条件的方式具有重要指导意义。

（2）旧建筑利用

本改造项目充分利用尚可使用的旧建筑，一方面可以符合节约土地资源的要求，也防止了大拆乱建带来的城市风貌和环境的破坏。“尚可利用的旧建筑”系指建筑质量能保证使用安全的旧建筑，或通过少量改造加固后能保证使用安全的旧建筑。

原建筑多为3～5层结构，楼体四面外墙皮脱落严重、原有瓦屋面破损不堪，通过修补破损墙面、屋面，恢复其原有功能。原建筑根据住户居住情况通过室外建筑加建进行功能补全，图7-51为项目改造方案。

改造建筑多数为外廊式，根据现有场地加建条件确定加建方向。

①向外廊方向加建的建筑大部分利用走廊为每户加建出卫生间，然后加建厨房，形成套房，同时加建出走廊及楼梯间。

②反向加建时，通常加建出完整卧室，在原建筑内部改造出独立厨房及卫生间，形成套房，同时对原有走廊及楼梯间进行加固维修处理。

改造建筑为内廊式的建筑通常存在同为一户的两到三个功能空间分别位于走廊的两侧，即一户居民有两到三把入户钥匙（例如永年路11号），这为改造套房增加难度。需要在利用旧建筑的基础上，合理设计每户户型，为每户布置独立厨卫，使其均能形成套房。当确实有困难时，在取得居民同意的前提下，可以考虑进行房间置换，综合考虑，使房间在使用上更为合理。

对于改造加建方案，尊重民意，充分征求居民意见。采取入户调查摸底、宣传动员、政策咨询、方案公示等形式，采纳居民意见，确保按照绝大多数居民赞同的设计方案进行施工。

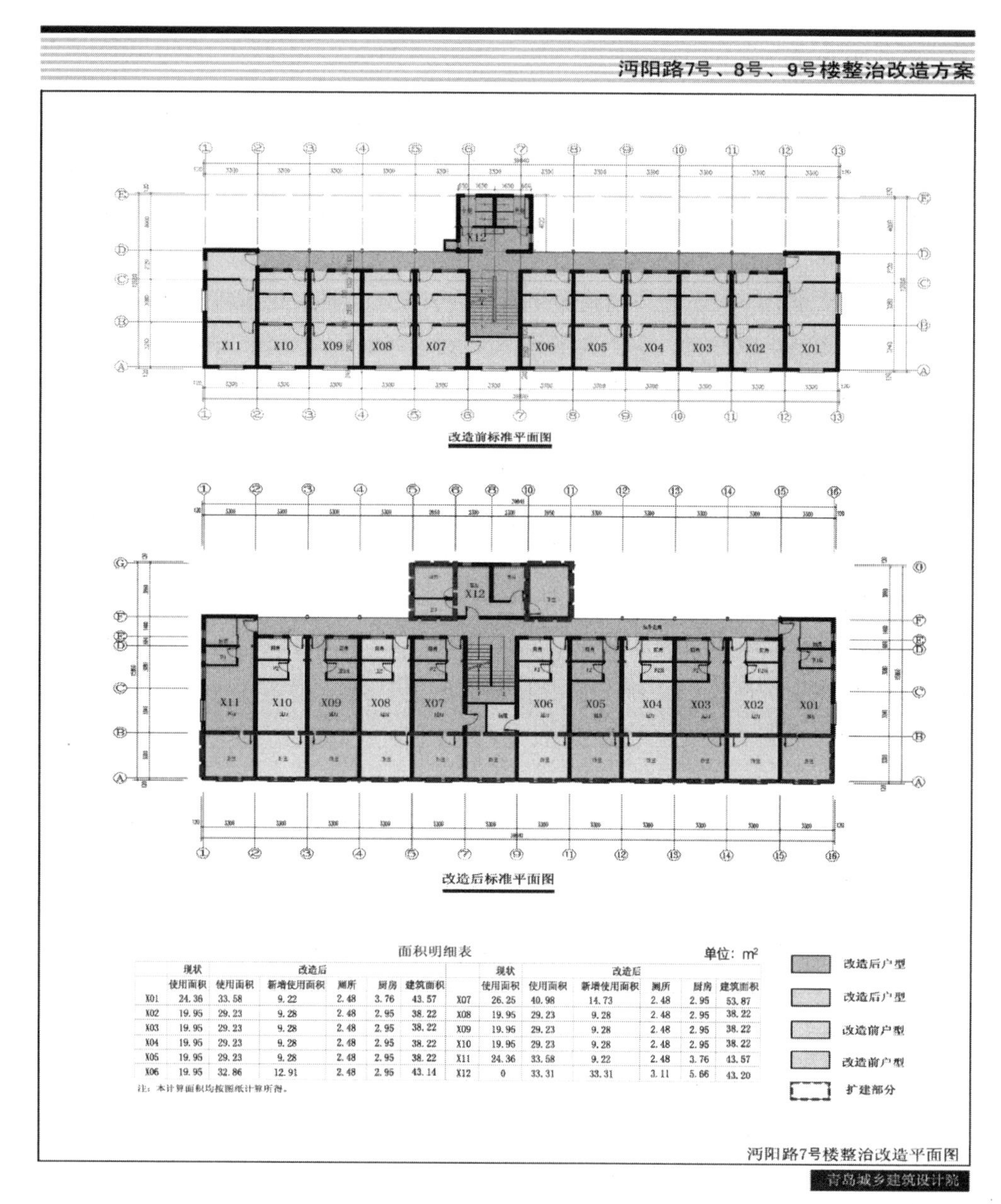

面积明细表　单位：m²

	现状	改造后						现状	改造后				
	使用面积	使用面积	新增使用面积	厕所	厨房	建筑面积		使用面积	使用面积	新增使用面积	厕所	厨房	建筑面积
X01	24.36	33.58	9.22	2.48	3.76	43.57	X07	26.25	40.98	14.73	2.48	2.95	53.87
X02	19.95	29.23	9.28	2.48	2.95	38.22	X08	19.95	29.23	9.28	2.48	2.95	38.22
X03	19.95	29.23	9.28	2.48	2.95	38.22	X09	19.96	29.23	9.28	2.48	2.95	38.22
X04	19.96	29.23	9.28	2.48	2.95	38.22	X10	19.95	29.23	9.28	2.48	2.95	38.22
X05	19.95	29.23	9.28	2.48	2.95	38.22	X11	24.36	33.58	9.22	2.48	3.76	43.57
X06	19.95	32.86	12.91	2.48	2.96	43.14	X12	0	33.31	33.31	3.11	5.66	43.20

注：本计算面积均按图纸计算所得。

图 7-51　项目改造方案

对建筑本身的改造主要包括：

①原有建筑外墙粉刷，屋顶修整翻新。

②楼道内的墙面粉刷，楼梯栏杆更换，楼道内加设声控灯等。

③对原有建筑结构加固，原有的线路、管道更新，新增设燃气管道及暖气管道。

④破旧窗户的更换等。

（3）新旧建筑结合设计

1）墙体设计

①原有墙体：

原有墙体在改造过程中往往需要开设洞口，墙面走线，且存在面层粉化严重墙皮轻易脱落等问题，面层均需清理至基层后，结合新建重新抹灰找平。

②新建墙体：

加建部分新建墙体采用烧结页岩砖，设计均需满足现有规范要求。新建隔墙及原有建筑内部改造墙体采用蒸压轻质加气混凝土板（NALC 板），NALC 板系指采用以水泥、石灰、砂为原料制作的高性能蒸压轻质加气混凝土板材，具有轻质、高强、耐火、隔热、隔声、无放射性、产品精度高、施工安装便捷、能适应大的层间变位、抗震性能好等诸多优点，特别适用于新建、改建建筑，使用中严格按照国家建筑标准设计 NALC 板构造详图施工。

2）楼板设计

原有楼板多为预制板，户型改造有很多需要拆除或开洞的位置。例如利用旧建筑改造卫生间、厨房，原预制楼板需拆除改为现浇楼板，且在卫生间楼板四周均应做高 120mm 的混凝土反沿，与原有墙体相接处结构也做出相应处理方案，既解决了安全问题，也解决了卫生间防水问题。楼地面、墙面内管线铺设、开洞都遵守《民用建筑修缮工程查勘与设计标准》JGJ 117–2019 进行。

走廊保持原有功能的，由于走廊多数为不封闭，走廊楼板为预制板，存在雨水渗漏问题严重。在改造过程中，将楼板清理至基层，板间缝清理 3 ~ 5cm 后，用油膏嵌缝，水泥砂浆抹平后，采取增设一道 1.5mm 厚合成高分子防水涂料，水泥砂浆重新找坡的方法，解决雨水渗漏问题。

3）门窗设计

由于原有门窗普遍破损严重，同时改造过程中需要拆除原有门窗，所以门窗改造也是本次改造的重点。所选门窗的性能及要求如下：

建筑外门窗抗风压性能分级为 6 级；气密性能分级为 4 级；保温性能分级为 5 级；隔声性能分级为：沿城市道路的为 5 级，其他为 4 级；水密性能分级为 4 级。

门窗玻璃的选用应遵照《建筑玻璃应用技术规程》JGJ 113–2015 和《建筑安全玻璃管理规定》（发改运行〔2003〕2116 号）及地方主管部门的有关规定。

住宅门窗：外窗均为白色塑钢窗，一层外窗及所有走廊窗均设不锈钢防盗网，不得凸出外墙；外门采用保温防火防盗门。

在满足使用要求的基础上，统一安装的外门窗及不锈钢防盗网为居民创造了一个安全整洁、美观和谐的环境，如图 7-52 所示。

图 7-52　改造后的走廊

在改造过程中多数改造建筑存在原有窗户窗台高小于 900mm，不满足现有规范对外窗窗台距楼面、地面的净高低于 900mm 时，应有防护设施的规定，存在安全隐患。改造过程要求施工单位认真复核窗台高度，不满足要求的均距地砌足 900mm 高。外窗台上部，突出墙面的腰线，装饰线脚，均做坡度为 3% 的向外排水坡，下部做滴水。

4）屋面设计

由于原有屋面年久失修，无论是平屋面还是坡屋面普遍都存在漏雨及破损现象。原有平屋面清除至结构层后，结合新建屋面做法，重新找坡并作防水处理。原有坡屋面拆除至屋架，安装木檩条，并做防腐防火处理；平铺木望板；铺 SBS 防水卷材一道；安装顺水条和挂瓦条并挂红色平瓦屋面新旧连接，在浇接处用沥青木条填充，上面作保温层找平，防水着重处理。

5）防火设计

本次所有改造建筑均为二级耐火等级设计，均能满足防火间距要求，消防车道宽度均大于 4m。楼梯间的墙、分户墙耐火极限均大于 2.0h，楼板耐火极限均满足要求。二次装修设计选用材料满足《建筑内部装修设计防火规范》GB 50222–2017 的要求和相关的安全防护要求。

6）日照、采光、通风设计

改造设计中充分利用外部环境提供的日照条件，满足每套住宅至少应有一个居住空间满足冬季日照要求。卧室、起居室（厅）、厨房设置外窗，确有困难的过厅采取间接采光的措施。厨房和无外窗的卫生间采取通风措施，且预留安装排风机的位置和条件。改造后卫生间多为无外窗，增设排气道彻底解决通风排气问题。

7）安全设计

旧建筑由于设计规范及法律法规的不规范，很多地方都存在安全隐患，例如窗台高度不符合规范要求的 900mm，原有公共走廊栏板高度不满足 1050mm，扶手锈蚀严重，或未设置扶手等。对高度不足的栏板砌足 1050mm，锈蚀扶手更换为不锈钢栏杆扶手，楼梯增设符合规范的扶手，破损处进行更换、修葺（图7-53、图7-54）。

图7-53 楼梯增设扶手

图7-54 栏板砌足安全高度

8）外装修（图7-55、图7-56）

外装修选用的各项材料其材质、规格、颜色等均由施工单位提供样板经建设和设计单位确认后进行封样并据此验收，达到美观的整体效果。

图7-55 汾阳路1号楼改造前

图7-56 汾阳路1号楼改造后

9）围护结构节能设计

该工程为改扩建项目，保温节能设计完全达到规范要求几乎不可能实现，且对旧建筑本身的损害程度大，资金投入也很大。在没有更为合理可行的解决方案的条件下，权衡比较，把改造重点放在门窗节能上，采用保温性能好的中空玻璃塑钢门窗，建筑外门窗抗风压性能、气密性能、保温性能、隔声性能、水密性能等都能满足要求。此外，由于屋面在改造时均需重新更新面层做法，也是一个节能改造重点。屋面保温材料选用65mm厚挤塑聚苯板保温层，平均传热系数满足青岛地区$K<0.55W/（m^2·K）$的要求。

（4）结构改造

1）老建筑的综合评估

首先对原建筑物进行检测鉴定，对整个建筑物做出结构性能评价，以便进行相应结构改造。

2）原建筑结构改造

由于原建筑年代久远，原有设计资料缺失，根据检测鉴定报告，对原建筑重新进行建模验算，针对不满足要求部位进行相应处理措施。例如，墙体抗震、受压不满足要求，窗间墙过小不满足要求，等等。

①墙体加固

对于不满足要求的墙体，可采用多种加固方式，例如钢筋混凝土板墙、满墙灌浆等，综合考虑造价、施工工艺、施工周期、场地等因素，最终选定墙体两侧或单侧增设钢筋网抹水泥砂浆的方式来加固墙体。本方案缺点是造价稍高，但是考虑到它具有施工简单易行，可操作性强，加固效果明显，施工周期短的优点。通过实践验证，本方案为较优方案，取得了不错的效果。窗间墙不满足要求部分，采用增设混凝土框来加固处理。该措施施工简单易操作，加固效果良好，造价低廉，可有效提高墙垛的承载力。

②卫生间改造

考虑到防水及不增加荷载的情况，采用了拆除预制板增设现浇板，同时板标高下降，保证建筑面层完成后保持20mm的高差。由于是在原墙体上增设现浇板，经济、安全、易操作等综合考虑后，在沿板周边墙体上凿洞，这样既保证安全，又使施工变得简单易行。同时，施工时采取隔层隔开间施工，避免各楼层同一位置同时施工，减少风险，保证了建筑的整体稳定性不受扰动。

③厨房改造

厨房增设排油烟道，需在原预制板上开洞，开洞后预制板大部分被截断，严重降低承载力，为了保证原预制板的承载力要求，在洞口周边增设混凝土梁，如图7-57所示。

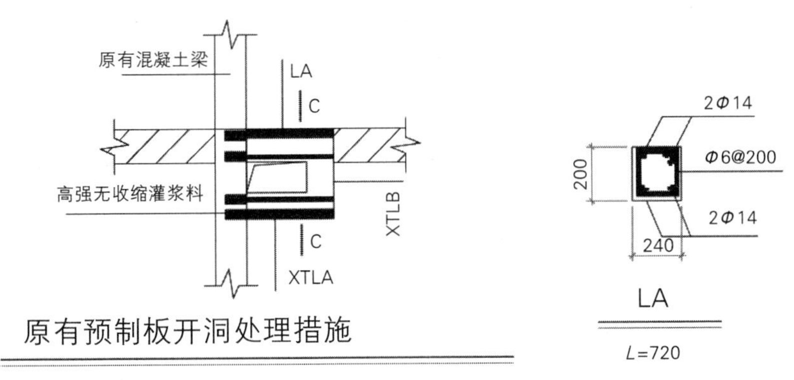

1 梁采用 C20 膨胀混凝土

2 现浇筑强度达到设计强度时，方可拆除模板进行板开洞

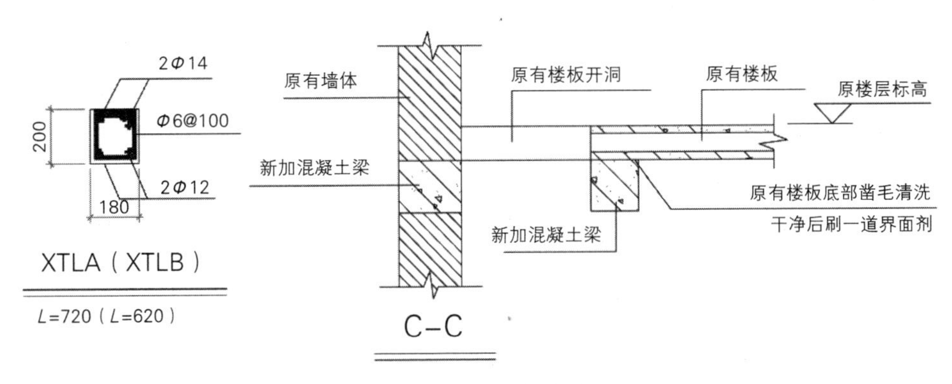

图 7–57　在洞口周边增设混凝土梁

3）新建部分

①基础

新建部分是沿着原建筑接建，基础部分是重中之重。首先要保证新建部分不能发生大的沉降，基础部分处理尤其重要。首先要求地基承载力特征值不小于 180kPa，同时适当增大基础底面积，地面标高位置设一道地圈梁，增加新建部分整体刚度。采取这些措施可有效减少沉降。

对于地基承载力特征值比较低的地基，采用换填的方法来处理。计算需要换填深度，上部尽量采用易夯实填料，要求回填后承载力特征值不小于 180kPa，然后基础采用阀板基础，增强上部结构整体性。现在来看，已竣工的建筑没有明显裂缝，说明此种方法是可行有效的。例如，泗阳路 5 号 7 号楼，主体为三层砖混结构，地基承载力特征值只有 100kPa，承载力较低，怕引起不均匀沉降，新建部分与原建筑之间可能会出现裂缝。于是，采取还填的方法，将临近原建筑部分较松散土体挖除，换填为砂石级配，采用平板振动器分层夯实，夯实后要求地基承载力不低于 180kPa。换填厚度经计算为 1.2m，为安全起见，实际换填深度为 1.5m，基础宽度增加 200mm。挖土时，为了不影响原建筑地基，采取分段回填的方法。

②墙体砌筑

由于是新旧接建，墙体砌筑时一定严格要求砌筑质量和进度。要求灰缝饱满无空鼓，砌筑进度一定不能太快，要保证墙体砌筑后自身沉降大部分完成，以免砌筑过快增大墙体自身沉降，连接部分发生裂缝。

③新旧墙体连接

鉴于上述两条可以解决大部分沉降，而且接建部分层数较少，不会产生大的沉降，因此，建议新旧墙体作刚性拉结。刚性拉结的优点是能保证新旧建筑能够很好地结合成一个整体，抗震性能优越，不至于在发生地震时新旧墙体互相脱离，造成巨大安全隐患。

新旧墙体作刚性拉结，新砌墙体还是有一定的沉降的，为了防止这部分沉降影响楼面，将新增现浇板临近原建筑一侧作为自由端处理。这样墙体的部分沉降只会发生在本层中，由于楼板没有与原建筑作拉结，整个楼面会随之沉降，这就又减轻了墙体沉降带来的危害。

④新旧屋面连接

新旧屋面处是一个薄弱环节，需要特殊处理。由于原建筑屋面是预制空心板，而新加建部分为现浇混凝土板，二者不易连为一体。而且屋面处受温度影响最大，很容易出现胀缩问题；还有一个很重要的问题，就是此处需要拉结，因为加建部分较小，上部拉结好了才能更好地作为一个整体。此处采用了二者折合的拉结措施。结构板之间没有做拉结，二者之间保持了 20mm 的缝隙，中间采用密封麻丝做封堵，在结构板交接处上部 40mm 垫层中，铺设直径 $\phi 8@200$ 的圆钢钢筋网，每侧各深入 600mm，这样既保证了整体性，温度变化时也不会出现大的拉裂。

⑤室外挡土墙做法

由于原建筑场地地形复杂，加建时会遇到室内外高差较大的情况，为了安全同时为了美观，将外墙局部加厚，计算满足挡土墙厚度，加厚一侧凸向填土内，保持内部一致水平，如图 7-58 所示。

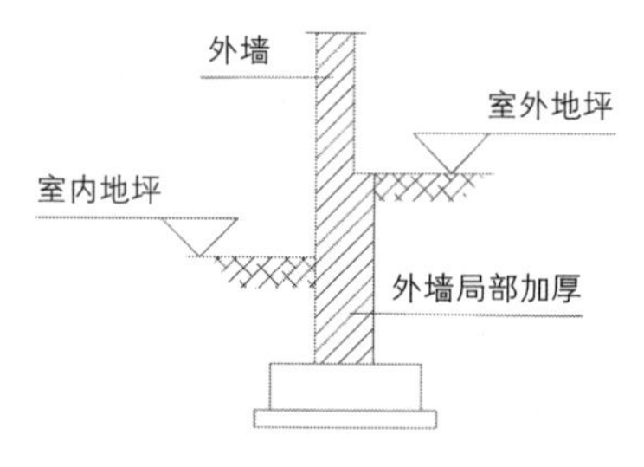

图 7-58　室外挡土墙做法

4）建筑整体抗震

①整体抗震模型

在先前建立的模型基础上处理完原建筑不满足抗震要求的前提下，再将新建部分纳入原建筑中作为一个整体来重新建模进行抗震验算。在此基础上严格按照规范要求来核算。

针对验算结果，做出相应整体抗震加固方案（图 7-59）。

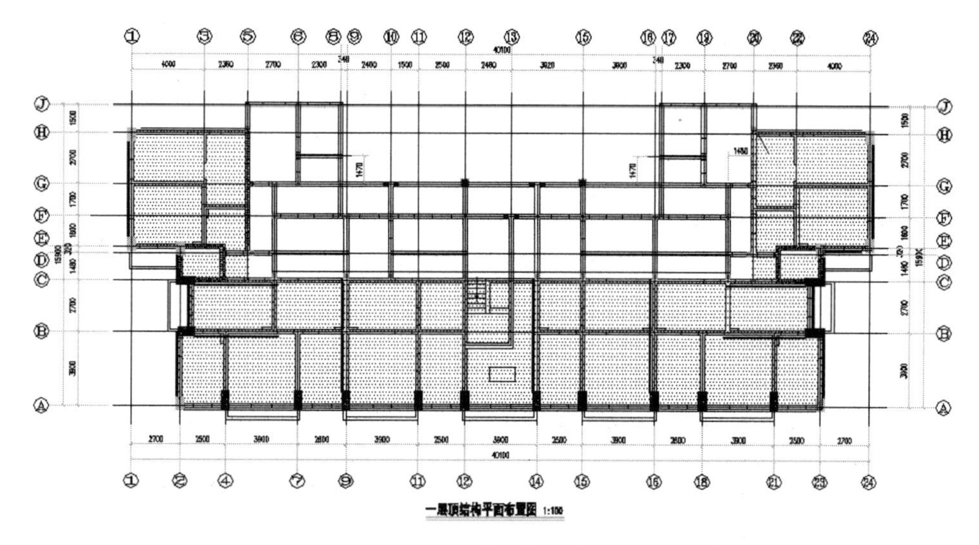

图 7-59　整体抗震模型

②整体抗震方案

将老建筑跟新建筑结合考虑，大部分老建筑无圈梁、构造柱，因此，采用老楼部分外设构造柱，外墙增设圈梁跟新建筑拉结成一体；老建筑内部增设钢拉杆，同时钢拉杆与新建部分构造柱、圈梁拉结成为一体。这样，整体性问题就解决了。

考虑到建筑竣工后的外观及内部使用问题，增设构造柱及钢拉杆考虑用钢筋混凝土围套来代替，如图 7-60 所示。这样即可解决外观问题，又不影响房间内部使用及美观。

原建筑屋面板大部分为预制空心板，而新建部分为现浇混凝土板，为了增强建筑物的整体性，在原建筑楼面板上增设 40mm 厚叠合层，内配钢筋网。首先要求将原建筑楼面面层打掉至结构层，然后再浇筑叠合层。这样既没有增加额外的荷载，又加强了原预制板的承载力，同时增加了建筑的整体性。叠合层做法如图 7-61 所示。

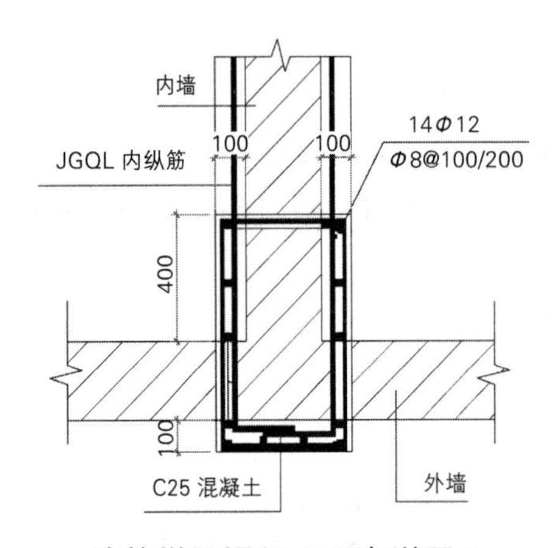

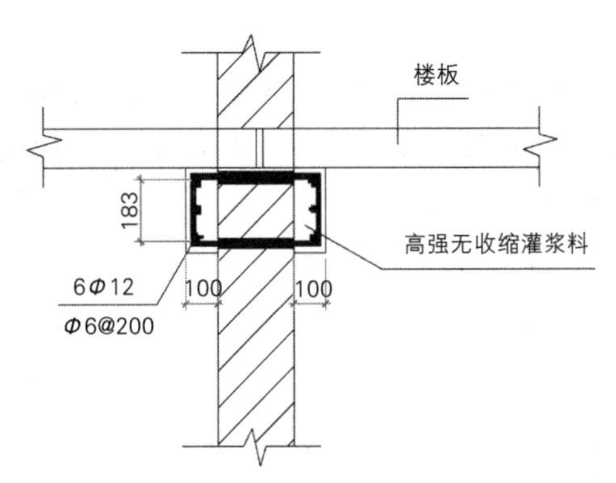

墙体增设混凝土围套详图 1

混凝土围套应设基础，可参照墙体增设钢筋网加固地面以下做法（仅用于原建筑外墙）

墙体增设水平混凝土围套（圈梁）详图

图 7-60　整体抗震方案

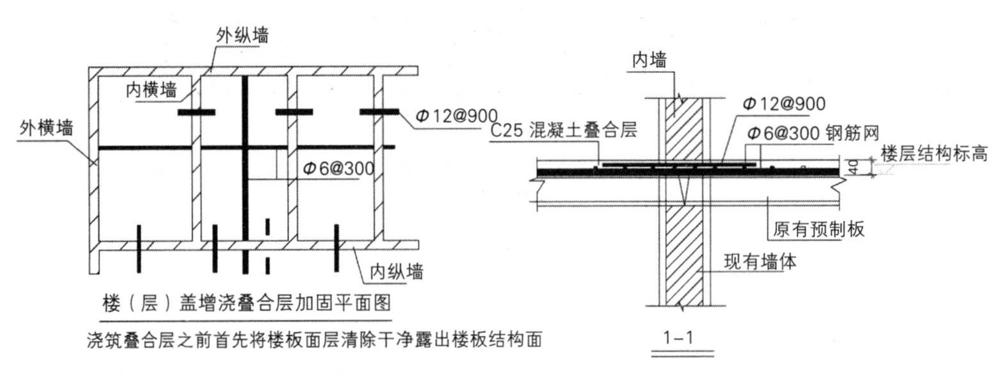

图 7-61　叠合层做法

（5）采暖、给水排水改造

1）采暖改造

原采暖形式为煤炉，污染大，效率低。住户大多私自在走廊内设置煤球池，影响安全和美观。通过改造彻底改变采暖形式。改造工程不同于新建工程，应遵循确保结构安全、符合国家规范要求、维修方便、经济实用、美观大方的原则。

改造工程不同处在于其主体结构已经完成，甚至已使用多年，改造时保证其结构的安全、完整是至为重要的一点。因此，改造工程的首要原则：开孔不能影响结构安全。根据上述原则，新装管线的走向应尽量与老管线保持一致，能利用原预留孔洞的，应利用原预留孔洞。如果原孔洞不能满足要求，需扩大的，可在原孔洞基础上扩孔，开孔以开够大为佳，如现场不具备条件，也可在满足穿管情况下小于套管的口径。如果必须开新孔，则应根据结构图，选择对结构影响不大的地方，并尽量避免切断钢筋。现浇的梁、柱以及预制构件的支撑受力端不能打孔。

因施工需在楼板和外墙上开孔，所以防水在施工中非常重要。已建住宅楼改造项目中，开孔一般使用水钻，孔的内壁比较光滑，且与套管间隙较小，这使得防水施工有一定的难度。施工时，应将 PVC 套管外壁打毛，填入油麻后再填塞水泥和防水材料，并应筑起 20mm 高的水泥台。对于开孔小于套管的情况，可剔除套管周围部分水泥后再进行防水。水平管道穿越外墙不仅要考虑管道和孔洞之间的防水，还应考虑铝塑管之间缝隙的防水。因此，穿越外墙的孔洞直径应大一些，这样有利于加大铝塑管之间的间隙，便于填塞油麻、水泥进行防水，否则，很难填塞严密，防水效果不好，如图 7-62、图 7-63 所示。

图 7-62　新开孔处

图 7-63　套管处理

改造基本情况如下：

①采暖热源由热交换站提供，采暖供回水温度为：95/70℃，采暖系统工作压力为 0.6MPa。

②散热器选用内腔无砂辐射对流型铸铁散热器。

③室内采暖管道安装于地板垫层内，采用无规共聚聚丙烯（PP-R）铝塑稳态管，管材应符合相关标准《无规共聚聚丙烯（PP-R）塑铝稳态复合管》CJ/T 210-2005 要求。

④户外共用立管、入户分支管及散热器支立管均使用双面热镀锌钢管。

2）给水排水改造

①利用市政余压

对于多层住宅建筑，可充分利用城市管网水压满足供水要求。本项目市政管网压力按 0.35MPa 计，直接由室外环管上引出。

②污水收集与排放

本项目室内排水采用污、废水合流制，并设置通气管。厨房设隔油器，经隔油后的污水排入市政污水管网。改造建筑困难在于，在加建厨卫设施后，部分排水排出管无法直接接入室外管网。设计时要考察现场情况，尽量在新加建方向排出。如新加建方向无法满足排水要求，排出管在内廊部分要设置清扫口以便日常维修。

③雨水收集与排放

本项目雨水排放采用外排，经室外地面流入雨水管网中排入市政雨水管网。部分雨水管在一层排水位置是内廊，如经地面排放影响安全，需要将这部分雨水管直接接入雨水管网中。

④屋面雨水排水改造

屋面雨水采用重力流外排水方式，以最短距离排至室外，接入室外重力流雨水管前，增设检查井消能过度。原有屋面雨水排水管采用的陶土管，由于使用时间长、缺少维修已经严重破坏无法使用。通过这次改造统一进行更换。出于管材的综合使用要求，即耐腐蚀、阻力小、耐老化、安装方便、节约成本等。屋面采用 87 型雨水斗，屋面雨水立管选用抗紫外线 UPVC 雨水管（R 型），管材压力等级为 1.00MPa。改造后解决了因雨水造成的外墙面破损和水垢，提高了安全性、美观度。图 7-64 为雨水管破裂，图 7-65 为改造后雨水管。

⑤室内给水排水改造

原楼内存在公共卫生间，共用厨房，卫生条件差，居民使用不便，私接给水排水管的问题。私接给水存在用水安全隐患和偷水情况，如图 7-66 和图 7-67 所示。通过改造实现一户一个厨房一个卫生间的目标，排除用水安全隐患，大大改善卫生条件，提高居民生活质量。同时实现一户一表改造，解决了偷水的情况（图 7-68）。

图 7-64　雨水管破裂

图 7-65　改造后雨水管

图7-66 私接给水管　　图7-67 私接排水管

图7-68 改造后室内给水排水管道

⑥室外排水改造

因为年久失修，周围环境的改变，管道破损等原因。造成原有室外排水管道大部分存在堵塞现象，需要三天一小通、五天一大通，给小区内居民的生活造成极大的不便。同时原排水管道与现有管网不配套，已经没有维修再利用的可行性。由于原有排水管网与周边现有管网不配套，在排水管网改造前要摸清周边管网的实际情况，并选取合适的接口位置。结合室外排水管材要求耐高压、阻力小、密封好、使用寿命长、便于铺设安装等特点，选用硬聚氯乙烯（PVC-U）双壁波纹埋地排水管。改造后解决了原来管网存在的堵塞问题，改善了小区周边环境，提高了居民生活环境。

（6）电气自控改造

1）筒子楼的供电电源由就近室外T接箱引至，三相四线制，电压380/220V，采用铠装电缆室外直埋引至各住宅楼。

2）每栋楼均设集中计量电表箱，电表箱设在公共部位统一计量，一户一表，集中电表箱落地安装，下设150mm基座，并装有浪涌保护器。由电表箱向各户内放射式明敷配电，均匀分配各相。原来建筑线管均直接明挂，考虑其美观性，现在线管扣线槽沿楼板边明敷。

3）每户设配电箱，箱内各回路分设断路器，负荷按 4kW 考虑，充分满足住户的用电要求。原建筑物内无法预埋线管，现建筑物内所有回路的导线均选用 BV-500 型，穿硬质阻燃 PVC 管沿墙、楼板在不破坏结构的前提下开槽暗敷，后砂浆抹平，管线敷设时，在穿越墙体、楼板等时，在安装完毕后，采用无机防火材料进行封堵。

4）入户电线规格为 $3 \times 10mm^2$。原入户线规格为 $3 \times 4mm^2$，且无厨卫、空调回路，已不能满足现代生活的要求。户内照明、插座由不同的支路供电。厨卫设有单独回路线为 $3 \times 4mm^2$，供厨房卫生间可能使用的大功率电器，采用防水防尘型插座，满足规范要求。单独设 $3 \times 4mm^2$ 空调插座回路，使居民改善生活条件成为可能。所有插座回路（高空调插座除外）均设剩余电流保护器保护（动作电流不大于 30mA，动作时间不小于 0.1s），充分满足安全性能要求。

5）原楼梯间公共走廊等处无照明，给居民夜间出行造成不便。现楼梯间等公共部位设置声光控吸顶灯，解决夜间出入安全问题。选用高效光源、节能灯具，有效节约能源。

6）原建筑无防雷设计，本工程加装弱电系统后按三类防雷设计，屋顶采用 $\Phi 10$ 镀锌圆钢沿建筑物屋脊、屋檐及所有高出屋面部分顶上敷设，所有突出屋面的金属物体均与防雷装置可靠连接，在整个屋面组成不大于 $20m \times 20m$ 或 $24m \times 16m$ 的网格。并利用建筑物外侧四根主筋作引下线，原建筑无引下线的，则利用圆钢明敷做引下线，低于 1.8m 处套钢管保护。引下线的平均间距不大于 25m。在建筑物外侧敷设扁钢为接地体，接地电阻不大于 4Ω，保障住户用电安全。

7.2.6 济宁市任城区康桥华居老旧小区改造项目

1. 案例概况

2020 年，任城区实施老旧小区改造“4+*N*”融资试点项目（马驿桥大片区统筹平衡模式项目、文化小区自平衡模式项目和金茂康桥华居跨片区组合平衡模式项目），共涉及 14 个老旧小区、单体建筑 114 栋、居民 4479 户、建筑面积 37.5 万 m^2。

2. 相关规划指导政策

在老旧小区改造这项重要民生工程上，济宁市一直积极探索并努力推进。为进一步美化城区城市面貌，改善居住环境，巩固“创城、创卫”工作成果。济宁市任城区人民政府办公室根据《山东省深入推进城镇老旧小区改造实施方案》（鲁政办字〔2020〕28 号）制定并印发《济宁市任城区 2020—2025 年老旧小区改造工作实施方案》，根据小区建成使用年限长短、破旧破损程度、配套设施状况以及居民改造意愿等因素，经街道社区推荐、现场踏勘、集体研究，确定了 2020—2025 年老旧小区年度改造任务计划，建设宜居整洁、安全绿色、设施完善、服务便民、和谐共享的“美好住区”。

3. 推进机制

按照市场原则，采取“EPC+O 模式”公开招标引入愿景集团参与项目的策划设计、施工、运营、物业管理等工作。通过多方优势互补、联合成立“综合运营平台”，并通过运营收入作为融资还款来源，探索了老旧小区改造投融资的创新模式，实现互利互惠双赢模式。由愿景集团负责老旧小区改造项目的规划、设计、施工、运营等。由创展置业公司向国开行申请“老旧小区改造专项贷款”，用于老旧小区改造及经营性资源建设，并作为投资管理单位，负责改造建设实施。充分发挥联合运营公司在项目融资中的主阵地、主平台作用，履行好项目运营、监督、协调等职责，并由其负责实现老旧小区改造项目的运营收益，二者共同对国开行还本付息（图 7-69）。

以长效为基础，四类资源结合，构建长效运营的推进机制

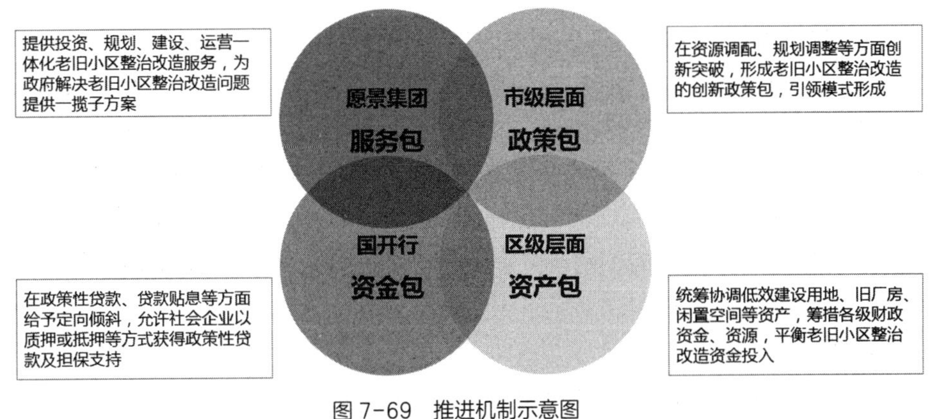

图 7-69　推进机制示意图

4. 项目投资

项目总投资 7.93 亿元。争取市级以上改造资金、发行地方政府债券 2.93 亿元，将财政资金、资产注入区属平台公司，作为项目改造运营主体，并引入愿景集团联合成立“综合运营平台”，发挥项目融资主阵地、主平台作用，利用项目盈利实现项目平衡，成功获批国开行 5 亿元贷款，构筑了开放性融资体系。

5. 改造技术

（1）基础类改造

对小区内居民楼粉刷、修缮，实施雨污分流，拆除违法建筑，完善安防设施，完善消防设施，配备环卫设施，整修小区道路，完善车行、人行交通系统，完善公共照明，绿化补建，完善无障碍、适老化设施。

（2）完善类改造

完善小区内现有的社区及物业用房，对现有小区居民楼进行节能改造，对金茂康桥华居小区加装电梯，完善小区内停车场及文化、健身、无障碍等设施。

（3）提升类改造

提升类改造主要为小区周边闲置资源提升再利用，主要包括将原闲置黄淮宾馆 9146.00m^2 提升改造为阜桥（黄淮）便民服务中心；在原闲置的粮校地块新建观音阁便民服务中心 3200.00m^2；文化小区内改造便民商业 900.00m^2；购置水产路规划建设工程 60749.12m^2 作为任城便民服务中心。

本项目整合资源，完善公共服务设施、便民设施。在老旧小区周边通过新建、整合的方式进一步完善公共服务设施、便民服务设施等，在为小区居民服务的同时，培育形成稳定的现金流，保障项目的顺利实施。

6. 完成情况

本项目的实施，有着较好的社会效益和经济效益，具体表现在以下几个方面：

（1）本项目的建设，被写入任城区 2020 年政府工作报告，是任城区重大的民生工程，能够帮助居民改善住房条件，使他们能够享受到城市发展的成果，感受到党和政府的温暖。项目的建设，有利于实现城市化进程中对整洁干净、亮化美化的要求，使老旧小区较好地融入了现代化城市格局，不仅增强了城市的吸引力和辐射力，实现了物业的保值增值，而且也为展示城市形象锦上添花。因此，我们在创建文明城市和现代化都市的时候，更应该重视老旧住宅小区的建设和管理。

（2）本项目的实施，也是重大的发展工程。综合整治小区改造能够拉动投资、消费需求，带动相关产业发展，推进以人为核心的新型城镇化建设，破解城市二元结构，提高城镇化质量，为企业发展提供机遇，为扩大就业增添岗位。

（3）本项目的建设有利于实现社会公平。进行老旧小区改造，最重要的是实现了社会发展的公平，让每一个市民都充分享受到城市发展的红利。与当前新建小区的干净、整洁相比，老旧小区脏乱差严重影响着居民的生活。同样作为这个城市的建设者和城市的一分子，生活环境的差异势必会造成心态的不平等。如果套用严酷的市场规律，那么这些老旧小区的未来就更加堪忧。这个时候政府在社会和经济生活中的主导作用就凸显出来，以城市建设的力量，改造老旧小区，美化和提高居民的生活环境质量，就能平衡这种不平等。同时作为老旧小区的居民，在这个过程中也享受到了城市发展带来的福利，更加提升了对这个城市的热爱，推进了社会的和谐稳定。

（4）本项目的实施符合《济宁市城市总体规划（2014—2030年）》要求，符合城区总体发展布局。通过整治改造工程，可以充分发挥该区域的自然环境优势，对于提高城市文化底蕴和城市整体功能，促进城区基础设施建设的步伐，对于改善人民的生活条件，树立城市对外良好形象，将起到积极的推动作用。

（5）通过老旧小区改造项目的实施，任城区的投资环境和生活环境都会得到明显改善。对促进经济发展具有十分重要的意义，也为康养、物管等相关行业提供新一轮的发展机遇，同时也扩大了内需，必将对任城区经济发展起到巨大的推进作用。

7. 经验总结

（1）政府主导与市场运作相结合

任城区康桥华居老旧小区改造试点项目，通过区政府授权的形式，确定由区属企业作为全区老旧小区改造工作统筹平台。统筹使用中央、省级各项专项奖补资金，区政府、区属平台闲置、低效资产注入区属企业，并采取EPC+O模式公开招标，引入愿景集团参与试点项目的设计、施工工作。通过多方优势互补、联合成立“综合运营平台”，并通过运营收入作为融资还款来源，探索了老旧小区改造投融资的创新模式，实现互利互惠双赢模式。

（2）理清组织架构，明确权利义务

理清愿景集团、创展置业公司两个实体在联合运营公司中的定位、优势、分工，由愿景集团负责老旧小区改造项目的规划、设计、施工、运营等；由创展置业公司向国开行申请“老旧小区改造专项贷款”，用于老旧小区改造及经营性资源建设，并作为投资管理单位，负责改造建设实施。充分发挥联合运营公司在项目融资中的主阵地、主平台作用，履行好项目运营、监督、协调等职责，并由其负责实现老旧小区改造项目的运营收益，二者共同对国开行还本付息。

（3）激活闲置资源，实现微利可持续

任城区围绕“拓还款来源、提信用等级”，指导制定了贷款专案，打包包装可利用资源，将拟改造小区与周边闲置单位宿舍楼、闲置厂房等资源统筹规划，新增便民服务中心、停车场、人才公寓、社区食堂等有收益的服务设施，通过20年运营，以及未来现金流作为还款来源。充分利用片区内闲置空间改造便民服务设施，满足居民停车、助餐、养老、托幼等需求。利用闲置资源打造的便民中心、租赁住房、新增停车场、便民商业网点等，进行综合运营，实现资金平衡。

（4）配套激励与群众自愿相结合

济宁市出台《济宁市支持城镇老旧小区改造十条措施》（济政办发〔2020〕7号），对老旧小区改造提供了明确的实施路径，并针对各项工作出台相应实施方案。以电梯加装为例，市出台了电梯加装文件，明确各方出资比例、实施路径、报批报建手续等，探索了居民出资参与共建共治共享的新举措，并给予明确的资金奖补支持，其中市财政补助工程总造价的10%，区财政补贴工程总造价的10%，最多不超过20万元，其余由居民出资。例如，康桥华居小区开展的加装电梯试点工作，每台电梯安装费用需约45万～50万元，在获取奖补后居民需承担的费用大幅降低。

（5）专营资金与设施改造相结合

老旧小区内入户端口以外需要改造的供水、供电、供气、供暖、通信、有线电视等专业经营设施，由专营单位负责改造，资金由各相应单位承担，并与老旧小区改造同步设计、同步实施，改造后的专营设施产权同时移交给专营单位，由专营单位负责维护管理。在改造过程中，统筹考虑各工种施工流程，优化改造顺序，提升工程推进和资金利用效率。

（6）社会资本与投资收益相结合

将老旧小区改造与红色物业管理相结合，实现了建管一体、长效运营的合理机制，并由物业公司积极探索物业费外的医疗、送餐、文化消费等多种经营内容，有效提升了社区居民生活的获得感、幸福感。在有条件的小区内，引入智能电动汽车充电桩、智慧医疗、快递驿站、广告点位等经营性设施，并由经营服务商投资建设运营，产生的收入用于反哺老旧小区改造，拓宽了老旧小区改造的参与主体和资金来源。

（7）统筹专营单位协同作业，调动社区居民参与改造

由项目实施单位牵头，推动专营单位年度更新改造计划与老旧小区改造计划匹配，明晰管线改造与旧改施工交界面，提前实施减少因交叉施工对旧改的影响，降低对居民生活的干扰。

广泛开展“美好环境与幸福生活共同缔造”活动，激发居民参与改造的主动性、积极性，充分调动小区居民参与改造。按照老旧小区改造实施方案要求，在街道社区前期充分开展居民工作的基础上实施改造，实现决策共谋、发展共建、建设共管、效果共评、成果共享。

7.2.7 上海彭浦三村住区抗震加固改造工程

1. 案例概况

上海彭浦三村住区综合改造工程位于上海闸北区临汾路平顺路，建筑面积10

万 m^2，结构类型为砖混结构，层数为 5 层，本次改造设计时间为 2007 年 12 月，竣工时间 2009 年 12 月，改造面积 $7703m^2$，由上海市北方企业（集团）有限公司承担设计和施工。

2. 改造理念

以解决不成套居民居住条件为出发点，在居民不搬迁的前提下，通过综合改造技术的应用，达到每户均有独立的厨房和卫生间的目标。同时结合成套率改造，提高房屋结构的安全性、使用性和耐久性，显著改善房屋的抗震能力，消除原住房的不安全因素，是建筑业可持续发展的重要组成部分。

3. 改造原则

（1）不动迁原则

动迁工作是当前各级政府在旧城旧房改造中最困难的一项工作，矛盾特别突出，因动迁引起的上访事件和极端事件屡见不鲜。本次综合改造采用不动迁的方式实现了住房的成套，显著改善了居住舒适度和住区环境。

（2）提高安全度原则

该工程通过综合改造后，不但解决了“不成套”问题，而且通过综合改造，解决原房屋存在的结构安全、抗震安全、防雷安全、用电安全等问题。

（3）可持续性原则

旧房改造是一项解决弱势群体居住困难、实现社会和谐发展的长期工作。现有的各类旧房数量巨大，仅上海就有近千万平方米，因此综合改造技术应经济合理，同时要有技术上的合理性和施工的便利性，才能保证不成套旧住房的综合改造顺利实施。

4. 改造技术

（1）屋面平改坡技术

通过对彭浦三村住宅楼进行平改坡改造，达到美化外表面、增强屋面防渗和加强保温隔热性能的目的。确定坡屋面形式需综合考虑原平屋面的实际情况，考虑结构现状、周边环境和经济合力等因素。本次改造采用四坡屋面，屋面坡度采用 1 : 2，达到较好的视觉效果。屋面设置老虎窗，既起到通风采光作用，又可起到屋面检修口作用，设计中采用通风百叶窗与普通玻璃组合的推拉窗。

在原承重横墙及外墙上，通过植筋与屋面该部位的新浇筑的混凝土圈梁有效连接，其上采用质量较轻的木框架和木屋架作为屋面承重结构。实施中先拆除屋面上原有砖墩和隔热混凝土薄板，铲除原屋面上的二毡三油防水层，以减轻屋面荷载；在砖墙上增设一道屋面混凝土圈梁，作为木柱的支座，并能起到提高房屋整体性及抗震能力的目的。最后在木屋架上做木檩条，铺设木屋面板、防水卷材、红色沥青瓦。

（2）抗震加固技术

彭浦三村建造时受当时经济条件、设计理念和技术标准的限制，未考虑抗震设防，存在材料强度低、构造措施薄弱等缺陷，结构整体性和抗震性能不能满足要求。具体表现为砌筑砂浆强度低，楼屋面采用钢筋混凝土预制多孔板，未设置构造柱等。但房屋的平面规整，布置呈东西向对称，横墙间距小且上下对齐，高宽比合理，上下高度均匀无变化，这些因素均有利于结构抗震加固。

根据本项目特点，应保证加固改造过程中居民的正常使用。在改造设计中增设钢筋混凝土构造柱应与原承重墙体有效结合；楼面重新分隔要考虑局部荷载增加对原楼面的影响等。在上部结构改造设计中，注意加强房屋的整体性；在拓宽部分采用钢筋混凝土现浇楼屋梁。通过抗震加固，有效增强房屋的侧向约束、增加房屋结构的延性、提高房屋结构整体刚度，防止结构在地震下可能产生的整体脆性倒塌破坏。

综合改造后房屋抗震措施对照表见表 7-7 所示。

1～5 号楼抗震措施对照表　　表 7-7

项目	规定	改造后	满足与否
层数	多孔砖宜≤ 5 层	5 层	满足
高度	多孔砖宜≤ 16m	14.3m	满足
横墙间距	装配式楼屋顶≤ 11m	3.3m	满足
房屋高宽比	宜≤ 2.2	1.40（1 号房） 1.52（2～5 号房）	满足
高度与底层平面最长尺寸之比	<1.0	0.44	满足
层高	宜≤ 4.0m	2.8m	满足
质量和刚度分布	比较均匀，立面高度变化不超过一层	上下质量和高度一致	满足
楼层质心和计算刚心	基本重合或接近	基本重合	满足
砖、砌块强度等级	砖不宜 <MU7.5	砖 MU7.5	满足
砂浆强度	宜≥ M1.0	M3.0	满足
加盖圈梁	内外墙均需设置	设置圈套	满足
楼层圈梁	内外墙均需设置	隔层设有圈梁	满足
楼屋盖支承长度	墙上≥ 100	100	满足
承重的门窗间墙最小宽度	宜≥ 0.8m	2.3m	满足
外墙尽端至门窗洞边的距离	宜≥ 0.8m	0.8m	满足

（3）楼面构造加强

新扩建处每一层楼面沿外墙统一设置钢筋混凝土圈梁，圈梁与原有楼面结构采用植筋法连接成整体，使房屋整体性得以明显提高。在改造过程中采用了植筋技术。在钢筋混凝土构件上植筋不必进行大量的现场开凿挖洞，而只需在植筋部位钻孔后利用化学锚固剂就能保证钢筋与混凝土的良好黏结。植筋技术不仅具有方便、工作面小、工作效率高的特点，而且还具有适应性强、适用范围广、锚固结构的整体性能良好、价格低廉等优点。该项目采用植筋技术有效减轻了加固对原有结构构件的附加损伤；同时也减少了加固工程量，降低了现场的噪声和粉尘污染。

（4）新旧结构连接

1）新旧基础连接

新扩建部分基础采用钢筋混凝土筏板基础加锚杆静压桩。因场地地基土层为软土层，原有结构由于建成已有三十余年，其沉降已趋稳定；而新建部分基础如采用天然基础，则会产生较大的沉降。而新旧结构的沉降差异将导致上部结构大范围的开裂和变形，严重时新旧连接可能失效。为防止新旧基础间的差异沉降，本项目改造设计中采用450mm厚钢筋混凝土筏板基础，并在筏板下设置250mm×250mm锚杆静压桩。通过锚杆静压桩和混凝土筏板基础共同作用来控制新建部分的沉降，使新旧结构间的差异沉降控制在可以有效处理的范围。

根据工程经验，在软土地基进行锚杆静压桩桩基设计时应充分考虑超空隙水压力的作用。超空隙水压力将使土体发生回弹现象，并在基础底板产生较大的反力，反力一般为二三层上部荷载。因此在改造过程中，压桩一般在增设部分建到三层后进行，这样新设的钢筋混凝土筏板基础与原有基础可采用植筋技术使基础连接成一个整体。在锚杆静压桩设计时应注意压孔的形式，一般需做成上小下大的喇叭口，压桩完成后再浇筑微膨胀早强混凝土封桩。

2）上部结构连接

为增强结构整体性，改造时在新旧墙体间增设现浇钢筋混凝土构造柱，构造柱沿房屋长度方向在纵墙内每开间设置，并在构造柱中埋设拉结螺栓，使之与原墙体可靠连接。增设的钢筋混凝土构造柱在墙体遭受水平地震作用时可有效地约束砖墙，增加砖墙的耗能能力和防变形性能，防止墙体外闪或倒塌，从而达到“裂而不倒”的目标，防止结构发生整体倒塌。

5. 结构加固改造效果分析

地基基础得以改善。上海的地基是典型的软弱土层，按Ⅳ类场地土考虑，属抗震不利的场地，通过在拓宽部分采取筏形基础中等压缩性的5层土的桩基，并与原房屋的基础通过有效的连接技术形成新旧房屋的结构整体，减少了作用在地基上的有效应力，改善了原基础置于软弱地基上的缺陷，增强了地基基础的抗震作用，减轻了基础在遭遇地震时的损坏或破坏。

抗震构造措施得以加强。房屋原未设构造柱，且隔层设置圈梁，通过在拓宽处增加构造柱，并在屋面层增设一道圈梁，增强了房屋的整体刚度，增加了房屋的侧向约束，改善了砌体结构的脆性，提高了房屋结构的延性，增强了屋面层的整体刚度。

6. 改造经济性分析

在对既有建筑改造进行方案选择时，除考虑社会效益、技术先进、功能提升、结构改善等因素外，还应考虑技术方案的经济合理性。根据原拆原建方案和综合改造方案的对比来分析综合改造方案的经济合理性。

（1）原拆原建方案分析

1）临时过渡费用

工期 12 个月，每户居民临时过渡费按 1500 元 / 月计：

260 户 ×1500 元 /（月・户）×12 月 =468 万元

2）新建房屋单位造价 1200 元 /m^2：

8241m^2×1200 元 /m^2=988.92 万元

3）拆除清理垃圾费用：

按每平方米建筑面积产生 1.1t 建筑垃圾（含基础），拆除及运输按每吨 100 元计，拆除运输垃圾费用 7703m^2×1.1t/m^2×100 元 /t=84.73 万元。

三项合计费用约为 1541.65 万元，单价约为 1871 元 /m^2。

（2）改造方案经济分析

1）改造施工是在居民不搬迁的情况下进行，施工周期约 6 个月

原有建筑面积内部分隔、修理、水管更新等 600 元 /m^2。

7703m^2×600 元 /m^2=462.18 万元

2）拓宽新建部分 2000 元 /m^2

538m^2×2000 元 /m^2=107.60 万元

3）平改坡、外墙涂料等 80 元 /m^2

7703m^2×80 元 /m^2=61.62 万元

4）垃圾清运：改建中拆除楼梯间、隔墙等 0.22t/m^2

每吨垃圾拆除及清运费用按 100 元计：

7703m^2×0.22t/m^2×100 元 /t=16.95 万元

四项合计费用约为 648.35 万元，单价约为 787 元 /m^2。

（3）改造重建经济分析比较

利用质量尚好的既有建筑做“成套率”改造是一项投资少、见效快的民生工程，

具有较好的经济效益，同时社会效益显著。本次改造 6 幢 5 层住宅楼共 260 户居民，原建筑面积 7703m^2，改造新增面积 538m^2，总建筑面积为 8241m^2。

采用综合改造方案，则改造费用合计约 648.35 万元，单价为 787 元 /m^2；若采用原拆原建方案，则费用合计约 1541.65 万元，单价为 1870 元 /m^2。采用综合改造方案每平方米可节省 1083 元。按上海市每年综合改造 40 万 m^2 非成套住房计算，每年可节省资金 4.3 亿元，经济效应显著。若在全国范围内大面积推广，则经济效应效益更加可观。

7. 改造技术推广应用价值

本项目针对建于 20 世纪六七十年代的住宅用房，层数一般为 5 ~ 6 层，建筑平面较规整、结构整体刚度较好、地基经几十年固结而沉降稳定。通过集成建筑改造、平改坡结构改造、综合节能改造等综合改造技术，达到预定的目标。

彭浦三村住区综合改造项目的实施效果显著，主要亮点包括：以建筑拓宽增加建筑面积、每户独立厨卫出发，并显著改善用户的居住舒适度和周边环境；通过应用新旧结构连接技术，增设钢筋混凝土圈梁和构造柱等构造措施，有效提升原有结构的抗震能力；通过对新增结构沉降量计算，采用钢筋混凝土筏板基础下设置锚杆静压桩的组合基础形式，在上部结构施工到指定高度后再压桩，并采用了新旧结构基础的不设缝连接关键技术，解决了新老建筑沉降不均匀的工程难题，可进行大范围的推广应用。

7.2.8　北京大兴区清源街道枣园小区有机更新

1. 案例概况

枣园社区是 20 世纪 90 年代建成的回迁、商品混居社区，建筑面积 28.7 万 m^2，现 51 栋楼，272 个楼门，3380 户居民，13100 人，85 家底商，5 家辖区单位，是典型的超大社区。三合南里社区包含 3 个自然小区，分别为建馨嘉园、书馨嘉园和三合南里南区，三个小区总建筑面积 8.9 万 m^2，含 16 栋楼、1147 户社区居民、3000 余人，组团还包含社区外闲置锅炉房、堆煤场、底商等闲置资源。

2. 相关规划指导政策

在大兴区老旧小区数量多、范围广、资源分配不均匀的情况下，大兴区委区政府在经过多个老旧小区的实地走访，调研街道社区相关闲置低效资源，和简易低风险政策（京规自发〔2019〕439 号）、《北京老旧小区综合整治工作手册》（京建发〔2020〕100 号）的发文机构进行多次沟通后，形成了以老百姓实际需求为导向，统筹规划社区、街区、片区资源，充分利用城市更新的政策红利，撬动社会资本在投融资、设计、运营等方面的投入，将政策有效落实的同时为老百姓带来切实的利益，并将该模式在大兴区逐步进行推广。

3. 改造策略

一是统筹：统筹政策合力，集成市、区、街三级政策资源；统筹民心所向，收集、汇总街道辖区内社区居民核心诉求；统筹社会力量，坚持党建引领，推动社会力量多元共建；统筹空间资源，提升低效空间的使用效能；统筹产业发展，植入产业元素，统一规划便民服务业态；统筹功能配套，打造完善的便民功能服务配套体系。

二是更新：优化环境氛围，提升配套服务，创新生产方式，建立思想意识，培养生活理念，重塑邻里关系，实现全域整体更新。

4. 项目投资

本次项目总投资共计 2.8 亿元，其中政府财政投资 2.1 亿元，社会资本（愿景集团）总投资约 7000 万。

5. 改造内容及技术

（1）“参与式”社区改造（图 7-70）

改造方案设计初期，通过社区活动，采集 2000 余份居民调查问卷，结合数月的实地勘探结果，深入挖掘居民核心需求及痛点，融入改造设计方案及居民服务体系中。

改造方案初稿形成后，召开“拉家常”议事会，采集居民意见，优化设计方案。共征集居民意见建议 150 余条，居民意见采纳率约 95%。

改造实施中，吸纳社区居民代表、各领域专家作为小区改造的“居民顾问”，成立“社区智囊团”，针对社区治理及改造事项实施监督、建言献策。

（2）通过简易低风险政策，补足社区便民配套，提升居民生活便捷度

结合前期居民调研及社区周边配套市场调研结果，利用社区内闲置空间，通过简易低风险政策，新建便民服务配套，提升社区居民生活便捷度。改造后社区居民不用走出社区，便可以在社区内中心广场的社区便利店购买生活必需品；社区老人可以在主食厨房享受每日特价早餐及各类主食、熟食；小朋友放学后可以在松林公园的文具书吧内写作业及免费体验益智类小游戏。

社区停车场打造成的综合便民服务中心（通过简易低风险新建的 900m^2 社区配套，已完成规划许可、施工证办理）已经正式投入使用。社区居民可享受社区食堂、养老托幼、文体活动室、缝补维修、无障碍卫生间等便民服务。社区公共服务水平得到了切实提高，居民生活更方便、更舒心、更美好。

图 7-70 改造前后对比图

（3）打造垃圾分类教育基地，提高居民源头主动分拣意识（图 7-71）

社区内引入厨余垃圾处理设备，打造共享菜园花圃，设备每日可消纳社区内 3380 户居民产生的全部厨余垃圾，约 1t 重。通过 24h 的分拣、脱水、破碎、搅拌、生物发酵，变成约 100kg 有机肥。

通过举办小手拉大手蔬菜种植、厨余垃圾换蔬菜、垃圾分类益智游戏等活动，寓教于乐，社区居民可直观感受垃圾分类的重要性，主动从源头做好垃圾分拣工作，有效提升社区厨余垃圾分拣率，打造大兴区垃圾分类示范社区。

图 7-71 居民活动

（4）搭建共治共建共享平台，营造文化活力社区氛围（图 7-72、图 7-73）

利用闲置配电室改造为居民议事厅，用于举办党建活动、“拉家常”议事会等社区会议，还可作为社区居民举办民乐表演等室内活动场所使用。

图 7-72　居民议事厅改造前后对比图

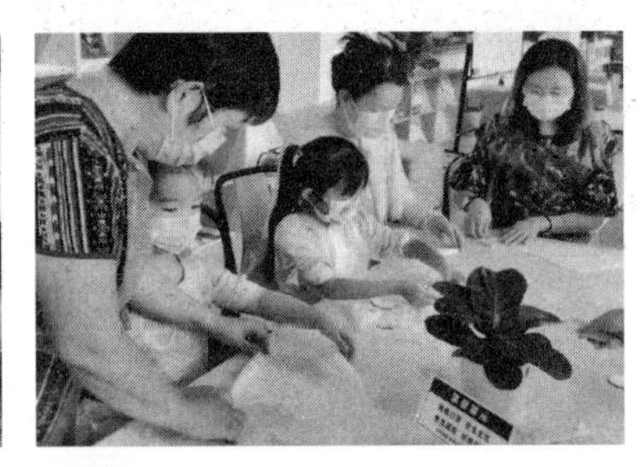

图 7-73　美好社区活动

6. 完成情况

联动居委会、居民、志愿者搭建社区共享活动平台，自物业引入后举办了南门题字书法比赛、消夏市集、开园仪式、中秋国庆双节嘉年华、垃圾分类宣传活动、二手集市、社区邻里节、枣园的秋天植物科普活动等文化类、节庆类、特色主题类活动。同时基于社区内原有书法、摄影、歌舞等社团，组建社区学院平台，创立社区学院线上服务号，丰富社区居民业余活动，挖掘、培育居民潜力与创造力，逐步形成可持续性的自我运作，打造活力、多彩、美好社区。

7.2.9　北京市通州区西营前街老旧小区综合整治

1. 案例概况

北京市通州区西营前街小区建于 1992 年，西起玉桥中路，东至西营巷，南起西营前街，北至玉带河东街。占地面积 8 万 m^2，楼房建筑面积约 6.05 万 m^2，共有 15 栋楼，62 个单元门，共 769 户，改造建筑单体信息见表 7-8。

改造建筑单体信息 表 7-8

序号	楼号	户数	建筑面积（m^2）	层数	单元数	竣工时间
1	1	20	2780.85	7	1	1993
2	2	48	2969.28	6	4	1993
3	3	72	4553.4	6	6	1993
4	4	51	5652.53	6	5	1994
5	5	72	5020.47	6	6	1994
6	6	72	5046.48	6	6	1994
7	7	60	5954.5	6	6	1996
8	8	72	5771.94	6	6	2001
9	9	66	5685.54	6	5	1995
10	10	20	2058.25	7	1	1995
11	11	96	6019.92	6	8	1994
12	12	24	1866.18	6	1	1994
13	13	24	1866.18	6	1	1994
14	14	24	1618.32	6	2	1994
15	15	48	3725.82	6	4	1994
合计	15 栋	769	60589.66		62	

2. 改造技术

（1）建筑楼本体改造方案

1）拆除违法建筑、整治开墙打洞

小区内部分住宅、底商外墙附建、违法建设，需拆除整治，拆除违建共 94 处，累计 388m^2。

2）外墙节能改造

节能改造需要增加外墙外保温系统，降低室内外热交换，以达到预期节能 65% 的标准。节能改造工程不同于新建，原有外墙的节能改造需要紧密结合现状，对每栋楼所存在的具体问题进行针对性处理。

3）屋面节能改造

屋面节能改造的难点在于在保证居民正常生活使用的基础上，保证改造方案的可靠性与合理性。小区屋顶现状为平屋顶加坡檐形式，对于坡檐在做保温防水前，需先拆除屋面瓦，保温防水施工后，更换屋面瓦。对于平屋顶需将原有防水层进行清理后，再做保温防水。

4）外窗节能改造

现状公共外窗及部分住户外窗为非节能窗，需进行更换，将住户外窗及公共外窗全部更换为断桥铝平开窗。

5）外门节能改造

小区内单元门禁系统已全部失效，多为敞开不关闭状态，需进行更换或修缮。

6）楼内管线改造

楼内上、下水管线需要改造更换，同时采暖管线也需要改造更换。

7）楼内公共区域整治

楼内弱电线缆凌乱，公共照明缺失或不节能，楼内公共区域环境陈旧、脏乱，需整体清理、刷新，楼梯栏杆扶手锈蚀、破损，需全部修补刷新。

8）完善无障碍设施

楼梯间 0 ~ 1 层台阶处无靠墙扶手，需增设尼龙靠墙扶手。在满足消防疏散通道的前提下，首层至顶层安装尼龙靠墙扶手。

9）空调规整

空调室外机规整，增设护栏，统一设置冷凝水管。

10）外窗护栏整治

拆除楼体各层窗户外现有的护栏，对一层加装隐形防护栏。

11）外立面美化

对楼体外部进行清洗粉刷，外墙粉刷涂料（真石漆或质感漆）；小区内共 15 栋住宅楼，立面主色调为浅黄色，局部为橘黄色，其中小区北部沿街 4 栋楼为白色面砖材质，小区内建筑风格整体不统一。小区周边住宅楼大多为棕色，首层为真石漆仿砖材质，二至顶层为弹涂，阳台随主墙面颜色。建筑整体色彩比较暗沉，缺少活力。将住宅立面进行两段式划分，增加立面层次；主色沿用小区原建筑浅色调，首层改为深色仿石材材质，均采用真石漆，增强建筑色彩的质感。使建筑整体品质提升、精致整洁、焕然一新。

12）平改坡改造

小区内 15 栋住宅楼现状为平屋顶，进行平改坡改造后，不仅起到隔热防水作用，同时也美化小区屋顶和立面。平改坡材料为屋面瓦采用合成树脂屋面瓦，屋架采用方钢管三角屋架。其中，合成树脂瓦铺装效率高、重量轻、防腐阻燃、绿色环保。三角形钢屋架的特点是比较轻，无须大型吊装设备且可现场组装，相比于其他结构体系施工简单快捷工期短，造价低。

13）太阳能应用

采用集中太阳能板和集中蓄电池组，为全部路灯提供电源。太阳能电池寿命长达 25 年以上，不但绿色环保，而且安全可靠，使能源取之不尽，用之不竭。

14）增设电梯方案

通过对小区现场实地踏勘并结合户型特点、场地条件及主要人流方向，对现有住宅结构、使用功能产生最小影响的前提下，进行加梯方案设计。加梯方案的实施，需结合现场实际情况，进行管线、道路铺装、绿化等的重新规划。

（2）小区公共部分改造方案

1）交通流线

疏通消防车道，规整车行、人行流线，对小区室外空间进行重新规划，设计新的机动车行车路线，增设道路安全设施，改造后小区道路宽度应满足消防需求，消除安全隐患。

2）停车方案

小区内原本没有正规停车位，改造后机械停车位 48 个，地面停车位 165 个，临时停车位 160 个，共 373 个停车位，并增设 17 个电动汽车充电桩。机械停车方式采用简易升降，地上 1 层、地下 3 层，共 1 处，共 48 个车位。

3）公共区域配套设施

小区地处重仓小区“家园中心”的覆盖范围内，且周边配套设施较完备，但缺少适老性功能，故考虑在本小区内增设老年活动驿站，完善区域性公共服务体系。小区内自行车及平房较多，存在闲置或存放杂物的现象。本次改造将梳理社区需求，统一规划车棚及平房功能。

以 11 号楼南侧车棚为例：将现有车棚功能划分为电动非机动车存放区、非机动车存放区，合理划分区域，规范停车。将现有车棚中一部分改造为集活动室、餐厅、种植、鸟笼存放等功能于一体的综合性老年驿站。

4）海绵社区

采用雨水收集池、植草沟、采用透水砖、雨水回收、高位花坛、透水沥青等措施。

5）道路铺装整修

①车行路：现状车行路水泥道路破损、局部积水，改造后车行路采用透水沥青。

②人行道：局部人行道路破损较严重且不透水，改造后人行道路采用透水砖。

③健康步道：沿途通过标识系统记录起始点，健康步道线路。

6）无障碍设计

小区部分活动场地及景观设施缺乏无障碍设计，改造后增加坡道及扶手等设施。

7）绿化修缮

小区绿化种植的原则是适地适树、三季有花、四季常青。选择耐寒、耐旱，适于粗放型管理的多年生植物。建立海绵社区要在植物选择上多选用耐涝及耐旱双重特性植物，满足海绵社区植物种植的实际需求。考虑老旧小区绿地较少、空间受限，运用“见缝插绿”的规划原则，提升社区品质。

8）详细设计

①小区内景观广场设计：规划后对电箱进行美化，完善功能设施，明确功能分区，激发空间活力，使其成为动静结合的宜人会客厅。

②儿童活动空间设计：考虑结合绿地增加儿童活动空间，丰富社区功能。

③住宅间景观空间设计：考虑利用现有材料及设施原则进行重新规划设计，并增加围树座椅及相关设施，提高空间利用率。

9）室外公共设施改造

①智能空间设施包括触摸式电子宣传栏、自助购物机、环境监测仪、保留快递柜、增设电子显示屏等。

②人性化设施：增设集中晾晒点、人性化座椅设计、置物架、棋桌、导视牌、公告栏。

③电箱美化：鉴于小区电箱分布比较散且多的现状，在条件允许的情况下建议将电箱规整。

④智能空间系统主要有部署行人出入卡口设备、车辆出入卡口设备、楼宇卡口设备、视频监控设备。

10）室外管线改造

①监控系统：室外安防监控完善，更换为高清数字设备，消除盲点。

②照明系统：路灯统一更换为 LED 灯，增加庭院景观灯。

③对室外地下管线（如电力、燃气、雨污水、热力等）进行综合布置、统一规划调整。室外飞线全部入地，各弱电系统采用管井方式敷设，管材为栅格式塑料（PVC-U）管，埋深为室外地坪 0.8m 以下。

3. 老旧小区改造资金分析

基于上述对西营前街老旧小区综合整治方案的分析，现对改造资金进行分析、估算。西营前街老旧小区投资估算构成见表 7-9，西营前街老旧小区改造估算汇总见表 7-10。

（1）西营前街老旧小区投资估算构成

西营前街老旧小区投资估算构成表　　表 7-9

序号	项目名称	投资金额（万元）
1	工程建设安装费用	15499.44
2	工程建设其他费用	1859.93
3	基本预备费	1388.75
	合计	18748.12

（2）西营前街老旧小区改造估算汇总

西营前街老旧小区改造估算汇总主要参考"《北京市老旧小区综合改造技术经济指标》（2017）"文件进行估算。

西营前街老旧小区改造估算汇总表　　表 7-10

范围		楼本体部分改造			小区公共部分改造		
类别		基础类	自选类		基础类		自选类
改造内容		违建拆除、节能改造、防雷修复、户内管线改造、护栏规整、公共区域翻新等	多层住宅楼房平改坡	太阳能应用	管线改造（估算）	室外绿化、道路、雨污水管线、消防、安防、无障碍设施、垃圾分类等	充电桩、便民服务、技术装备等
面积（m²）		72241.07	11881.29	11881.29	23018.71	23018.71	23018.71
改造资金（万元）		8503.64	1069.32	712.88	1150.00	2433.00	1630.60
单方造价（元/m²）		1177.12	900.00	600.00	499.59	1056.97	708.38
市补贴	单方（元/m²）	340.00		200.00	104.26	260.00	
	补贴金额（万元）	2456.20		237.63	240.00	598.49	
区自筹	单方（元/m²）	837.12	900.00	400.00	195.49	796.97	708.38
	白筹金额（万元）	6047.45	1069.32	475.25	450.00	1834.51	1630.60

老旧小区改造不仅是新时期重要的民生工程和发展工程，也是社会空间结构优化和土地价值提升的重大战略议题。要充分发挥社区组织的作用，社区组织是政府和百姓相互沟通的桥梁，在城市更新管理中发挥着不可替代的作用。只要业主、业委会、社区、物业密切配合，老旧小区改造工作一定会做得更好、更完善，一定会为广大居民提供舒适、便捷的生活环境，营造良好社区氛围。

7.2.10　北京市丰台区莲花池西里 6 号院综合整治分析

1. 案例概况

北京市丰台区莲花池西里 6 号院是北京市 2017 年老旧小区综合整治和增设电梯双试点项目。北京莲花池西里 6 号院位于丰台区西三环中路西侧，莲花西里路北侧，是 20 世纪 90 年代中期建成的离退休干部住宅小区。总建筑面积为 34976.78m^2（军休所提供），共 348 户，超过 50% 的住户是 75 岁以上老人。改造建筑包括 4 栋多层、2 栋高层以及配套用房。由于当年建筑标准限值，小区里 5、6、7、8 这四栋多层住宅楼都没有安装电梯，无障碍设施不完善，莲花池西里 6 号院小区基本情况见表 7-11。

莲花池西里 6 号院小区基本情况　　表 7-11

楼号		层数	单元数	户数	建筑面积（m^2）	竣工时间
2 号楼		12	2	120	9332.13	1996
3 号楼		12	2	72	9009.59	1996
5 号楼		6	4	48	4609.38	1996
6 号楼		6	4	48	3949.36	1996
7 号楼		6	4	48	4609.38	1996
8 号楼	住宅单元	6	1	12	939.06	1996
	办公单元及配套	6			2527.88	1996
合计			17	348	34976.78	

2. 改造技术

北京莲花池西里 6 号院改造的主要内容见表 7-12。

北京莲花池西里 6 号院改造的主要内容　　表 7-12

范围	类别	本次改造项目
楼本体	基础类（共 4 项）	（1）节能改造（外墙、屋顶外保温，更换节能门窗）
		（2）外立面美化及新做空调室外机护栏；楼内公共照明改造，楼梯间及走廊重新粉饰
		（3）楼内上下水、采暖管道等老化设施设备进行改造
		（4）2 号、3 号楼地下公共空间整治
	自选类（共 1 项）	5 号、6 号、7 号、8 号楼增设电梯（13 部）
小区公共部分	基础类（共 8 项）	（1）拆除违法建设房屋
		（2）翻建现有配电室
		（3）小区下凹绿地、雨水收集、景观提升；入口大门重新设计；道路结合停车重新规划，增设健身步道
		（4）完善室外照明、室外监控及相关配套设施
		（5）室外给水、污水、雨水、供暖、燃气管道改造；室外强弱电入地
		（6）电力增容
		（7）维修完善垃圾分类投放收集站；增设再生资源收集站点

续表

范围	类别	本次改造项目
小区公共部分	基础类（共8项）	（8）完善室内外无障碍设施，增加适老化改造
	自选类（共2项）	（1）增设简易升降机械停车
		（2）人口增设电子显示屏、新增门球场

3. 莲花池西里6号院老旧小区改造资金估算

基于上述对莲花池西里6号院老旧小区综合整治方案的分析，现对改造资金进行分析、估算。莲花池西里6号院老旧小区改造资金估算约9000多万元。

4. 老旧小区改造税费减免优惠政策的探讨

通过北京莲花池西里6号院的改造分析可以看出，在老旧小区改造过程中，仅靠政府财政是难以实现的。老旧小区各项工作目前还处在试点、摸索阶段，具体到税收优惠政策方面，还需要研究、探讨。税费减免优惠政策主要有税收豁免、税额减免、优惠税率和加速折旧等形式。对于老旧小区改造项目，具体的税费减免优惠政策初步建议有：

（1）对参与老旧小区改造项目的上、下游企业（包括建设单位、设计、施工、设备及材料供应等单位）免征营业税；

（2）对于老旧小区改造项目中涉及的公共服务或公益性的设备、设施等资产，免征增值税；

（3）对于符合税法有关规定，参与老旧小区改造项目的实施主体，第一年至第三年免征企业所得税，第四年至第六年减半征收企业所得税；

（4）在老旧小区改造项目中，对节能改造的服务企业提供优惠的加计扣除项目，如某企业所研发的应用于老旧小区改造项目的研发支出，进行全额税收抵扣；

（5）对老旧小区改造项目所采用的设备设施，经税务部门审核认定后采取加速折旧。

在老旧小区改造过程中，仅靠政府财政是难以实现的，需要通过市场机制，走多元化筹资，可持续发展的道路。这就要进一步挖掘老旧小区可以市场化开发的资源，和政府公共服务相结合，推动全国老旧小区改造的顺利进行。

5. 更新效果（图7-74、图7-75）

通过对楼本体和小区公共部分进行综合整治、更新，居民能够享受完备的设施、优美的环境、和谐的氛围和优质的服务。

图 7-74 更新前

图 7-75 更新后

整治后的老旧小区，所有突出的外窗护栏全部拆除，外观效果焕然一新，空间效果整洁有序。通过每个单元增设电梯且平层入户，居民能够直接到达本楼层，解决高龄者及出行不便人员的上下楼问题。对楼内、外老化设施、管线进行改造更换，解决居民生活困扰，提升了居住品质。小区绿化环境更新，增加入口人脸识别、车辆进出自动识别管理系统，打造社区安全、美观、人文氛围浓厚的温馨家园。

改造后实施长效管理机制，促进管理、自管良性循环，维持保证综合整治的成果。

7.2.11 劲松街道劲松北社区信息化改造

1. 案例概况

北京市朝阳区劲松街道劲松北社区为改革开放后第一批成建制住宅，总占地面积 26hm^2，有居民楼 43 栋，项目涉及总户数 3605 户，老年居民比率 39.6%（其中独居老人占比 52%），配套设施不足，生活服务便利性差，居民对加装电梯、完善无障碍设施、丰富便民服务、提升社区环境等呼声很高。为了改变这种情况，朝阳区开始尝试引入社会资本，在通过征求民意、社会招标、洽谈协商等环节之后，2018 年 7 月朝阳区劲松街道与社会资本——愿景集团签订战略合作协议，共同推进劲松北社区改造更新工作，打造出“区级统筹，街乡主导，社区协调，居民议事，企业运作”的“五方联动”劲松模式。2019年劲松项目示范区改造全部完工亮相。2021年，改造范围扩大到整个劲松北社区（图7-76），改造工作正在有序推动中。

图7-76 劲松北社区

2. 改造策略

重平安：夯实公共安全，打造平安社区。

重便民：聚焦适老改造，打造敬老社区；实施精细管理，打造有序社区；着眼民生需求，打造宜居社区。

重科技：引入科技手段，打造智慧社区。

重文化：唤醒荣耀记忆，打造熟人社区。

3. 项目投资

项目总投资7600万元，其中政府财政投资4600万元，社会资本投入资金3000万元。

4. 基础改造专项

（1）平安社区建设

1）实施消防安全基础工程，畅通消防通道，改造消防护栏，规范电动车充电，清除楼道堆置物，开展社区消防培训；

2）科学布设治安岗亭、应急救援站、“雪亮工程”视频系统等基础设施，发挥好公共安全堡垒作用；

3）实施架空线入地，重点把控水、电、气、热等公共安全关键要素，建立严格的日常管理制度和应急管理预案；

4）合理配置物业管理“专职管家”，建立有机融合的日常治安防控队伍及常态化治安巡控机制，配合落实网格化服务管理。

（2）有序社区建设

1）加强社区功能性改造，合理设置社区人、车出入通道，总体实现社区人车出入相对分离；规划完善社区人、车交通动线，改造相关设施，打通交通微循环；

2）建成社区停车管理系统，通过重置社区内车位、建设立体停车设施、整合社区外停车资源等方式最大化停车数量，完善社区居民常停车辆、临停车辆、外来车辆区分管理制度；

3）系统改造自行车停放设施，针对性满足电动自行车停放、充电等需求。

（3）宜居社区建设

1）改造社区公园，实现集园林绿化、体育健身、休闲交流、文化宣传等多功能于一体；

2）完善社区绿化景观建设，因地制宜打造更多身边“小景观”、营造社区“大景致”；

3）合理规划、引入适合居民需要的早餐店、菜市场、修补站、老字号、便利店等便民服务业态；

4）系统改造现有自行车棚，除满足停车需求外，提供更多“缝缝补补”式便民服务。

（4）敬老社区建设

1）完善社区公共场所、楼门入口、楼道等场所的无障碍设施，结合实际加装电梯，建立老年人友好型乘坐收费制度；

2）建设社区老年食堂，按现有政策对不同年龄和身体状况老人落实优惠待遇；

3）物业服务建立孤寡老人、高龄老人、重症老人等群体定期走访、精准服务制度，最大限度满足老人生活需求；

4）针对独居老人家庭，配置直通物业的报警求助装置。

（5）熟人社区建设

1）设计、建设具有鲜明特色的劲松社区颜色及标识系统；

2）建设劲松文化墙，完善文化宣传展示设施，凝聚乡愁元素，唤醒荣耀记忆；

3）在居委会指导下加强多种类兴趣社群运营，定期开展惠民公益演出和特色活动，恢复邻里关系，打造“熟人”社区。

5. 智慧社区建设专项

劲松北社区积极开展社区智慧化建设（图 7-77），打造劲松网上社区，推广使用集门禁、安防、停车、电梯、电动自行车充电、便民服务支付等多功能合一的社区智能服务一卡通“劲松卡”；打造开放的社区积分云平台，居民通过参与劲松社区生活获得的积分可以在劲松社区线上线下消费抵扣。将社区智慧化建设与物业管理相融合，实现了相辅相成的效果，主要做法如下。

图 7-77　劲松智慧物联

（1）增加出入口门禁道闸设备

1）劲松一区楼栋共计 16 栋，共计 7 个出入口（人车出入口 2 个，人行路口 5 个）。人车出入口有车辆识别道闸系统处于正常使用状态，单元门禁系统大部分损坏，出入口设有人脸识别系统。

2）劲松二区楼栋共计 20 栋，共计 8 个出入口（人车出入口 3 个，人行路口 5 个）。人车出入口有车辆识别道闸系统处于正常使用状态，单元门禁系统大部分损坏，出入口设有人脸识别系统。

（2）社区服务智慧化

1）小区智慧物业：包括对物业全渠道收费以及人员、工单、客服、监督、巡检等全面管理。主要使用人员是物业工作人员，进行团队内部的管理优化和流程简化。

2）社区智慧视窗：对智慧社区建设全景展示，包括居民画像、出行、活动、大事记、物联、物业等信息大屏展示。主要使用人员是街道、社区及物业工作人员，对社区全貌进行实时了解。

3）社区智慧物联：社区物联网产品，包括云门岗、智慧车棚、智慧电梯等。主要使用人员是社区居民。

4）美好街道管理：面向街道及社区管理需求，提供街道资产管理、街道党建活动及积分、街道楼宇管理等。主要使用人员是街道、社区工作人员，及项目需求内的党员。

（3）在疫情防控及日常的应用

使用人脸识别门禁、监控摄像头等设备对于社区人口进行识别和监督，运行社区门岗云监督系统，门岗每小时进行二维码打卡，对社区进出人员进行线上系统计数，街道、社区工作人员可实时查看进出人员数据，并可通过视频探头对社区门岗工作情况进行监督，进一步强化了社区管理措施，提高了人员管理智能化水平。同时，物业上线运行的智慧社区管理系统，将二维码电子通行证、人脸识别、智能门禁、线上买菜、邻里食堂等社区治理和生活服务集成于掌上美好街坊App，有效满足了疫情期间社区封闭管理、便民服务、心理关怀、有序管理的现实需求。

（4）后续建设安排

将劲松北社区智慧化建设集于一个平台——一卡通数据平台，实现一卡通联。一卡通数据服务平台是由一卡通、美好街坊App、管理中台、社区之窗这四大软件组成，社区用户仅需办理一卡通后下载美好街坊App便可享受现代社区一体化的生活体验，从进入小区门的一刻，智能门禁、租用车棚、车辆充电、日常用品消费、线上缴纳物业费，一气呵成，高效生活。同时相对于社区管理人员，可通过管理中台及社区之窗，真正地实现数据化管理、人性化管理。从此，一切社区管理工作将变得简单且高效，管理结果变得有数据可依。

1）一卡通（表7-13）

针对用户：社区居民。

使用场景：居民通过使用一卡通实现智能门禁、车棚租用、日常社区内部的生活消费以及物业费的缴纳四大业务功能。实现一卡多用，科技便利生活的目的。

"一卡通"功能及亮点　　表7-13

业务功能	一卡通	亮点
社区门禁	一卡通智能门禁	支持多种开门方式（蓝牙、扫码、人脸识别）实时监控人流信息
租车位	与车棚系统对接持一卡通租固定车位提供充电服务	自动化无人值守，避免车辆丢失及摆放不合规
日常消费	与收银设备对接统一使用一卡通消费	查看周边商户信息获取折扣及积分
缴纳物业费	线上缴纳	居民方便快捷社区人员减轻工作量

2）美好街坊App（表7-14）

针对用户：社区居民。

使用场景：居民通过下载美好街坊App，在完成居民身份信息认证后，不必再担心社区安全问题，特殊人群也将得到特别关怀。线上绑卡功能的实现是数字支付时代的产物，不必担心老人、儿童无法运用，单一账户多张卡片绑定，线上消费无障碍。

美好街坊 App 功能及亮点　　表 7-14

业务功能	美好街坊 App	亮点
居民身份认证	居民身份信息认证	人证合一系统自动审核（人脸及身份证照片匹配）上传资料人工审核操作灵活
绑卡授权	将一卡通绑定为电子卡	打开 App 电子一卡通，即可享一卡通所有功能，便于携带
线上充值	在线完成一卡通充值	高效快速，节省时间
亲情卡	单一账户多卡片 绑定家人的一卡通	协助家人完成操作，特别是老人及儿童
线上消费	在线缴纳物业费	及时缴纳物业费，账目清晰明了
	商户消费	各类关联商户线上支付，共享折扣及积分

3）管理中台（表 7-15）

针对用户：物业管理。

使用场景：一个系统轻松掌握居民基本信息，了解各类居民实际情况，更好推进工作。辅助居民完成一卡通的注册及使用。门禁管理更加轻松有效。进行商户信息管理，商户入驻及收银信息配置在平台操作也变得简单透明。

管理中台业务功能及亮点　　表 7-15

业务功能	管理中台	亮点
居民信息管理	居民信息数据掌握 重点人群在线打标签	特殊人群关爱工作 准确有效进行，服务更加人性化
卡信息管理	后台辅助居民完成一卡通系统设置充值等行为	无须下载 App，独立完成全部设置功能，方便老人儿童使用
商户信息管理	商户入驻及收银信息配置	统一管理，便于数据分析，以优化社区服务功能

4）社区之窗（表 7-16）

针对用户：物业管理 + 社区干部。

使用场景：出入口人流量统计，真正掌握小区居民流量数据，也使小区成为真正意义上的封闭式管理，安全系数倍增。特殊人群地图，方便物业管理人员查看实时情况，发现问题及时响应。社区居民消费热力图，直观了解各类商户运营情况，可人性化调整商户配置，利于引进优质供应商，提高社区服务质量，提升社区居民幸福指数。

社区之窗业务功能及亮点 表 7-16

业务功能	社区之窗	亮点
出入口人流量统计	实时大屏查看各出入口人流量信息多维度查看（年龄，性别等）	节省社区工作人力物力获取各时段流动数据便于统筹监控
特殊人群地图	特殊人群分布居民信息及关爱日志	获取特殊人群分布确保社区正常运行
社区居民消费热力图	各商户消费居民情况	针对各类商户营业情况为社区提供数据依据，及时优化商户布局，依据消费数据，引进优质供应商

6. 改造完成情况

通过以“一街”（劲松西街），“两园”（劲松园、209 小花园），“两核心”（社区居委会、物业中心），“多节点”（社区食堂、卫生服务站、美好会客厅、自行车棚、匠心工坊等）为改造重点的示范区和一二区公共区域进行改造，围绕公共空间、智能化、服务业态、社区文化 4 大类包括 16 小类 30 余项专项作业实施改造。搭建多方共建共商共治平台，引进长效物业管理，开展丰富的社区活动，补齐社区短板，建设成为环境优美、服务便民、治理有序、居民和谐的完整社区，切实提升居民的居住环境和生活质量。在物业管理情况方面，愿景集团旗下物业公司在 2019 年 8 月以“双过半”确权方式入驻劲松一二区后，在通过 4 个月“先尝后买期”，于 2020 年 1 月启动收费工作，2020 年度物业费收缴率达 82.16%，2021 年度达 85.42%。

“劲松模式”是北京市坚持党建引领、以人民为中心，由政府和市场力量高效联动提升老旧小区改造质效的重大创新成果，是引入社会资本参与老旧小区改造的率先实践，为促进首都此类超大城市高质量发展提供了重要路径探索。

（1）探索公共产品与市场机制系统集成

目前我国老旧小区改造资金来源主要为财政资金，目的是保障居民居住安全的公共产品。面对量大面广的老旧小区改造任务和居民日益提高的美好生活追求，依靠政府持续增加投资难以为继。劲松项目通过政府保基本、兜底线，社会资本投资提升、促完善与引导居民受益付费有机结合，为建立老旧小区更新利益平衡和成本分担机制进行了富有成效的率先探索。

（2）探索党建引领、多元参与机制

突破老旧小区改造的工程思维和工作范式，在党建引领下实现项目建设“行有所依”、各方“力出一孔”。区级层面建立“区级统筹、条块协同”领导机制；街道层面依托“街乡吹哨，部门报道”和“民有所呼、我有所应”制度支撑，建立“五方联动”工作机制，有助于政府、企业、居民各方目标趋于一致、诉求高效协同；社区层面建立社区党委牵头，居民党支部、企业党支部等参与的社区“党建共同体”，让党的领导优势在老旧小区改造和治理中得以充分展现。

（3）探索“微利可持续”市场化模式

将处于沉睡中的社区现有存量低效利用空间“唤醒”，作为社会资本投资回报的重要收益平衡资源，区、街道授权企业对社区低效空间约 1468m^2 进行改造提升并享有长期运营权，目前已在经营的业态有基于居民调研及需求改造设立的美好邻里食堂、美好理发、匠心工坊、便民菜站和百年义利副食店，企业通过落地与民生相关的社区服务业态，以及政府、街道的购买服务补贴，逐步收回成本、获取收益。低效空间的唤醒利用，一定程度上促进了政府“资产”向“资本”“资金”的转化，也有利于促进有社会责任感和服务能力优势的企业扎根基层、建立新型盈利模式。

（4）探索老旧小区系统更新

打破设计、施工、运营等各环节的割裂状态，以运营和服务为目标的质效考量标准，从而形成老旧小区硬件改造、软件提升的系统方案。“软硬兼顾”“一张蓝图”干到底，实现老旧小区改造的多维政策目标。“软硬兼顾”促进了以改造为契机、系统解决老旧小区长效运营服务问题，也促进了老旧小区改造项目组织运行模式的创新优化，招标方式也从工程为主转向为包含更多“软硬兼顾”要求和运营服务的内容。

（5）探索老旧小区善治机制

落实共同缔造要求，居民全程参与老旧小区改造和治理过程，诉求更多得到满足，共商共建共治社区氛围更加浓厚。采取“双过半”法定途径，通过政府适度扶持、企业多种经营、居民收益付费等综合方式，逐步建立起老旧小区长效服务“自造血”机制，促进破解老旧小区缺少专业化物业服务问题，在基本物业服务的基础上做好社区综合服务，持续推进“物业 + 养老”项目服务机制建立及落地运行，将物业全天候响应、维修、保洁、商户管理和社区居家养老服务有机结合起来，形成集约高效的社区养老服务机制。同时，服务企业主动纳入党建引领社区治理体系，有效补充社区服务力量，也让基层党政从承担“物业”服务职能向监督管理本责转变。

7.2.12　滨海新区远年住房老旧小区信息化改造

1. 案例概况

社区概况：近开里社区位于新港三号路以北、远洋心里以南、港医路以西、贻芳嘉园小区以东。始建于 1981 年，辖区面积约 11.43hm^2，由近开里、临开里两个小区组成。

现状分析：社区现有居民 5769 人，其中 0 ~ 17 岁 910 人、18 ~ 59 岁 3242 人、60 ~ 80 岁以上 1617 人。其中党员 365 人，残疾人 182 人，贫困户 30 户，军烈属

4 户，老年人口占比较高。

2. 老旧小区信息化改造阶段

滨海新区远年住房老旧小区改造工程示范片区实施方案分为三个部分，其中在完善提升部分引入了大量智能设施并且形成了的信息化建设体系（图 7-78）。

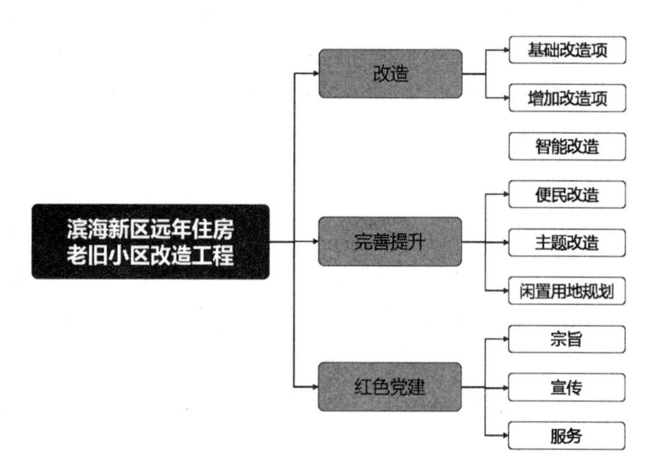

图 7-78　滨海新区远年住房老旧小区改造工程整体思路

在完善提升中为认真贯彻落实党中央、国务院关于城镇老旧小区改造的决策部署，通过试点示范项目建设，重点探索老旧小区改造在统筹协调、资金筹措、项目推进、政策保障、长效治理等方面体制机制建设，形成可复制、可推广的经验做法，特选定新港街近开里社区作为示范区，引领带动滨海新区老旧小区改造工作。

滨海新区远年住房老旧小区改造工程中智慧改造的主要内容如表 7-17 所示，项目点位如图 7-79 和图 7-80 所示。

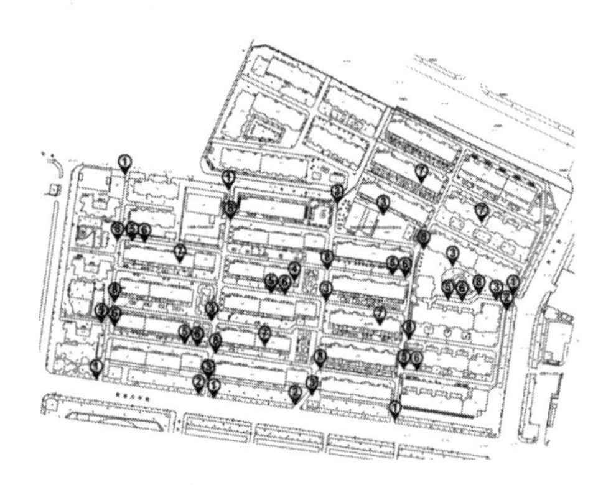

图 7-79　近开里改造项目点位

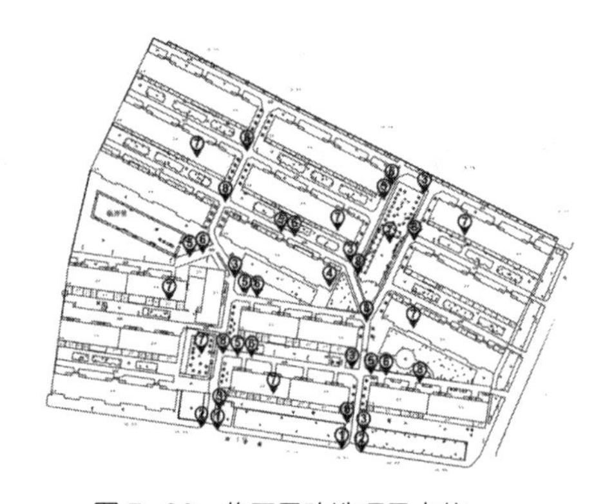

图 7-80　临开里改造项目点位

滨海新区远年住房老旧小区改造工程智慧改造内容　　表 7-17

改造项目	近开里	临开里
人行出入口 – 人脸识别一体机	6 个点	2 个点
车行出入口 – 车辆识别一体机	3 个点	2 个点
园区监控画面	8 个点	6 个点
鹰眼全局监控系统	1 个点	1 个点
智能垃圾桶	7 个点，其他均为普通垃圾桶	6 个点，其他均为普通垃圾桶
智能井盖	7 个点，其余均为普通井盖	6 个点，其余均为普通井盖
智能手环和居家报警器	共 30 个	共 20 个
园区照明路灯	全部张贴二维码	全部张贴二维码
紧急呼叫系统 天使之眼实时监控	1 个点	1 个点

（1）人行出入口（图 7-81 ~ 图 7-84）

业主通过人脸识别、手机 App、刷卡等多种方式，可实现无障碍通行，访客根据业主手机 App 生成二维码进出。

安装人脸识别一体机通过外网连接云平台，投屏展示人员通行时间、抓拍图片等信息。

图 7-81　人脸识别设备（前端）

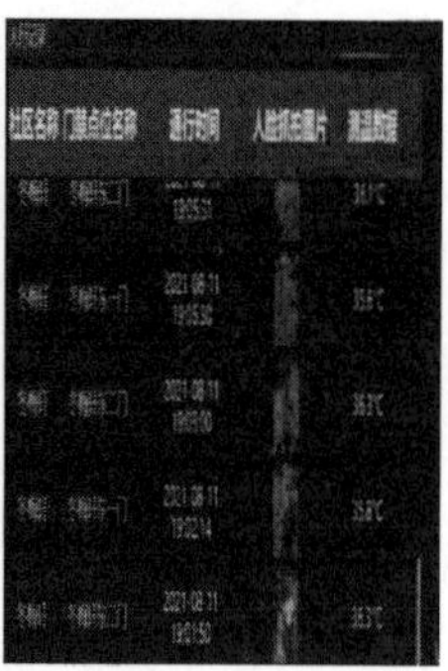

图 7-82　指挥中心显示效果（后端）

图 7-83　近开里出入口改造点位

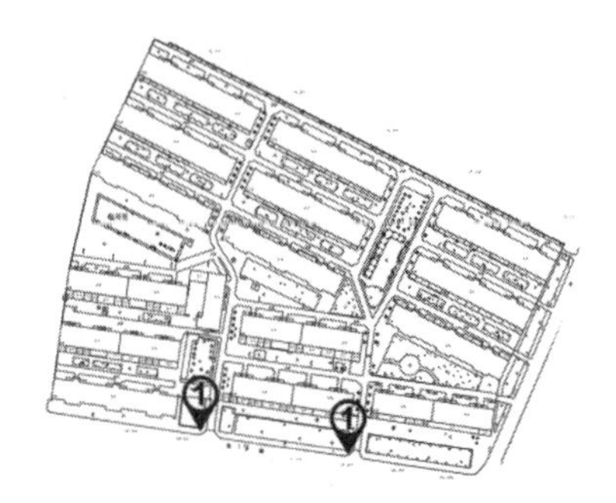

图 7-84　临开里出入口改造点位

（2）车行出入口（图 7-85 ~ 图 7-88）

安装车牌识别一体机可实现车行出入具备自动识别车牌号、临停缴费、空余车位显示等功能。

通过外网连接云平台，投屏展示停车场实时车辆通行记录，包括车牌号、进出时间、停车时长收费等信息。

图 7-85　车辆识别设备（前端）

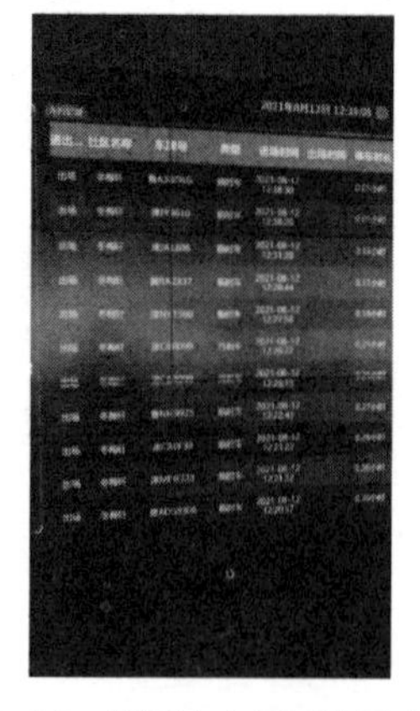

图 7-86　指挥中心显示效果（后端）

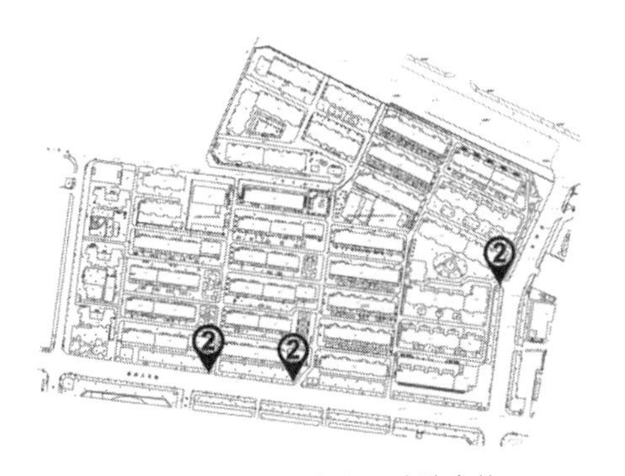

图 7-87　近开里出入口改造点位

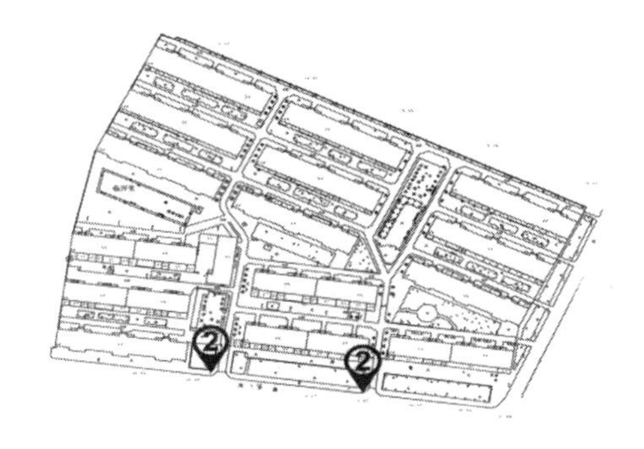

图 7-88　临开里出入口改造点位

（3）园区监控画面（图 7-89 ~ 图 7-92）

园区安装智能监控摄像机通过无线传输投屏显示园区内监控画面。

图 7-89　监控设备（前端）

图 7-90　指挥中心显示效果（后端）

图 7-91　近开里园区监控改造点位

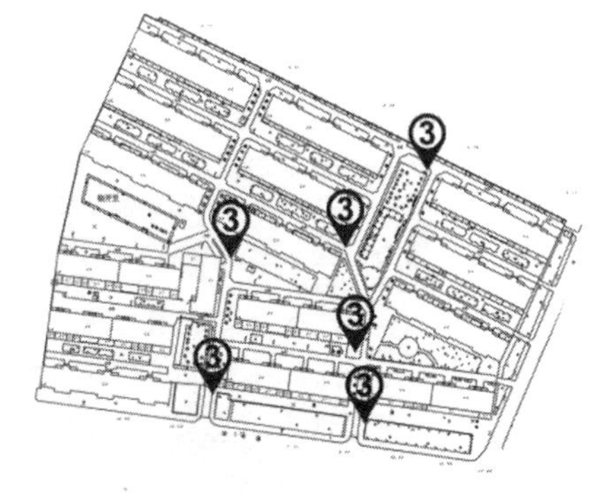

图 7-92　临开里园区监控改造点位

（4）鹰眼全局监控系统（图 7-93 ~ 图 7-96）

项目楼宇中心位置安装鹰眼全局摄像机，可监控项目及市政道路，40 倍变焦能清晰展示监控范围内车辆及行人动态，能同时移动侦测 50 个移动目标。

图 7-93　鹰眼全局监控设备（前端）

图 7-94　指挥中心显示效果（后端）

图 7-95　近开里鹰眼全局监控改造点位

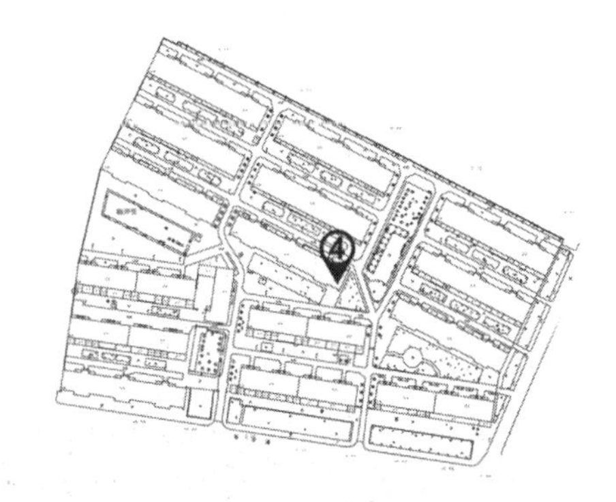

图 7-96　临开里鹰眼全局监控改造点位

（5）智能垃圾桶（图 7-97 ~ 图 7-100）

安装垃圾桶满溢传感器，通过物联网云平台技术，地图上展示已接入的垃圾桶满溢传感器点位并接受报警信息大屏显示，话务员通知现场人员及时处理。

图 7-97　智能垃圾桶（前端）

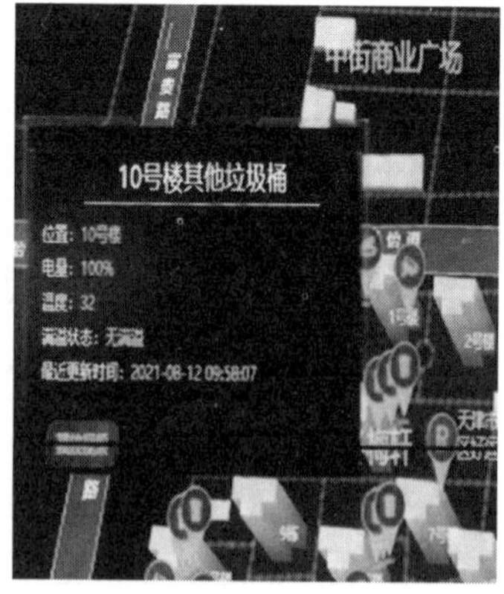

图 7-98　指挥中心显示效果（后端）

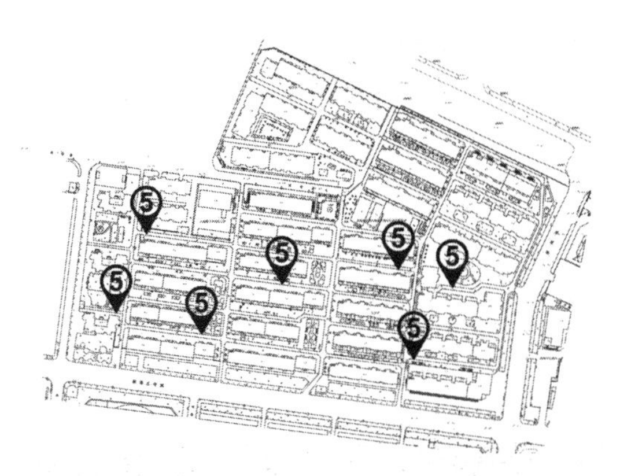

图 7-99　近开里智能垃圾桶改造点位

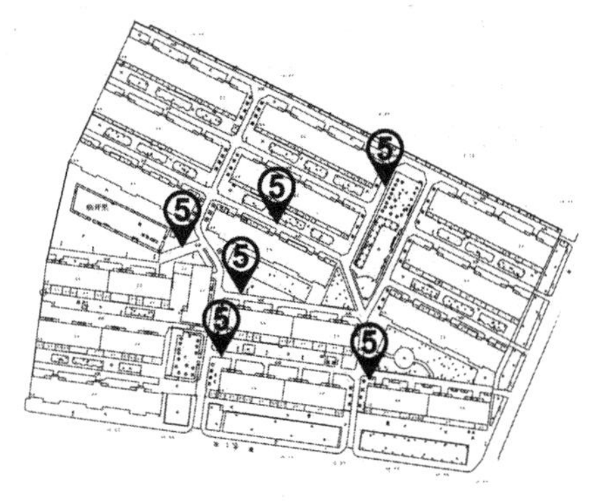

图 7-100　临开里智能垃圾桶改造点位

（6）智能井盖（图 7-101 ~ 图 7-104）

安装井盖位移传感器，通过物联网云平台技术，在地图上展示已接入的井盖位移传感器点位并接受报警信息大屏显示，话务员通知现场人员及时处理。

图 7-101　智能井盖（前端）

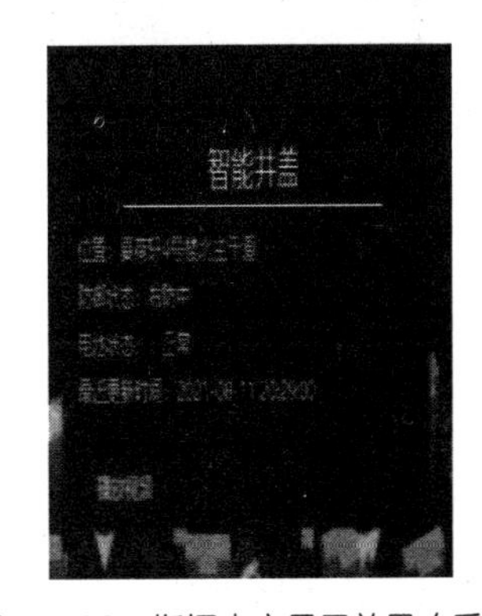

图 7-102　指挥中心显示效果（后端）

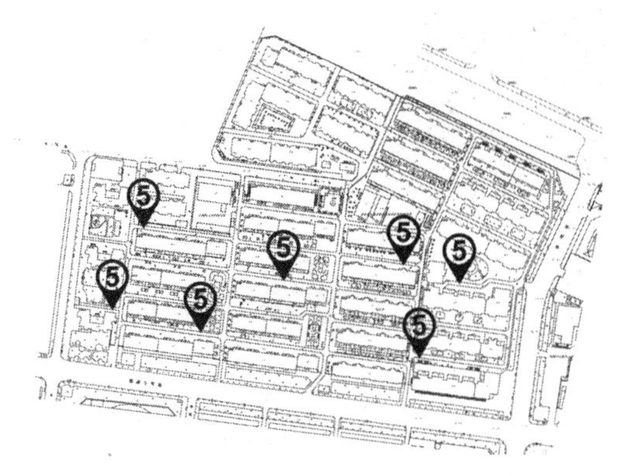

图 7-103　近开里智能井盖改造点位

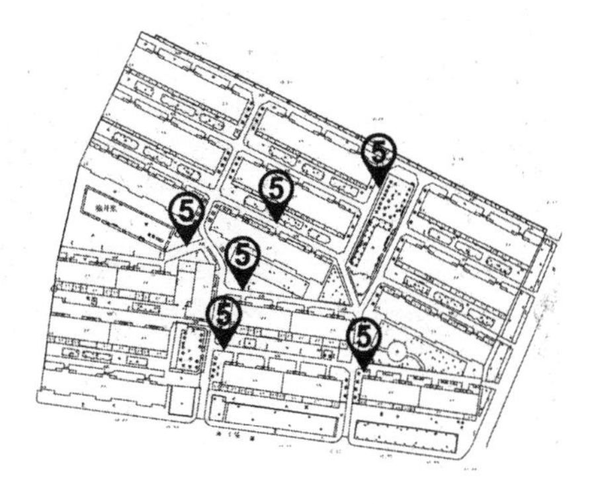

图 7-104　临开里智能井盖改造点位

（7）智能手环和居家报警器（图 7-105、图 7-106）

1）老年人智能手环，如遇意外可通过手环按钮进行报警，当触发报警后通过窄带物联网云平台技术，投屏显示报警人信息，话务员迅速通知报警人预留的紧急联系人处理事项，最大限度保证老年人的生命财产安全。

2）在老年人客厅、卧室安装居家报警器，如遇意外可主动按下报警按钮报警，原理同上。

3）室外在健身区和儿童游乐区安装两处报警器。

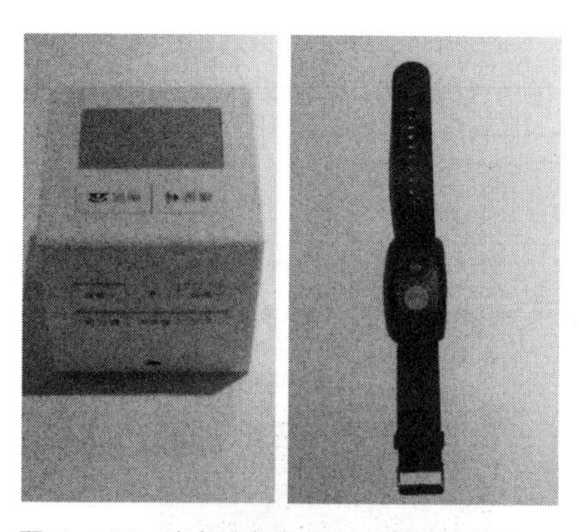

图 7-105　老年人智能手环和居家报警器（前端）

图 7-106　指挥中心显示效果（后端）

（8）园区照明路灯（图 7-107 ~ 图 7-110）

园区所有灯杆张贴设备二维码，通过扫描二维码可得知设备品牌、型号、维护日期、使用时间、到期时间以及报废标准等。

园区绿化休闲区域增加太阳能辅助照明灯（兼具灭蚊蝇功能）。

图 7-107　灯杆二维码信息（前端）

图 7-108　手机端显示效果（后端）

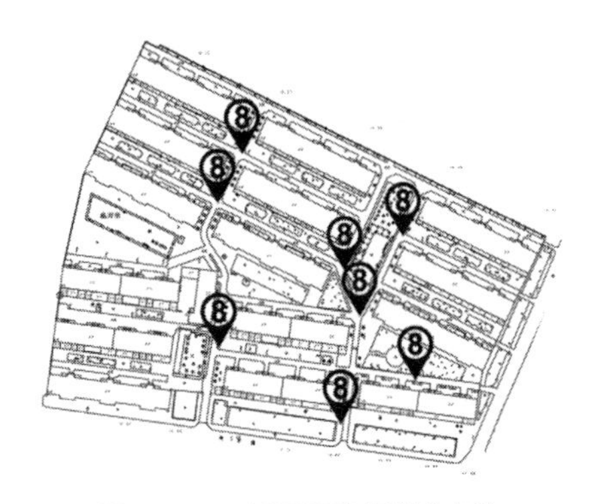

图 7-109　近开里路灯改造点位

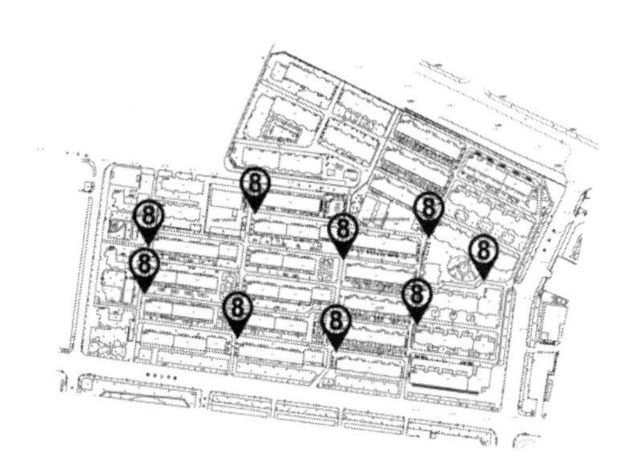

图 7-110　临开里路灯改造点位

7.2.13　天津市塘沽区河华里小区改造工程

1. 案例概况

河华里小区坐落于塘沽区新村、福建路西侧，该小区建于 20 世纪 80 年代末，多为五六层砖混结构。本次改造范围包括河华里 1 ~ 20 号、福建路河华里 7 栋 1 号、医院路河华里 420 号楼、福建路 60 号、62 号楼、福建路 62 号、64 号、66 号楼、福建路 68 号、70 号、72 号楼、福建路 74 号、76 号、78 号、80 号楼及飞虹街 98 号楼共 27 栋楼，总建筑面积 81603.28m^2。

2. 改造目标

河华里小区始建于 20 世纪 80 年代末，区内建筑多为五六层砖混结构，运行管理中存在着建筑结构部分构件老化、损坏，以及能耗过大等问题。原外窗及楼梯间窗均为单玻璃合金窗，阳台开敞，阳台内门连窗多为单层玻璃木平开门连窗，楼栋入口均开敞，建筑外墙均为 365mm 黏土砖墙，屋面均为平屋面；室内采暖系统为上供下回双管系统、散热器为铸铁散热器四柱 760 型；小区由河滨公园地热井、自来水地热井供热；其中河滨公园地热井供 20 栋、自来水地热井供 7 栋，室外管网架空敷设，且保温存在多处破损。

本项目主要针对热源、管网、供热计量和围护结构进行改造，在提高建筑的能源使用效率的同时，延长建筑使用寿命、提升使用功能，为住户提供舒适的生活环境。

3. 改造技术

（1）结构改造

原房屋多为五六层砖混结构，刚性条形基础，横墙承重。横墙间距 3.3m，承重墙以 220mm 厚硅酸盐中型砌块为主，在楼梯间等部位为 240mm 厚黏土多孔砖，砖砌体强度MU7.5，砂浆强度M1，未设构造柱及圈梁，结构整体性较差。本项目加固方案主要为增设圈梁和构造柱。

1）增设圈梁

由于内做圈梁影响建筑物的使用，外做圈梁影响建筑物的外观，故本项目结构改造采用墙体上增设圈梁的方法，根据《建筑抗震设计规范》GB 50011–2001第7.3.4条规定，纵筋不小于4ϕ10，箍筋不小于ϕ6@250，截面不小于120mm，本项目采用圈梁高度300mm，纵向筋取于4ϕ12，符合抗震规范要求。

2）施工要求

①去掉墙体两侧抹灰层，沿全长开槽，深30mm，高度300mm；

②每隔约600mm在上下各打一孔，直径约40mm；

③墙侧在放置钢筋处，去掉抹灰层，将砖缝剔凿，深约15mm；

④将钢筋安放就位，并搭接焊牢，内外侧用干硬性水泥砂浆将墙上的槽抹平，再装饰恢复。

3）增设构造柱

按照《建筑抗震设计规范》GB 50011–2001第7.3.2条，构造柱最小截面尺寸240mm×180mm，纵筋不小于4ϕ12，箍筋不小于ϕ6@250。本工程补做构造柱采用350mm×180mm，纵筋6ϕ12，箍筋采用ϕ6@200。

补做构造柱的有两个重点部位：一是与原有墙体的可靠连接；二是如何穿过原有楼板。本工程按下述方法补做构造柱。

①构造柱与原有墙体的连接

本工程构造柱均放置在内外墙、纵横墙交角处或楼梯拐角处，采用销键法与捆绑法相结合，使新加构造柱与原内外墙形成整体。

销键法是在原墙体上开燕尾槽，内大外小，形成一楔体，在槽内放置钢筋，并浇筑C25高强自流平细石混凝土。楔体外口做120mm×120mm，内膛做180mm×180mm，深180mm，放置2ϕ10U形钢筋，楔体沿高度方向每隔600mm做一个。

捆绑法就是通过在墙上打孔，穿钢筋，与新加构造柱的纵筋绑扎在一起，本工程采取在内外墙上每隔1000mm，打孔穿Φ12环形钢筋与构造柱纵筋绑扎，浇筑C25高强自流平细石混凝土。

②构造柱穿楼板

为保证构造柱在高度方向为一整体，构造柱须穿过一、二、三层楼板，具体做法如下：一、二层楼板处，对应构造柱纵筋位置，在楼板上钻孔径为ϕ30的孔共六个，在每个孔内穿ϕ14钢筋，板上、板下均露出550mm（搭接长度），穿好后，用C30干硬性自流平混凝土将孔塞实，填塞灌注时应尽可能充盈原板孔洞内，塞好后与构造柱纵筋绑扎，浇筑混凝土。构造柱主筋顶部锚入三层楼板或梁混凝土内。

③柱基础

根据《建筑抗震设计规范》GB 50011–2001 第 7.3.2-4 条相关规定，本项目构造柱不单独做基础，下部伸至室内地面以下 500mm。

（2）节能改造

1）外窗改造部分

存在的问题：原建筑外窗均为单玻璃铝合金窗（部分用户已经自行改造为单玻璃塑形钢床），其气密性指标无法满足《建筑外窗气密、水密、抗风性能分级及检测方法》GB/T 7106–2008 的 3 级水平。

改造技术：原有外窗加装一层中空玻璃塑钢窗；原外窗住户已经自行改造为单玻塑钢窗的，此次加装一层单玻塑钢推拉窗，外窗洞口四周均采用聚氨酯发泡进行填充密封保温处理；住户已自行封闭阳台，阳台内门连窗为木门连窗或单玻塑钢窗的此次不再进行改造；同时对阳台外栏板及上顶板及下底板进行保温改造，在上述部位铺设 30mm 厚 EPS 保温板保温。

2）楼梯间改造

存在的问题：原建筑楼梯间窗为单玻铝合金窗，阳台开散，阳台内门连窗多为单玻平开门连窗，楼栋入口均开敞，无法满足保温的要求。

改造技术：原楼梯间入口处加装具有自闭功能的保温门，其保温性能满足《天津居住建筑节能设计标准》DB 29–1–2007 中第 4.2.1 条规定：透明部分传热系数应满足 $K \leqslant 4.0\text{W/(m}^2\cdot\text{K)}$，不透明部分传热系数应满足 $K \leqslant 1.5\text{W/(m}^2\cdot\text{K)}$。原有楼梯间窗均更换为中空玻璃塑钢窗，气密性指标不低于《建筑外窗气密、水密、抗风性能分级及检测方法》GB/T 7106–2008 的 3 级水平，保温性能达到 $K \leqslant 2.7\text{W/(m}^2\cdot\text{K)}$ 要求，楼梯间门窗洞口四周均采用聚氨酯发泡进行填充密封保温处理。

3）屋面保温改造

存在的问题：原建筑平屋面未设置保温层，不能满足住户的要求。

改造技术：将原有屋面加设保温层。屋面改造做法为：拆除原屋面防水层后在原有屋面基层上铺设 60mm 厚挤塑聚苯乙烯泡沫板，上抹 20mm 厚 1∶3 水泥砂浆找平层后铺防水层（图 19-7）。改造后屋面保温性能应达到《天津市居住建筑节能设计标准》DB 29–1–2007 中规定的 $K \leqslant 0.50\text{W/(m}^2\cdot\text{K)}$。

4）外墙改造

存在的问题：原建筑外墙均为 37cm 黏土砖墙，未设置保温层，其保温性能不能满足《天津市居住建筑节能设计标准》DB 29–1–2007 的要求。

改造技术：对外墙进行改造，在外墙外侧粘贴 60mmEPS 保温板。

5）热源改造

改造技术：改造后河滨公园地热井循环水泵和补水泵均为变频控制，其中循环泵根据室外温度变化和需要的二次网供水温度自动确定开启频率，可有效控制一次水量，达到合理利用资源的目的。补水泵根据精确计算和实际运行经验确定的回水压力确定开启频率，有效地对二次网进行补水定压。在河滨公园地热井加装必要的电动调节阀，在小区入口处设超声波热计量表进行计量，通过数据分析来考核节能效果。

6）室外管网改造

存在的问题：部分管道、阀门部件损坏，导致热能在管网传输过程中损失过大。

改造技术：检查修补供热管网破损的保温层，更换外网损坏的管道、阀门部件；当室外管网各并联环路间压力损失值大于 15% 时，在热力入口及必要的热网分支处加装平衡阀。

7）供热计量和采暖系统改造

存在的问题：缺乏热计量及调节设备。

改造技术：在河华里小区热力入口处加装热计量表，以计量河华里小区节能改造效果。在热力入口处安装调节阀，对楼梯间内采暖管道进行保温，每组散热器安装手动控制阀，并对原系统涉及的阀门进行检查清洗及必要的更换、清除腐蚀。

4. 建筑改造效果分析

（1）建筑改造效果理论值测评

以热源为单元，对其所覆盖区域内的采暖系统和建筑物进行供热计量与节能改造，并从具有相同特征（同一结构类型、同一朝向、同一围护结构做法）的工程中选取河华里 7 号楼为代表性建筑。7 号楼建筑面积 1929.31m^2，5 层砖混结构，层高 2.7m（底层 2.9m），南北朝向，建筑物体形系数为 0.33；其节能改造前基准建筑物采暖耗热量指标为 40.7W/m^2，节能改造后建筑物采暖耗热量指标为 15.2W/m^2；节能改造前管网输送效率按 85% 计算；节能改造后管网输送效率按 90% 计算。由于河华里小区的建筑结构形式基本相同，以河华里小区节能率理论值预测该既有居住建筑供热计量及节能改造节能率理论值为 65%。以热源为单元的河华里小区节能改造项目理论值节能率为 65%。

（2）建筑改造效果实测值测评

1）室内外参数检测

选择河华里 20 号楼 1 到 5 门每门各 2 ~ 3 户、共计 13 户为典型房间。检测时间为 2009 年 1 月 5 日，在河华里 20 号楼 1 门 102、103、201，2 门 201、203，3 门 102、203，4 门 101、102、201 及 5 门 101、202、203 等房间进行测温，检测期室内平均温度为 20.4℃；室外气象数据采用移动式气象站检测记录数据。根据 2008 年 11 月 10 日至 2009 年 3 月 20 日热计量表读数，由河滨公园地热井及自来水地热井供热的河华里热表读数分别为 9906GJ、2044.3MW · h，合计总耗热量为 4798.2MW・h，采暖天数共 131d。

2）节能率实测值计算

根据 2008—2009 年采暖期耗热量记录，塘沽区河华里改造片耗热量为 4798.2MW・h，根据检测采暖期室外平均温度为 0.1℃。经计算实测值节能率为 63%。

将河华里 7 号楼虚拟为 1980—1981 年通用建筑做法，屋顶传热系数为 1.25W/（m^2・K），外墙传热系数为 1.86W/（m^2・K），外窗传热系数为 6.4W/（m^2・K），楼梯间隔墙传热系数为 2.0W/（m^2・K），分户门传热系数为 2.0W/（m^2・K），楼梯间开敞，换气次数为 1 次 /h，则基准建筑物采暖耗热量指标为 40.7W/m^2；节能前管网输送效率按 85%、节能后管网输送效率按 90% 计算，则实测值节能率为 63%。

7.2.14　建设部大院综合改造工程（2010）

1. 案例概况

建设部大院社区综合改造技术集成示范工程，位于北京市海淀区三里河路 9 号，东西南北分别与三里河路、首体南路、增光路、车公庄西路相临。社区总设计户数为 3300 户，总占地面积 27 万 m^2，建筑面积 31 万 m^2，绿化面积 6 万 m^2。其中机关办公及配套公共建筑面积 10.3 万 m^2，职工住宅建筑面积 23.7 万 m^2。社区住宅楼共计 31 栋，其中高层框架结构的 12 栋，多层砖混结构的 19 栋。

2. 改造目标

（1）项目目标

以建筑节能为重点，以分户热计量为突破口，充分利用外墙保温、平改坡、光伏发电、节能灯具使用、雨水收集等国内最新的技术，使全院各项能耗指标达到二步节能标准。于 2007 年 7 月—2010 年 5 月期间进行了综合技术改造。

（2）存在的问题

改造前的项目能源消耗大，从供热、能源利用等方面都存在着一些问题，主要有以下几个方面

1）供热系统方面

①围护结构保温性能不满足二步节能设计标准要求

由于建设年代较早，多数多层砖混住宅楼的围护结构保温性能较差，不能满足节能设计标准的要求。大部分住宅楼外墙为 370mm 厚实心黏土砖，缺少保温材料，其墙体传热系数为 1.57W/（m^2・K），远远高于《民用建筑节能设计标准》JGJ 26-1995 中北京地区外墙传热系数 0.90W/（m^2・K）的限值要求，造成其建筑物耗热量指标约为节能设计标准规定值的 2 倍；部分住宅楼仍沿用原有普通钢窗或铝合金窗，其传热系数在 6.0W/（m^2・K）以上，而《民用建筑节能设计标准》

JGJ 26-1995 中规定北京地区窗户传热系数限值为 4.70W/（$m^2 \cdot K$）。大部分住宅楼为平屋顶，虽然进行过屋顶保温，但由于当时设计标准偏低，已无法满足现节能标准要求，另外由于长期使用，部分住宅楼存在屋面漏水问题。

②无热量表、户间热量分摊装置，无法实现按热量计量收费

大院共设有 6 个锅炉房，锅炉全部采用模块燃气锅炉，共计 252 块，总装机容量 20.66MW，总供热面积 31.6 万 m^2。其中：A 区锅炉房、B 区锅炉房、C 区锅炉房采用间接供热方式，锅炉房内设有热交换器，D 区锅炉房、E 区锅炉房、F 区锅炉房采用直接供热方式。大院室外供热管网均采用直埋敷设方式。

大院所有锅炉房没有安装热量总表，办公、住宅楼热力入口未安装热量表，居住建筑室内未安装热量分摊装置，从而无法满足供热系统按热量进行收费的硬件条件，供热企业无法知道自己供出多少热量，热用户也无法得知自己消耗多少热量。由于建设部大院供暖费收取仍沿用按面积收费的方法，供暖费与实际消耗热量的多少无任何关系，造成室内温度高的用户开窗放热的现象普遍存在，热能被人为地大量浪费。

③无室内温控装置，住户无法自主控温

大院内绝大部分住宅楼室内供热系统为垂直单管顺流形式，每组散热器进水支管未安装调节控制阀。由于室内供热系统缺乏室温控制装置，热用户即无法根据自身的室内舒适度的差异需求对室内温度进行调节，也无法在上班、下班、室外温度升高以及太阳辐射强等条件下，对室内温度进行调节，造成能源浪费。

④室外管网水力失调问题严重

绝大部分住宅楼前未安装水力平衡装置，给供暖维护人员进行水力平衡调试带来一定困难，只能凭感觉对供热系统流量进行调节，调节带有一定的随意性和不确定因素，造成各住宅楼热量分配不均。

2）能源利用方面

①无非传统能源的利用，能源使用单一。

②无非传统水源的利用，造成了水资源自然流失。

（3）改造技术特点

针对节能系统，与专业供暖单位合作，发挥专业单位的技术优势，采用了外墙外保温、平改坡、热计量、热分配、温度控制等技术改造措施。针对照明系统，对路灯进行了节能灯改造，应用了 LED 发光二极管新型照明光源。针对能源利用，采用了太阳能光伏发电，雨水回收利用等节能技术，对小区进行了综合技术改造。

（4）改造技术目标

1）节能系统技术改造目标：通过改造，每个供暖季耗气量每平方米控制在 7 ~ 8m^2。每个供暖季耗电量每平方米控制在 2 ~ 3kWh。在上年度使用天然气耗量的基础上燃气降低 20%，电能耗量节约 30%，达到降低运行成本的目的。

2）照明系统节电 50%：照明系统通过改造路灯、电梯厅光源改造、电梯轿厢光源改造等措施，在保证服务品质的前提下，在原使用基础上降低用电量 50%，最大限度节约能源。

3）利用新能源技术如太阳能光伏发电，最大限度节约能源，保护环境。

3. 改造技术

（1）建筑节能改造

1）平改坡：院区全部多层楼平屋顶的栋楼实施“平改坡”改造，总体改造面积为 19866m²。

2）外墙保温：院区内 11 栋楼多层砖混结构住宅楼（A1、A4、A8、D3、D4、B6、B7、B9、B10、D1、D2）的进行外墙保温改造，外墙外贴 50mm 厚聚苯板并同步安装了单元门及门禁系统，既提高了楼宇的保温绝热性能，也增加了楼内的安全防护等级。

3）外窗更换改造：针对全院唯一沿用铝合金窗体的甲 8 楼进行窗体改造，采取加贴一层塑钢窗或拆改为塑钢双玻的方式，全楼窗体改造面积约 4000m²。

4）采用气候补偿系统，实现按需供热

气候补偿系统能够根据室外气温、太阳辐射等因素的变化。调整供热系统的二次供回水温度，以保证在整个供暖季期间，锅炉房或热力站的供热量、散热设备的散热量和建筑物的需热量相一致，并维持室内温度恒定，满足热用户的要求，防止用户室内室温过低或过高。气候补偿系统通过及时而有效的运行调节可以做到在保证供热质量的前提下，达到最大限度的节能。研究数据表明：气候补偿系统实现供热系统节能 5% 以上。

5）安装热量计量和热量分配装置，实现按热量计量收费

在各个锅炉房的出口安装热量计量装置，用以计量供热系统总供热量，大院所有楼宇前安装超声波热量表，其中包括：办公区各楼、部产权住宅楼及非产权住宅楼，全院共有热计量表 45 块。

（2）新能源利用技术改造

1）楼内光伏蓄电发电系统

对部大院 8 栋高层产权楼（丙 2、丙 3、丙 4、丙 8、丙 9、丙 10，乙 1，乙 3）楼道照明进行光伏蓄能式节能改造，每年可节省高层楼楼道照明用电费用 10 万元左右。

2）太阳能光伏发电建筑一体化

在部主楼、北配楼（城市规划院）、北附楼及住宅楼（包括丙 3 楼、丙 4 楼、甲 8 楼、7 号楼）屋顶，进行建筑一体化光伏电项目设计，安装应用薄膜、晶体硅等太阳电池光电产品。系统采用多系统组合双备急方案，增加公共设施的备急

功能、提高系统可靠性、提升系统效率。采用直流供电方式，解决了该建筑包括楼道、消防通道、地下车库在内的照明需求，避免和解决了长期以来在太阳能光伏逆变方案中逆变高压传输过程中危险性、逆变损耗、并网谐波干扰以及孤岛效应等一系列问题。光伏系统总装机容量 270kW，年发电量约为 31.8 万 kWh，主要为主楼、配套办公楼公共用电及部大院路灯照明提供电能。

4. 改造效果分析

（1）供暖系统改造

1）节约燃气效果分析

通过锅炉房联网、减小热网循环阻力、改造循环泵等一系列改造后，节能效果显著，根据 2006/2007 年、2007/2008 年燃气使用实际数量，改造前后天然气消耗对比如表 7-18 所示。

改造前后天然气消耗对比　　表 7-18

项目＼时间	2006/2007 年（改造前）	2007/2008 年（改造中）	2008/2009 年（改造后）
总天然气耗量（m^3）	2913000	2557000	2389000
供暖面积（m^2）	342688	336480	336480
供暖面积每平方米耗气量（m^3）	8.5	7.6	7.1
改造后每平方米节气量（m^3）		0.9	1.4

从表 7-18 中可以看出，改造后，天然气消耗量显著降低。以 2008/2009 年供暖季为例，其中供暖面积 336480 万 m^2，天然气总消耗量为 2389000m^3。改造前，天然气消耗量每平方米为 8.50m^3，改造后为 7.1m^3，每平方米降低 1.4m^3，一个供暖季节约天然气 47.1 万 m^3，节约费用 91.845 万元。

2）节约电能效果分析

通过锅炉管网、气候调节系统等系列改造，节电效果非常显著，改造前后电能消耗对比见表 7-19。

改造前后电能消耗对比　　表 7-19

项目＼时间	2006/2007 年（改造前）	2007/2008 年（改造中）	2008/2009 年（改造后）
总耗电量（kWh）	1542096	979156	918590
供暖面积 /（m^2）	342688	336480	336480
供暖面积每平方米耗电量 /（kWh）	4.5	2.91	2.73
改造后每平方米节电量 /（kWh）		1.59	1.77

从电能消耗对比可以看出，改造前，2006/2007 年总耗电量为 1542096kWh，供暖面积每平方米电能消耗量 4.5kWh。改造后，以 2008/2009 年为例，总耗电 918590kWh，供暖面积每平方米电能消耗量 2.73kWh，每平方米减少 1.77kWh，2008/2009 年供暖季共节约电能 595570kWh，节约费用 50.6 万元。

（2）新能源利用技术改造

建设部大院住宅楼整个光伏系统总装机容量 83kW，年发电量约为 12.35 万 kWh，节约了传统能源，达到了节能目的。太阳能照明工程安装之后，每年可节约电量为 34.07 万 kWh，路灯节约电量 46.42 万 kWh。

附件

附件 1　标准汇总

附件 1.1　老旧小区改造相关设计标准（附表 1）

附表 1

改造方向	标准名称	标准编号	标准类型
电动自行车及汽车充电设施	电动汽车充电站设计规范	GB 50966	国家标准
电力与通信	电力工程电缆设计标准	GB 50217	国家标准
电力与通信	民用建筑电气设计标准	GB 51348	国家标准
电力与通信	低压配电设计规范	GB 50054	国家标准
电力与通信	综合布线系统工程设计规范	GB 50311	国家标准
电力与通信	住宅区和住宅建筑内光纤到户通信设施工程设计规范	GB 50846	国家标准
给水排水	室外给水设计标准	GB 50013	国家标准
供气与供热	城镇燃气设计规范	GB 50028	国家标准
海绵城市	城市居住区规划设计标准	GB 50180	国家标准
结构加固	混凝土结构加固设计规范	GB 50367	国家标准
结构加固	砌体结构加固设计规范	GB 50702	国家标准
绿化	城市绿地设计规范	GB 50420	国家标准
适老和无障碍设施	无障碍设计规范	GB 50763	国家标准
停车库（场）	汽车库、修车库、停车场设计防火规范	GB 50067	国家标准
消防与安防	火灾自动报警系统设计规范	GB 50116	国家标准
消防与安防	视频安防监控系统工程设计规范	GB 50395	国家标准
消防与安防	出入口控制系统工程设计规范	GB 50396	国家标准
消防与安防	防灾避难场所设计规范	GB 51143	国家标准
休闲与体育健身设施	公园设计规范	GB 51192	国家标准
道路与场地	城镇道路路面设计规范	CJJ 169	行业标准
供气与供热	城镇供热管网设计规范	CJJ/T 34	行业标准
教育设施	托儿所、幼儿园建筑设计规范	JGJ 39	行业标准
节能改造	夏热冬冷地区居住建筑节能设计标准	JGJ 134	行业标准
节能改造	外墙保温工程技术标准	JGJ 144	行业标准

续表

改造方向	标准名称	标准编号	标准类型
节能改造	严寒和寒冷地区居住建筑节能设计标准	JGJ 26	行业标准
节能改造	夏热冬暖地区居住建筑节能设计标准	JGJ 75	行业标准
节能改造	太阳能光伏玻璃幕墙电气设计规范	JGJ/T 365	行业标准
绿化	城市道路绿化规划与设计规范	CJJ 75	行业标准
热环境	城市居住区热环境设计标准	JGJ 286	行业标准
适老和无障碍设施	老年人照料设施建筑设计标准	JGJ 450	行业标准
停车库（场）	车库建筑设计规范	JGJ 100	行业标准
照明	城市夜景照明设计规范	JGJ/T 163	行业标准
适老和无障碍设施	城市既有建筑改造类社区养老服务设施设计导则	T/LXLY 0005	团体标准
智能感知设施	智慧住区设计标准	T/CECS 649	团体标准

附件 1.2　老旧小区改造相关技术标准（附表 2）

附表 2

改造方向	标准名称	标准编号	标准类型
电动自行车及汽车充电设施	电动汽车分散充电设施工程技术标准	GB/T 51313	国家标准
海绵城市	建筑与小区雨水控制及利用工程技术规范	GB 50400	国家标准
海绵城市	城镇内涝防治技术规范	GB 51222	国家标准
节能改造	民用建筑太阳能热水系统应用技术标准	GB 50364	国家标准
节能改造	太阳能供热采暖工程技术标准	GB 50495	国家标准
节能改造	地源热泵系统工程技术规范	GB 50366	国家标准
结构加固	砌体工程现场检测技术标准	GB/T 50315	国家标准
结构加固	建筑结构检测技术标准	GB/T 50344	国家标准
结构加固	钢结构现场检测技术标准	GB/T 50621	国家标准
结构加固	混凝土结构现场检测技术标准	GB/T 50784	国家标准
结构加固	工程结构加固材料安全性鉴定技术规范	GB 50728	国家标准
结构加固	建筑边坡工程鉴定与加固技术规范	GB 50843	国家标准
屋面和外墙	屋面工程技术规范	GB 50345	国家标准
屋面和外墙	坡屋面工程技术规范	GB 50693	国家标准
消防与安防	安全防范工程技术标准	GB 50348	国家标准
消防与安防	消防应急照明和疏散指示系统技术标准	GB 51309	国家标准
消防与安防	消防给水及消防栓系统技术规范	GB 50974	国家标准

续表

改造方向	标准名称	标准编号	标准类型
消防与安防	出入口控制系统技术要求	GA/T 394	国家标准
消防与安防	城镇应急避难场所通用技术要求	GB/T 35624	国家标准
噪声	声环境功能区划分技术规范	GB/T 15190	国家标准
照明	LED 城市道路照明应用技术要求	GB/T 31832	国家标准
给水排水	建筑与小区管道直饮水系统技术规程	CJJ/T110	行业标准
供气与供热	城镇供热监测与调控系统技术规程	CJJ/T241	行业标准
海绵城市	既有社区绿色化改造技术标准	JGJ/T 425	行业标准
教育设施	中小学校体育设施技术规程	JGJ/T 280	行业标准
节能改造	燃气冷热电三联供工程技术规程	CJJ 145	行业标准
节能改造	燃气热泵空调系统工程技术规程	CJJ/T 216	行业标准
节能改造	既有居住建筑节能改造技术规程	JGJ/T 129	行业标准
节能改造	被动式太阳能建筑技术规范	JGJ/T 267	行业标准
屋面和外墙	种植屋面工程技术规程	JGJ 155	行业标准
屋面和外墙	建筑外墙清洗维护技术规程	JGJ 168	行业标准
屋面和外墙	倒置式屋面工程技术规程	JGJ 230	行业标准
噪声	供热站房噪声与振动控制技术规程	CJJ/T 247	行业标准
电动自行车及汽车充电设施	居住区电动汽车充电设施技术规程	T/CECS 508	团体标准
海绵城市	城市旧居住区综合改造技术标准	T/CSUS 04	团体标准
海绵城市	建筑与小区低影响开发技术规程	T/CECS 469	团体标准
加装电梯	既有住宅加装电梯工程技术标准	T/ASC 03	团体标准
智能感知设施	居住区智能化改造技术规程	T/CECS 693	团体标准

附件 1.3　老旧小区改造相关施工、验收标准（附表 3）

附表 3

改造方向	标准名称	标准编号	标准类型
加装电梯	电梯安装验收规范	GB/T 10060	国家标准
结构加固	建筑结构加固工程施工质量验收规范	GB 50550	国家标准
适老和无障碍设施	无障碍设施施工验收及维护规范	GB 50642	国家标准
屋面和外墙	建筑装饰装修工程质量验收标准	GB 50210	国家标准
屋面和外墙	屋面工程质量验收规范	GB 50207	国家标准
道路与场地	城镇道路工程施工与质量验收规范	CJJ 1	行业标准
供气与供热	城镇供热管网工程施工及验收规范	CJJ 28	行业标准

续表

改造方向	标准名称	标准编号	标准类型
结构加固	民用建筑修缮工程施工标准	JGJ/T 112	行业标准
消防与安防	城市社区应急避难场所建设标准	建标 180	行业标准
休闲与体育健身设施	园林绿化工程施工及验收规范	CJJ 82	行业标准

附件 1.4　老旧小区改造相关检测标准（附表 4）

附表 4

改造方向	标准名称	标准编号	标准类型
结构加固	建筑抗震鉴定标准	GB 50023	国家标准
结构加固	民用建筑可靠性鉴定标准	GB 50292	国家标准
节能改造	居住建筑节能检测标准	JGJ/T 132	行业标准
节能改造	采暖通风与空气调节工程检测技术规程	JGJ/T 260	行业标准
节能改造	民用建筑能耗数据采集标准	JGJ/T 154	行业标准
结构加固	建筑变形测量规范	JGJ 8	行业标准

附件 1.5　老旧小区改造规划相关标准（附表 5）

附表 5

改造方向	标准名称	标准编号	标准类型
电力与通信	城市工程管线综合规划规范	GB 50289	国家标准
公共卫生设施	城市环境卫生设施规划标准	GB/T 50337	国家标准
供气与供热	城镇燃气规划规范	GB/T 51098	国家标准
海绵城市	城市水系规划规范	GB 50513	国家标准
照明	城市照明建设规划标准	CJJ/T 307	行业标准

附件 1.6　老旧小区改造相关评价标准（附表 6）

附表 6

改造方向	标准名称	标准编号	标准类型
结构加固	建设工程白蚁危害评定标准	GB/T 51253	国家标准
结构加固	既有混凝土结构耐久性评定标准	GB/T 51355	国家标准

续表

改造方向	标准名称	标准编号	标准类型
海绵城市	海绵城市建设评价标准	GB/T 51345	国家标准
照明	城市照明节能评价标准	JGJ/T 307	行业标准
智能感知设施	智慧住区建设评价标准	T/CECS 526	团体标准
海绵城市	健康社区评价标准	T/CECS 650	团体标准
海绵城市	既有住区健康改造评价标准	T/CSUS 08	团体标准

附件 1.7　老旧小区改造其他相关标准（附表 7）

附表 7

改造方向	标准名称	标准编号	标准类型
给水排水	生活饮用水卫生标准	GB 5749	国家标准
加装电梯	安装于现有建筑物中的新电梯制造与安装安全规范	GB 28621	国家标准
加装电梯	电梯制造与安装安全规范	GB/T 7588	国家标准
节能改造	民用建筑能耗标准	GB/T 51161	国家标准
消防与安防	建筑设计防火规范	GB 50016	国家标准
休闲与体育健身设施	公共体育设施安全使用规范	GB/T 37913	国家标准
噪声	社会生活环境噪声排放标准	GB 22337	国家标准
噪声	声环境质量标准	GB 3096	国家标准
节能改造	光伏建筑一体化系统运行与维护规范	JGJ/T 264	行业标准
绿化	绿化种植土壤	CJ/T 340	行业标准
海绵城市	绿色住区标准	T/CECS 377	团体标准

附件 2 政策汇总

附件 2.1 我国老旧小区改造相关政策 / 会议主要内容（附表 8）

附表 8

时间	政策 / 会议	出台 / 提出部门	主要内容
1955 年 4 月 18 日	中共中央政治局会议	—	稳定制造业投资，实施城镇老旧小区改造、城市停车场、城乡冷链物流设施建设等补短板工程，加快推进信息网络等新型基础设施建设
1995 年 4 月 18 日	—	国务院	鼓励把社区医疗、养老、家政纳入老旧小区改造范围，给予财税支持
2015 年 12 月 1 日	中央城市工作会议	—	深化城镇住房制度改革，继续完善住房保障体系，加快城镇棚户区和危房改造，加快老旧小区改造
2017 年 12 月 1 日	—	住房和城乡建设部	在 15 个城市开展老旧小区改造试点，目的是探索城市老旧小区改造的新模式，为推进全国老旧小区改造提供可复制、可推广的经验。15 个试点城市为广州、韶关、柳州、秦皇岛、张家口、许昌、厦门、宜昌、长沙、淄博、呼和浩特、沈阳、鞍山、攀枝花和宁波
2019 年 6 月 1 日	—	国务院	部署推进城镇老旧小区改造
2019 年 9 月 1 日	—	财政部、住房和城乡建设部	专项资金支持范围包括老旧小区改造等
2019 年 12 月 1 日	中央经济工作会议	—	要加大城市困难群众住房保障工作，加强城市更新和存量住房改造提升，做好城镇老旧小区改造，大力发展租赁住房
2019 年 12 月 1 日	全国住房和建设工作会议	—	进一步完善支持政策，做好城镇老旧小区改造工作
2020 年 4 月 1 日	住房和城乡建设部电话会议	—	积极扩大住房和城乡建设领域有效投资和消费。抓好棚户区改造、政策性租赁住房建设和城镇老旧小区改造，进一步完善支持政策，加快推进改造项目开工复工。推动住房租赁企业经营模式转变，鼓励房地产开发企业参与老旧小区改造，以及养老、租赁住房建设等，推动物业服务企业大力发展线上线下社区服务业，建设智慧社区
2020 年 7 月 20 日	《关于全面推进城镇老旧小区改造工作的指导意见》	国务院办公厅	明确改造任务；建立健全组织实施机制；建立改造资金政府与居民、社会力量合理共担机制；完善配套政策；强化组织保障
2021 年 9 月 2 日	《关于加强城镇老旧小区改造配套设施建设的通知》	国家发展改革委、住房和城乡建设部	指出要认真摸排 2000 年底前建成的需改造城镇老旧小区存在的配套设施短板及安全隐患多配套设施严重缺失群众改造意愿强烈的城镇老旧小区优先纳入年度改造计划

续表

时间	政策 / 会议	出台 / 提出部门	主要内容
2021 年 12 月 14 日	《关于进一步明确城镇老旧小区改造工作要求的通知》	住房和城乡建设部办公厅、国家发展改革委办公厅、财政部办公厅	一、把牢底线要求，坚决把民生工程做成群众满意工程。二、聚焦难题攻坚，发挥城镇老旧小区改造发展工程作用。三、完善督促指导工作机制
2022 年 3 月	《全国城镇老旧小区改造统计调查制度》	住房和城乡建设部	为指导各地有序有效开展城镇老旧小区改造统计工作，及时了解新开工改造城镇老旧小区数量等指标，全面掌握改造小区情况及加装电梯、改造建设养老托育等服务设施的计划和改造情况，为各级政府制定政策和宏观管理提供依据，住房和城乡建设部制定了《全国城镇老旧小区改造统计调查制度》

附件 2.2　老旧小区改造国家关键性文件

附件 2.2.1　住房和城乡建设部文件（附表 9）

附表 9

日期	文件名称	发文单位	文件编号
2022/3/23	关于印发全国城镇老旧小区改造统计调查制度的通知	住房和城乡建设部	建城函〔2022〕22 号
2022/9/30	关于进一步明确城市燃气管道等老化更新改造工作要求的通知	住房和城乡建设部办公厅 国家发展改革委办公厅	建办城函〔2022〕336 号
2021/12/14	关于进一步明确城镇老旧小区改造工作要求的通知	住房和城乡建设部办公厅 国家发展改革委办公厅 财政部办公厅	建办城〔2021〕50 号

附件 2.2.2　国家发展改革委文件（附表 10）

附表 10

日期	文件名称	发文单位	文件编号
2021/10/18	关于总结推广加强城镇老旧小区改造资金保障典型经验的通知	国家发展改革委办公厅	发改办投资〔2021〕794 号
2021/9/2	关于加强城镇老旧小区改造配套设施建设的通知	国家发展改革委 住房城乡建设部	发改投资〔2021〕1275 号

附件 2.3　各省（直辖市、自治区）老旧小区改造关键文件（附表 11）

附表 11

省市	时间	名称	发文机构	文号
北京	2021 年 6 月 10 日	北京市规划和自然资源委员会北京市住房和城乡建设委员会北京市发展和改革委员会北京市财政局关于老旧小区更新改造工作的意见	北京市规划和自然资源委员会	京规自发〔2021〕120 号
天津	2021 年 06 月 22 日	天津市人民政府办公厅关于印发天津市老旧房屋老旧小区改造提升和城市更新实施方案的通知	天津市人民政府办公厅	津政办规〔2021〕10 号
河北	2020 年 10 月 9 日	河北省人民政府办公厅关于全面推进城镇老旧小区改造工作的实施意见	河北省人民政府办公厅	冀政办字〔2020〕174 号
山西	2021 年 5 月 6 日	山西省人民政府办公厅关于印发山西省城镇老旧小区改造攻坚行动方案（2021—2025 年）的通知	山西省人民政府办公厅	晋政办发〔2021〕41 号
内蒙古	2020 年 9 月 22 日	内蒙古自治区人民政府办公厅关于印发自治区全面推进城镇老旧小区改造工作实施方案的通知	内蒙古自治区人民政府办公厅	内政办发〔2020〕27 号
辽宁	2020 年 11 月 13 日	关于印发《辽宁省老旧小区改造技术指引》暨“1358 工作法”的通知	辽宁省老旧小区改造工作领导小组	辽旧改发〔2020〕2 号
吉林	2020 年 11 月 25 日	吉林省人民政府办公厅关于全面推进城镇老旧小区改造工作的实施意见	吉林省人民政府办公厅	吉政办发〔2020〕30 号
黑龙江	2021 年 7 月 9 日	黑龙江省人民政府办公厅关于全面推进城镇老旧小区改造工作的实施意见	黑龙江省政府办公厅	黑政办规〔2021〕15 号
上海	2021 年 1 月 18 日	上海市人民政府办公厅印发《关于加快推进本市旧住房更新改造工作的若干意见》的通知	上海市人民政府办公厅	沪府办规〔2021〕2 号
江苏	2022 年 8 月 8 日	省住房和城乡建设厅关于印发《江苏省城镇老旧小区改造技术导则（试行）》的函	江苏省住房和城乡建设厅	苏建函房管〔2022〕371 号
浙江	2020 年 12 月 7 日	浙江省人民政府办公厅关于全面推进城镇老旧小区改造工作的实施意见	浙江省政府办公厅	浙政办发〔2020〕62 号
安徽	2020 年 12 月 21 日	安徽省人民政府办公厅关于印发全面推进城镇老旧小区改造工作实施方案的通知	安徽省人民政府办公厅	皖政办〔2020〕21 号
福建	2020 年 9 月 7 日	福建省人民政府办公厅关于印发福建省老旧小区改造实施方案的通知	福建省人民政府办公厅	闽政办〔2020〕43 号

续表

省市	时间	名称	发文机构	文号
江西	2020 年 12 月 3 日	江西省人民政府办公厅关于全面推进城镇老旧小区改造工作的实施意见	江西省政府办公厅	赣府厅发〔2020〕37 号
山东	2020 年 3 月 6 日	山东省人民政府办公厅关于印发山东省深入推进城镇老旧小区改造实施方案的通知	山东省人民政府办公厅	鲁政办字〔2020〕28 号
河南	2020 年 1 月 13 日	河南省人民政府办公厅关于推进城镇老旧小区改造提质的指导意见	河南省人民政府办公厅	豫政办〔2019〕58 号
湖北	2021 年 3 月 18 日	省人民政府办公厅关于加快推进城镇老旧小区改造工作的实施意见	湖北省人民政府办公厅	鄂政办发〔2021〕19 号
湖南	2021 年 9 月 3 日	湖南省人民政府办公厅关于全面推进城镇老旧小区改造工作的实施意见	湖南省人民政府办公厅	湘政办发〔2021〕56 号
广东	2021 年 1 月 21 日	广东省人民政府办公厅关于全面推进城镇老旧小区改造工作的实施意见	广东省人民政府办公厅	粤府办〔2021〕3 号
广西	2020 年 11 月 30 日	广西壮族自治区人民政府办公厅关于印发全面推进广西城镇老旧小区改造工作实施方案的通知	广西壮族自治区人民政府办公厅	桂政办发〔2020〕86 号
海南	2020 年 3 月 12 日	海南省住房和城乡建设厅、海南省发展和改革委员会、海南省自然资源和规划厅、海南省财政厅关于印发《海南省城镇老旧小区改造指导意见（试行）》的通知	海南省住房和城乡建设厅、海南省发展和改革委员会、海南省自然资源和规划厅、海南省财政厅	琼建城〔2020〕23 号
重庆	2021 年 8 月 11 日	重庆市人民政府办公厅关于全面推进城镇老旧小区改造和社区服务提升工作的实施意见	重庆市人民政府办公厅发布	渝府办发〔2021〕82 号
四川	2020 年 9 月 24 日	四川省人民政府办公厅关于全面推进城镇老旧小区改造工作的实施意见	四川省人民政府办公厅	川办发〔2020〕63 号
贵州	2020 年 3 月 26 日	省住房和城乡建设厅省发展改革委省财政厅关于印发贵州省 2020 年城镇老旧小区改造工作方案的函	贵州省住房和城乡建设厅 贵州省发展改革委 贵州省财政厅	黔建办函〔2020〕3 号
云南	2022 年 2 月 11 日	云南省人民政府办公厅关于印发云南省高质量推进城镇老旧小区和城中村改造升级若干政策措施的通知	云南省人民政府办公厅	云政办发〔2022〕6 号
西藏	2021 年 6 月 7 日	关于印发《全面推进我区城镇老旧小区改造工作方案》《西藏自治区城镇老旧小区改造技术导则》的通知	西藏自治区住房和城乡建设厅、西藏自治区发展和改革委员会、西藏自治区财政厅	藏建城〔2021〕121 号

续表

省市	时间	名称	发文机构	文号
陕西	2019 年 10 月 12 日	关于推进全省城镇老旧小区改造工作的实施意见	陕西省住房和城乡建设厅、陕西省发展和改革委员会、陕西省财政厅	陕建发〔2019〕1189 号
甘肃	2020 年 10 月 12 日	甘肃省人民政府办公厅关于全面推进城镇老旧小区改造工作的实施意见	甘肃省人民政府办公厅	甘政办发〔2020〕102 号
青海	2021 年 2 月 22 日	青海省人民政府办公厅关于印发青海省全面推进城镇老旧小区改造工作实施方案的通知	青海省人民政府办公厅	青政办〔2021〕13 号
宁夏	2021 年 3 月 16 日	自治区人民政府办公厅关于推进城镇老旧小区改造工作的实施意见	宁夏回族自治区人民政府办公厅	宁政办发〔2021〕11 号
新疆	2021 年 1 月	关于自治区全面推进城镇老旧小区改造工作的指导意见	新疆维吾尔自治区住房和城乡建设厅、新疆维吾尔自治区发展改革委、新疆维吾尔自治区财政厅	新政发〔2021〕3 号

附件 2.4　老旧小区改造国务院相关文件（附表 12）

附表 12

年份	文件名称	文件编号	老旧小区相关内容
2022	国务院关于支持山东深化新旧动能转换推动绿色低碳高质量发展的意见	国发〔2022〕18 号	加快城镇老旧小区改造，全面推进燃气管道等老化更新改造
2022	国务院办公厅关于进一步释放消费潜力促进消费持续恢复的意见	国办发〔2022〕9 号	支持城镇老旧小区居民提取住房公积金用于加装电梯等自住住房改造
2022	国务院办公厅关于进一步盘活存量资产扩大有效投资的意见	国办发〔2022〕19 号	吸引社会资本参与盘活城市老旧资产资源特别是老旧小区改造
2022	国务院办公厅关于对 2021 年落实有关重大政策措施真抓实干成效明显地方予以督查激励的通报	国办发〔2022〕21 号	城镇老旧小区改造、棚户区改造、发展保障性租赁住房成效明显的地方（河北省石家庄市，浙江省杭州市，江西省赣州市，山东省济南市，湖北省武汉市，广东省深圳市，重庆市渝中区，四川省成都市，陕西省西安市）安居工程补助资金时予以适当倾斜支持
2022	国务院办公厅关于印发城市燃气管道等老化更新改造实施方案（2022—2025 年）的通知	国办发〔2022〕22 号	加强管理和监督，明确不同权属类型老化管道和设施更新改造实施主体，做好与城镇老旧小区改造、汛期防洪排涝等工作

续表

年份	文件名称	文件编号	老旧小区相关内容
2022	国务院关于落实《政府工作报告》重点工作分工的意见	国发〔2022〕9号	有序推进城市更新，加强市政设施和防灾减灾能力建设，开展老旧建筑和设施安全隐患排查整治，再开工改造一批城镇老旧小区，支持加装电梯等设施，推进无障碍环境建设和公共设施适老化改造
2021	国务院办公厅关于新形势下进一步加强督查激励的通知	国办发〔2021〕49号	对城镇老旧小区改造、棚户区改造、发展保障性租赁住房成效明显的市（地、州、盟），再安排保障性安居工程予以奖励支持
2021	国务院办公厅转发国家发展改革委关于推动生活性服务业补短板上水平提高人民生活品质若干意见的通知	国办函〔2021〕103号	推动社区基础服务设施达标。结合推进城镇老旧小区改造和城市居住社区建设补短板，建设社区综合服务设施。 积极支持城镇老旧小区改造配套公共服务设施建设
2021	国务院办公厅关于加强城市内涝治理的实施意见	国办发〔2021〕11号	统筹推进城市内涝治理工作。将城市排水防涝设施建设改造与市政建设特别是洪涝灾后恢复重建、污水处理设施建设、城镇老旧小区改造等有机结合，优化各类工程的空间布局和建设时序安排
2021	国务院办公厅转发国家发展改革委等部门关于推动城市停车设施发展意见的通知	国办函〔2021〕46号	结合老旧小区、老旧厂区、老旧街区、老旧楼宇等改造，积极扩建新建停车设施；鼓励城镇老旧小区居民夜间充分利用周边道路或周边单位的闲置车位停放车辆
2021	国务院关于印发“十四五”现代综合交通运输体系发展规划的通知	国发〔2021〕27号	稳步推进老旧小区、医院、学校、商业聚集区等区域公共停车设施建设，适度增加灵活便捷的道路班车配客站点
2021	国务院关于印发“十四五”国家老龄事业发展和养老服务体系规划的通知	国发〔2021〕35号	在城镇老旧小区改造中，统筹推进配套养老服务设施建设，通过补建、购置、置换、租赁、改造等方式，因地制宜补齐社区养老服务设施短板。推进公共环境无障碍和适老化改造
2021	国务院关于加快建立健全绿色低碳循环发展经济体系的指导意见	国发〔2021〕4号	结合城镇老旧小区改造推动社区基础设施绿色化和既有建筑节能改造
2021	国务院关于印发“十四五”残疾人保障和发展规划的通知	国发〔2021〕10号	城市更新行动、城镇老旧小区改造和居住社区建设中统筹推进无障碍设施建设和改造
2021	国务院关于落实《政府工作报告》重点工作分工的意见	国发〔2021〕6号	政府投资更多向惠及面广的民生项目倾斜，新开工改造城镇老旧小区5.3万个，提升县城公共服务水平
2020	国务院办公厅关于加强全民健身场地设施建设发展群众体育的意见	国办发〔2020〕36号	紧密结合城镇老旧小区改造，统筹建设社区健身设施
2020	国务院关于深入开展爱国卫生运动的意见	国发〔2020〕15号	持续抓好城市老旧小区环境卫生管理

续表

年份	文件名称	文件编号	老旧小区相关内容
2020	国务院办公厅转发国家发展改革委等部门关于加快推进快递包装绿色转型意见的通知	国办函〔2020〕115 号	结合智慧城市、智慧社区建设在社区、高校、商务中心等场所，规划建设一批快递共配终端和可循环快递包装回收设施
2020	国务院办公厅转发国家发展改革委等部门关于清理规范城镇供水供电供气供暖行业收费促进行业高质量发展意见的通知	国办函〔2020〕129 号	城镇老旧小区水电气暖改造工程费用，可通过政府补贴、企业自筹、用户出资等方式筹措
2020	国务院办公厅关于印发新能源汽车产业发展规划（2021—2035 年）的通知	国办发〔2020〕39 号	结合老旧小区改造、城市更新等工作，引导多方联合开展充电设施建设运营，支持居民区多车一桩、临近车位共享等合作模式发展
2020	国务院办公厅关于促进养老托育服务健康发展的意见	国办发〔2020〕52 号	在城市居住社区建设补短板和城镇老旧小区改造中统筹推进养老托育服务设施建设，鼓励地方探索将老旧小区中的国企房屋和设施以适当方式转交政府集中改造利用。城镇老旧小区改造加装电梯。加强母婴设施配套。老年人居家适老化改造
2020	国务院关于落实《政府工作报告》重点工作部门分工的意见	国发〔2020〕6 号	新开工改造城镇老旧小区 3.9 万个，支持管网改造、加装电梯等，发展居家养老、用餐、保洁等多样社区服务
2019	国务院关于进一步做好稳就业工作的意见	国发〔2019〕28 号	实施城镇老旧小区改造、棚户区改造、农村危房改造等工程，支持城市停车场设施建设，加快国家物流枢纽网络建设
2019	国务院办公厅关于加快发展流通促进商业消费的意见	国办发〔2019〕42 号	有条件的地区可纳入城镇老旧小区改造范围，给予财政支持，并按规定享受有关税费优惠政策。鼓励社会组织提供社会服务
2019	国务院办公厅关于推进养老服务发展的意见	国办发〔2019〕5 号	促进养老服务基础设施建设。实施老年人居家适老化改造工程。有条件的地方可积极引导城乡老年人家庭进行适老化改造，根据老年人社会交往和日常生活需要，结合老旧小区改造等因地制宜实施
2019	国务院办公厅关于印发全国深化“放管服”改革优化营商环境电视电话会议重点任务分工方案的通知	国办发〔2019〕39 号	大力发展服务业，采用政府和市场多元化投入的方式，引导鼓励更多社会资本进入服务业，扩大服务业对外开放，结合城镇老旧小区改造，大力发展养老、托幼、家政和“互联网 + 教育”、“互联网 + 医疗”等服务，有效增加公共服务供给、提高供给质量，更好满足人民群众需求
2015	国务院办公厅关于推进海绵城市建设的指导意见	国办发〔2015〕75 号	老城区要结合城镇棚户区和城乡危房改造、老旧小区有机更新等，以解决城市内涝、雨水收集利用、黑臭水体治理为突破口，推进区域整体治理

附件 2.5　老旧小区改造中央有关文件汇总（附表 13）

附表 13

年份	文件名称	颁布时间	相关内容
2022	中共中央办公厅 国务院办公厅印发《关于推进以县城为重要载体的城镇化建设的意见》	2022/5/6	推动老旧小区改造。结合老旧小区改造，统筹推动老旧厂区、老旧街区、城中村改造
2021	中共中央办公厅 国务院办公厅印发《关于推动城乡建设绿色发展的意见》	2021/10/21	推进既有建筑绿色化改造，鼓励与城镇老旧小区改造、农村危房改造、抗震加固等同步实施
2021	中共中央 国务院关于加强新时代老龄工作的意见	2021/11/24	打造老年宜居环境。实施无障碍和适老化改造。实施“智慧助老”行动
2021	中共中央 国务院印发《国家标准化发展纲要》	2021/10/10	老旧小区改造标准化建设
2021	中共中央 国务院印发《成渝地区双城经济圈建设规划纲要》	2021/10/21	开展城市体检，查找城市规划建设管理存在的风险和问题，探索可持续的城市更新模式，有序推进老旧小区、老旧厂区、老旧街区及城中村改造
2021	中共中央 国务院关于支持浙江高质量发展建设共同富裕示范区的意见	2021/6/10	全面推进城镇老旧小区改造和社区建设，提升农房建设质量，加强农村危房改造
2021	中共中央 国务院关于支持浦东新区高水平改革开放打造社会主义现代化建设引领区的意见	2021/7/15	与老城区联动，统筹推进浦东城市老旧小区改造，加快老旧小区改造
2020	中共中央 国务院关于对《首都功能核心区控制性详细规划（街区层面）（2018 年— 2035 年）》的批复	2020/8/27	常抓不懈开展背街小巷环境精细化整治提升，分类推进老旧小区综合整治，重点抓好物业管理、加装电梯、居家养老、便民设施等工作，探索更新改造新模式，引入社会资本参与。全面提升老旧小区健康安全标准
2020	中共中央关于制定国民经济和社会发展第十四个五年规划和二〇三五年远景目标的建议	2020/11/3	强化历史文化保护、塑造城市风貌，加强城镇老旧小区改造和社区建设，增强城市防洪排涝能力，建设海绵城市、韧性城市
2018	中共中央 国务院关于完善促进消费体制机制 进一步激发居民消费潜力的若干意见	2018/9/20	加强城市供水、污水和垃圾处理以及北方地区供暖等设施建设和改造，加大城市老旧小区加装电梯等适老化改造力度
2017	中共中央　国务院关于加强和完善城乡社区治理的意见	2017/6/12	探索在无物业管理的老旧小区依托社区居民委员会实行自治管理
2016	中共中央 国务院关于进一步加强城市规划建设管理工作的若干意见	2016/2/21	通过维护加固老建筑、改造利用旧厂房、完善基础设施等措施，恢复老城区功能和活力。建设地下综合管廊，老城区要结合地铁建设、河道治理、道路整治、旧城更新、棚户区改造等，逐步推进地下综合管廊建设

附件 2.6 老旧小区改造关键性文件

附件 2.6.1 关于全面推进城镇老旧小区改造工作的指导意见

国务院办公厅关于全面推进城镇老旧小区改造工作的指导意见

国办发〔2020〕23 号

各省、自治区、直辖市人民政府，国务院各部委、各直属机构：

城镇老旧小区改造是重大民生工程和发展工程，对满足人民群众美好生活需要、推动惠民生扩内需、推进城市更新和开发建设方式转型、促进经济高质量发展具有十分重要的意义。为全面推进城镇老旧小区改造工作，经国务院同意，现提出以下意见：

一、总体要求

（一）指导思想。以习近平新时代中国特色社会主义思想为指导，全面贯彻党的十九大和十九届二中、三中、四中全会精神，按照党中央、国务院决策部署，坚持以人民为中心的发展思想，坚持新发展理念，按照高质量发展要求，大力改造提升城镇老旧小区，改善居民居住条件，推动构建“纵向到底、横向到边、共建共治共享”的社区治理体系，让人民群众生活更方便、更舒心、更美好。

（二）基本原则。

——坚持以人为本，把握改造重点。从人民群众最关心最直接最现实的利益问题出发，征求居民意见并合理确定改造内容，重点改造完善小区配套和市政基础设施，提升社区养老、托育、医疗等公共服务水平，推动建设安全健康、设施完善、管理有序的完整居住社区。

——坚持因地制宜，做到精准施策。科学确定改造目标，既尽力而为又量力而行，不搞“一刀切”、不层层下指标；合理制定改造方案，体现小区特点，杜绝政绩工程、形象工程。

——坚持居民自愿，调动各方参与。广泛开展“美好环境与幸福生活共同缔造”活动，激发居民参与改造的主动性、积极性，充分调动小区关联单位和社会力量支持、参与改造，实现决策共谋、发展共建、建设共管、效果共评、成果共享。

——坚持保护优先，注重历史传承。兼顾完善功能和传承历史，落实历史建筑保护修缮要求，保护历史文化街区，在改善居住条件、提高环境品质的同时，展现城市特色，延续历史文脉。

——坚持建管并重，加强长效管理。以加强基层党建为引领，将社区治理能力建设融入改造过程，促进小区治理模式创新，推动社会治理和服务重心向基层下移，完善小区长效管理机制。

（三）工作目标。2020年新开工改造城镇老旧小区3.9万个，涉及居民近700万户；到2022年，基本形成城镇老旧小区改造制度框架、政策体系和工作机制；到“十四五”期末，结合各地实际，力争基本完成2000年底前建成的需改造城镇老旧小区改造任务。

二、明确改造任务

（一）明确改造对象范围。城镇老旧小区是指城市或县城（城关镇）建成年代较早、失养失修失管、市政配套设施不完善、社区服务设施不健全、居民改造意愿强烈的住宅小区（含单栋住宅楼）。各地要结合实际，合理界定本地区改造对象范围，重点改造2000年底前建成的老旧小区。

（二）合理确定改造内容。城镇老旧小区改造内容可分为基础类、完善类、提升类3类。

1.基础类。为满足居民安全需要和基本生活需求的内容，主要是市政配套基础设施改造提升以及小区内建筑物屋面、外墙、楼梯等公共部位维修等。其中，改造提升市政配套基础设施包括改造提升小区内部及与小区联系的供水、排水、供电、弱电、道路、供气、供热、消防、安防、生活垃圾分类、移动通信等基础设施，以及光纤入户、架空线规整（入地）等。

2.完善类。为满足居民生活便利需要和改善型生活需求的内容，主要是环境及配套设施改造建设、小区内建筑节能改造、有条件的楼栋加装电梯等。其中，改造建设环境及配套设施包括拆除违法建设，整治小区及周边绿化、照明等环境，改造或建设小区及周边适老设施、无障碍设施、停车库（场）、电动自行车及汽车充电设施、智能快件箱、智能信包箱、文化休闲设施、体育健身设施、物业用房等配套设施。

3.提升类。为丰富社区服务供给、提升居民生活品质、立足小区及周边实际条件积极推进的内容，主要是公共服务设施配套建设及其智慧化改造，包括改造或建设小区及周边的社区综合服务设施、卫生服务站等公共卫生设施、幼儿园等教育设施、周界防护等智能感知设施，以及养老、托育、助餐、家政保洁、便民市场、便利店、邮政快递末端综合服务站等社区专项服务设施。

各地可因地制宜确定改造内容清单、标准和支持政策。

（三）编制专项改造规划和计划。各地要进一步摸清既有城镇老旧小区底数，建立项目储备库。区分轻重缓急，切实评估财政承受能力，科学编制城镇老旧小区改造规划和年度改造计划，不得盲目举债铺摊子。建立激励机制，优先对居民改造意愿强、参与积极性高的小区（包括移交政府安置的军队离退休干部住宅小区）实施改造。养老、文化、教育、卫生、托育、体育、邮政快递、社会治安等有关方面涉及城镇老旧小区的各类设施增设或改造计划，以及电力、通信、供水、排水、供气、供热等专业经营单位的相关管线改造计划，应主动与城镇老旧小区改造规划和计划有效对接，同步推进实施。国有企事业单位、军队所属城镇老旧小区按属地原则纳入地方改造规划和计划统一组织实施。

三、建立健全组织实施机制

（一）建立统筹协调机制。各地要建立健全政府统筹、条块协作、各部门齐抓共管的专门工作机制，明确各有关部门、单位和街道（镇）、社区职责分工，制定工作规则、责任清单和议事规程，形成工作合力，共同破解难题，统筹推进城镇老旧小区改造工作。

（二）健全动员居民参与机制。城镇老旧小区改造要与加强基层党组织建设、居民自治机制建设、社区服务体系建设有机结合。建立和完善党建引领城市基层治理机制，充分发挥社区党组织的领导作用，统筹协调社区居民委员会、业主委员会、产权单位、物业服务企业等共同推进改造。搭建沟通议事平台，利用“互联网＋共建共治共享”等线上线下手段，开展小区党组织引领的多种形式基层协商，主动了解居民诉求，促进居民形成共识，发动居民积极参与改造方案制定、配合施工、参与监督和后续管理、评价和反馈小区改造效果等。组织引导社区内机关、企事业单位积极参与改造。

（三）建立改造项目推进机制。区县人民政府要明确项目实施主体，健全项目管理机制，推进项目有序实施。积极推动设计师、工程师进社区，辅导居民有效参与改造。为专业经营单位的工程实施提供支持便利，禁止收取不合理费用。鼓励选用经济适用、绿色环保的技术、工艺、材料、产品。改造项目涉及历史文化街区、历史建筑的，应严格落实相关保护修缮要求。落实施工安全和工程质量责任，组织做好工程验收移交，杜绝安全隐患。充分发挥社会监督作用，畅通投诉举报渠道。结合城镇老旧小区改造，同步开展绿色社区创建。

（四）完善小区长效管理机制。结合改造工作同步建立健全基层党组织领导，社区居民委员会配合，业主委员会、物业服务企业等参与的联席会议机制，引导居民协商确定改造后小区的管理模式、管理规约及业主议事规则，共同维护改造成果。建立健全城镇老旧小区住宅专项维修资金归集、使用、续筹机制，促进小区改造后维护更新进入良性轨道。

四、建立改造资金政府与居民、社会力量合理共担机制

（一）合理落实居民出资责任。按照谁受益、谁出资原则，积极推动居民出资参与改造，可通过直接出资、使用（补建、续筹）住宅专项维修资金、让渡小区公共收益等方式落实。研究住宅专项维修资金用于城镇老旧小区改造的办法。支持小区居民提取住房公积金，用于加装电梯等自住住房改造。鼓励居民通过捐资捐物、投工投劳等支持改造。鼓励有需要的居民结合小区改造进行户内改造或装饰装修、家电更新。

（二）加大政府支持力度。将城镇老旧小区改造纳入保障性安居工程，中央给予资金补助，按照“保基本”的原则，重点支持基础类改造内容。中央财政资金重点支持改造2000年底前建成的老旧小区，可以适当支持2000年后建成的老旧小区，但需要限定年限和比例。省级人民政府要相应做好资金支持。市县人民政府对城镇老旧小区改造给予资金支持，可以纳入国有住房出售收入存量资金使用范围；要统筹涉及住宅小区的各类资金用于城镇老旧小区改造，提高资金使用效率。支持各地通过发行地方政府专项债券筹措改造资金。

（三）持续提升金融服务力度和质效。支持城镇老旧小区改造规模化实施运营主体采取市场化方式，运用公司信用类债券、项目收益票据等进行债券融资，但不得承担政府融资职能，杜绝新增地方政府隐性债务。国家开发银行、农业发展银行结合各自职能定位和业务范围，按照市场化、法治化原则，依法合规加大对城镇老旧小区改造的信贷支持力度。商业银行加大产品和服务创新力度，在风险可控、商业可持续前提下，依法合规对实施城镇老旧小区改造的企业和项目提供信贷支持。

（四）推动社会力量参与。鼓励原产权单位对已移交地方的原职工住宅小区改造给予资金等支持。公房产权单位应出资参与改造。引导专业经营单位履行社会责任，出资参与小区改造中相关管线设施设备的改造提升；改造后专营设施设备的产权可依照法定程序移交给专业经营单位，由其负责后续维护管理。通过政府采购、新增设施有偿使用、落实资产权益等方式，吸引各类专业机构等社会力量投资参与各类需改造设施的设计、改造、运营。支持规范各类企业以政府和社会资本合作模式参与改造。支持以“平台＋创业单元”方式发展养老、托育、家政等社区服务新业态。

（五）落实税费减免政策。专业经营单位参与政府统一组织的城镇老旧小区改造，对其取得所有权的设施设备等配套资产改造所发生的费用，可以作为该设施设备的计税基础，按规定计提折旧并在企业所得税前扣除；所发生的维护管理费用，可按规定计入企业当期费用税前扣除。在城镇老旧小区改造中，为社区提供

养老、托育、家政等服务的机构，提供养老、托育、家政服务取得的收入免征增值税，并减按90%计入所得税应纳税所得额；用于提供社区养老、托育、家政服务的房产、土地，可按现行规定免征契税、房产税、城镇土地使用税和城市基础设施配套费、不动产登记费等。

五、完善配套政策

（一）加快改造项目审批。各地要结合审批制度改革，精简城镇老旧小区改造工程审批事项和环节，构建快速审批流程，积极推行网上审批，提高项目审批效率。可由市县人民政府组织有关部门联合审查改造方案，认可后由相关部门直接办理立项、用地、规划审批。不涉及土地权属变化的项目，可用已有用地手续等材料作为土地证明文件，无需再办理用地手续。探索将工程建设许可和施工许可合并为一个阶段，简化相关审批手续。不涉及建筑主体结构变动的低风险项目，实行项目建设单位告知承诺制的，可不进行施工图审查。鼓励相关各方进行联合验收。

（二）完善适应改造需要的标准体系。各地要抓紧制定本地区城镇老旧小区改造技术规范，明确智能安防建设要求，鼓励综合运用物防、技防、人防等措施满足安全需要。及时推广应用新技术、新产品、新方法。因改造利用公共空间新建、改建各类设施涉及影响日照间距、占用绿化空间的，可在广泛征求居民意见基础上一事一议予以解决。

（三）建立存量资源整合利用机制。各地要合理拓展改造实施单元，推进相邻小区及周边地区联动改造，加强服务设施、公共空间共建共享。加强既有用地集约混合利用，在不违反规划且征得居民等同意的前提下，允许利用小区及周边存量土地建设各类环境及配套设施和公共服务设施。其中，对利用小区内空地、荒地、绿地及拆除违法建设腾空土地等加装电梯和建设各类设施的，可不增收土地价款。整合社区服务投入和资源，通过统筹利用公有住房、社区居民委员会办公用房和社区综合服务设施、闲置锅炉房等存量房屋资源，增设各类服务设施，有条件的地方可通过租赁住宅楼底层商业用房等其他符合条件的房屋发展社区服务。

（四）明确土地支持政策。城镇老旧小区改造涉及利用闲置用房等存量房屋建设各类公共服务设施的，可在一定年期内暂不办理变更用地主体和土地使用性质的手续。增设服务设施需要办理不动产登记的，不动产登记机构应依法积极予以办理。

六、强化组织保障

（一）明确部门职责。住房城乡建设部要切实担负城镇老旧小区改造工作的组织协调和督促指导责任。各有关部门要加强政策协调、工作衔接、调研督导，及时发现新情况新问题，完善相关政策措施。研究对城镇老旧小区改造工作成效显著的地区给予有关激励政策。

（二）落实地方责任。省级人民政府对本地区城镇老旧小区改造工作负总责，要加强统筹指导，明确市县人民政府责任，确保工作有序推进。市县人民政府要落实主体责任，主要负责同志亲自抓，把推进城镇老旧小区改造摆上重要议事日程，以人民群众满意度和受益程度、改造质量和财政资金使用效率为衡量标准，调动各方面资源抓好组织实施，健全工作机制，落实好各项配套支持政策。

（三）做好宣传引导。加大对优秀项目、典型案例的宣传力度，提高社会各界对城镇老旧小区改造的认识，着力引导群众转变观念，变“要我改”为“我要改”，形成社会各界支持、群众积极参与的浓厚氛围。要准确解读城镇老旧小区改造政策措施，及时回应社会关切。

国务院办公厅

2020年7月10日

（此件公开发布）

住房和城乡建设部办公厅 国家发展改革委办公厅 关于进一步明确城市燃气管道等老化更新改造工作要求的通知

建办城函〔2022〕336号

各省、自治区住房和城乡建设厅、发展改革委，北京市城市管理委、水务局、发展改革委，天津市城市管理委、水务局、发展改革委，上海市住房和城乡建设管委、水务局、发展改革委，重庆市住房和城乡建设委、经济和信息化委、城市管理局、发展改革委，海南省水务厅，各计划单列市住房和城乡建设部门、发展改革委，新疆生产建设兵团住房和城乡建设局、发展改革委：

国务院办公厅印发《城市燃气管道等老化更新改造实施方案（2022—2025年）》以来，各地高度重视，积极部署推进更新改造各项工作。为扎实推进城市燃气管道等老化更新改造，统筹发展和安全，保障城市安全有序运行，满足人民群众美好生活需要，现就有关要求通知如下：

一、把牢底线要求，确保更新改造工作安全有序

（一）健全机制。健全政府统筹、条块协作、齐抓共管的工作机制，明确市、县各有关部门、单位和街道（城关镇）、社区和专业经营单位职责分工，明确工作规则、责任清单和议事规程，确保形成工作合力。

（二）编制方案。在开展城市燃气等管道和设施普查、科学评估等基础上，抓紧制定印发本省份和城市（县）燃气、供水、排水、供热管道老化更新改造方案，原则上于2022年10月底前完成省级方案制定。各城市（县）应明确改造项目清单和分年度改造计划，要在掌握老化管道和设施底数基础上，建立更新改造台账，确保存在安全隐患的燃气管道和设施全部纳入台账管理、应改尽改。严禁普查评估走过场，违法出具失实报告。

（三）科学推进。要区分轻重缓急，合理安排改造规模、节奏、时序，不搞“一

刀切”，不层层下指标，避免“运动式”改造。要从当地实际出发，合理确定年度改造计划，尽力而为、量力而行，系统谋划各类管道更新改造工作，确保整体协同。严禁以城市燃气管道等老化更新改造为名，随意破坏老建筑、砍伐老树等。

（四）用好资金。落实燃气等专业经营单位出资责任，加快建立更新改造资金由专业经营单位、政府、用户合理共担机制。各地要提前谋划下一年度改造计划，落实更新改造项目，变“钱等项目”为“项目等钱”；要完善机制、堵塞漏洞、加强监管，提高资金使用效率，确保资金使用安全。城市燃气管道等老化更新改造涉及的中央预算内投资补助、基础设施投资基金等，要严格按有关规定使用，严禁截留、挪用。

（五）加快审批。精简城市燃气管道等老化更新改造涉及的审批事项和环节，开辟绿色通道，健全快速审批机制。城市政府可组织有关部门联合审查改造方案，认可后由相关部门依法直接办理相关审批手续。

（六）规范施工。推动片区内各类管道协同改造，在全面摸清地下各类管线种类、规模、位置关系等情况的前提下，合理确定施工方案，同步推进城市燃气、供水、供热、排水管道更新改造，避免改造工程碎片化，造成重复开挖、“马路拉链”、多次扰民等。坚决防止在施工过程中，因不当不慎操作破坏燃气等管道引发事故，坚决防止过度或不必要的“破墙打洞”。

（七）确保安全。完善城市燃气管道等老化更新改造事中事后质量安全监管机制，建立工程质量安全抽检巡检、信用管理及失信惩戒等机制，压实各参建单位工程质量和施工安全责任。

（八）加强运维。严格落实专业经营单位运维养护主体责任和城市（县）政府有关部门监管责任，结合更新改造加快完善管道设施运维养护长效机制。要督促专业经营单位加强运维养护能力建设，完善资金投入机制，定期开展检查、巡查、检测、维护，及时发现和消除安全隐患；健全应急抢险机制，提升迅速高效处置突发事件能力。

（九）用户参与。督促指导街道、社区落实在推动城市燃气管道等老化更新改造中的职责，健全动员居民和工商业用户参与改造机制，发动用户参与改造方案制定、配合施工、过程监督等。

（十）及时整改。建立群众诉求及时响应机制，有关市、县应及时核查整改审计、国务院大督查发现和信访、媒体等反映的问题。确有问题且未按规定及时整改到位的，视情况取消申报下一年度更新改造计划资格。

二、聚焦难题攻坚，统筹推进更新改造工作

（一）将市政基础设施作为有机生命体，结合城市燃气管道等老化更新改造，建立“定期体检发现问题、及时改造解决问题”的机制，加强全生命周期管理，确保安全稳定运行，提升硬件质量、韧性水平和全生命周期运行效益。

（二）将城市燃气管道等老化更新改造作为实施城市更新行动的重要内容，在地上地下开发建设统筹上下功夫，加强与城镇老旧小区改造、城市道路桥梁改造建设、综合管廊建设等项目的协同精准，补短板、强弱项，着力提高城市发展持续性、宜居性。

（三）按照尽力而为、量力而行的原则，落实地方出资责任，加大燃气等城市管道和设施老化更新改造投入。有条件的地方应当通过争取地方政府专项债券、政策性开发性金融工具、政策性开发性银行贷款等，多渠道筹措更新改造资金。

（四）对城市燃气管道等老化更新改造涉及的道路开挖修复、园林绿地补偿等，应按照“成本补偿”原则，合理确定收费水平，不应收取惩罚性费用。应对燃气等城市管道老化更新改造涉及的占道施工等行政事业性收费和城市基础设施配套费等政府性基金予以减免。

（五）结合更新改造，同步对燃气管道重要节点安装智能化感知设施，完善燃气等管道监管系统，实现城市燃气等管网和设施动态监管、互联互通、数据共享，同步推进用户端加装安全装置。鼓励将燃气等管道监管系统与城市市政基础设施综合管理信息平台、城市信息模型（CIM）等基础平台深度融合。

（六）加强城市燃气等管道老化更新改造相关产品、器具、设备质量监管，强化源头管控。推广应用新设备、新技术、新工艺，从源头提升燃气等管道和设施本质安全以及信息化、智能化建设运行水平。

（七）城市燃气、供水、供热管道老化更新改造投资、维修以及安全生产费用等，根据政府制定价格成本监审办法有关规定核定，相关成本费用计入定价成本。在成本监审基础上，综合考虑当地经济发展水平和用户承受能力等因素，按照相关规定适时适当调整供气、供水、供热价格；对应调未调产生的收入差额，可分摊到未来监管周期进行补偿。

（八）结合更新改造，引导专业经营单位承接非居民用户所属燃气等管道和设施的运维管理；对于业主共有燃气等管道和设施，更新改造后可依法移交给专业经营单位，由其负责后续运营维护和更新改造。

（九）结合更新改造，严格燃气经营许可证管理，完善准入条件，设立清出机制，切实加强对燃气企业监管。推进燃气等行业兼并重组，确保完成老化更新改造任务，促进燃气市场规模化、专业化发展。

（十）结合更新改造，加快推进城市地下管线管理立法工作，因地制宜细化管理要求，切实加强违建拆除执法，加快解决第三方施工破坏、违规占压、安全间距不足、地下信息难以共享等城市管道保护突出问题。

三、兼顾需要与可能，合理安排2023年更新改造计划任务

各地要坚决贯彻落实党中央、国务院有关决策部署，全面把握新时代新征程

党和国家事业发展新要求、人民群众新期待，统筹发展和安全，坚持靠前发力、适当加力、接续用力，进一步加大城市燃气管道等老化更新改造推进力度，加快改善居民居住条件，加强市政基础设施体系化建设，保障安全运行，提升城市安全韧性，让人民群众生活更安全、更舒心、更温馨。

要坚持尽力而为、量力而行，按照“实施一批、谋划一批、储备一批”，尽快自下而上研究确定2023年城市燃气管道等老化更新改造计划，更有针对性做好项目储备和资金需求申报工作，变“钱等项目”为“项目等钱”。要坚持早部署、早安排、早实施，2023年计划改造项目应于2022年启动项目立项审批、改造资金筹措等前期工作。

各省（区、市）行业主管部门要会同发展改革等有关部门单位，组织市、县抓紧研究提出本地区2023年城市燃气、供水、供热、排水管道等老化更新改造计划任务及项目清单，汇总填写《2023年城市燃气管道等老化更新改造计划表》（见附件），报经省级人民政府同意后，于2022年10月20日前分别报住房和城乡建设部、国家发展改革委。各省（区、市）城市燃气管道等老化更新改造计划任务应符合党中央、国务院决策部署，符合统筹发展和安全需要，确实在当地财政承受能力、组织实施能力范围之内，坚决防止盲目举债铺摊子、增加政府隐性债务。

四、其他要求

（一）畅通信息沟通机制。各地要建立城市燃气管道等老化更新改造信息沟通机制，及时解决群众反映的问题、改进工作中的不足。要做好宣传引导工作，全面客观报道城市燃气管道等老化更新改造作为民生工程、发展工程的工作进展及其成效，提高社会各界对更新改造工程的认识。

（二）建立巡回调研机制。住房和城乡建设部将组织相关部门、行业专家，组成巡回调研指导工作组，聚焦破解难题，加强对各地的调研指导。各省（区、市）住房和城乡建设部门可会同发展改革部门结合本地区实际，建立相应的巡回调研指导机制，加强对市、县的指导。

（三）建立经验交流机制。住房和城乡建设部将对工作成效显著的省份，重点总结其可复制可推广的经验做法、政策机制；对工作进展有差距的省份，重点开展帮扶指导，帮助其健全机制、完善政策、明确措施。

附件 2.6.3　关于进一步明确城镇老旧小区改造工作要求的通知

住房和城乡建设部办公厅　国家发展改革委办公厅 财政部办公厅关于进一步明确城镇老旧小区改造工作要求的通知

建办城〔2021〕50号

各省、自治区住房和城乡建设厅、发展改革委、财政厅，直辖市住房和城乡建设（管）委、发展改革委、财政局，新疆生产建设兵团住房和城乡建设局、发展改革委、财政局：

城镇老旧小区改造是党中央、国务院高度重视的重大民生工程和发展工程。《国务院办公厅关于全面推进城镇老旧小区改造工作的指导意见》（国办发〔2020〕23号）印发以来，各地加快推进城镇老旧小区改造，帮助一大批老旧小区居民改善了居住条件和生活环境，解决了不少群众“急难愁盼”问题，但不少地方工作中仍存在改造重“面子”轻“里子”、政府干群众看、改造资金主要靠中央补助、施工组织粗放、改造实施单元偏小、社会力量进入困难、可持续机制建立难等问题，城镇老旧小区改造既是民生工程、也是发展工程的作用还没有充分激发。为扎实推进城镇老旧小区改造，既满足人民群众美好生活需要、惠民生扩内需，又推动城市更新和开发建设方式转型，现就有关要求通知如下：

一、把牢底线要求，坚决把民生工程做成群众满意工程

（一）市、县应建立政府统筹、条块协作、各部门齐抓共管的专门工作机制，明确工作规则、责任清单和议事规程，形成工作合力，避免把城镇老旧小区改造简单作为建设工程推进。

（二）各地确定年度改造计划应从当地实际出发，尽力而为、量力而行，不层层下指标，不搞“一刀切”。严禁将不符合当地城镇老旧小区改造对象范围条件的小区纳入改造计划。严禁以城镇老旧小区改造为名，随意拆除老建筑、搬迁居民、砍伐老树。

（三）各地确定改造计划不应超过当地资金筹措能力、组织实施能力，坚决防止财政资金大包大揽，坚决防止盲目举债铺摊子、增加政府隐性债务。各地应加快财政资金使用进度，摸清本地区待改造城镇老旧小区底数，建立改造项目储备

库，提前谋划改造项目，统筹安排改造时序，变“钱等项目”为“项目等钱”。城镇老旧小区改造中央补助资金应严格按有关规定使用，严禁截留、挪用。

（四）各地应督促引导电力、通信、供水、排水、供气、供热等专业经营单位履行社会责任，将老旧小区需改造的水电气热信等配套设施优先纳入本单位专营设施年度更新改造计划，并主动与城镇老旧小区改造年度计划做好衔接。项目开工改造前，市、县应就改造水电气热信等设施，形成统筹施工方案，避免反复施工、造成扰民。

（五）市、县制定城镇老旧小区改造方案之前，应对小区配套设施短板及安全隐患进行摸底排查，并按照应改尽改原则，将存在安全隐患的排水、燃气等老旧管线，群众意愿强烈的配套设施和公共服务设施，北方采暖地区建筑节能改造等作为重点内容优先列为改造内容。

（六）市、县应明确街道、社区在推动城镇老旧小区改造中的职责分工，并与加强基层党组织建设、居民自治机制建设、社区服务体系建设相结合，加快健全动员居民参与改造机制，发动居民参与改造方案制定、配合施工、参与过程监督和后续管理、评价与反馈小区改造效果等。

（七）居民对小区实施改造形成共识的，即参与率、同意率达到当地规定比例的，方可纳入改造计划；改造方案应经法定比例以上居民书面（线上）表决同意后，方可开工改造。

（八）居民就结合改造工作同步完善小区长效管理机制形成共识的，方可纳入改造计划。居民对改造后的物业管理模式、缴纳必要的物业服务费用等，集体协商形成共识并书面（线上）确认的，方可开工改造。

（九）各地应完善城镇老旧小区改造事中事后质量安全监管机制。应完善施工安全防范措施，建立工程质量安全抽检巡检制度，明确改造工程验收移交规定，确保施工安全和工程质量；应建立健全改造工程质量回访、保修制度以及质量问题投诉、纠纷协调处理机制，健全改造工程质量安全信用管理及失信惩戒机制，压实各参建单位质量安全责任。

（十）有关市、县应及时核查整改审计、国务院大督查发现的问题。未按规定及时整改到位的，视情况取消申报下一年度改造计划资格。

二、聚焦难题攻坚，发挥城镇老旧小区改造发展工程作用

（一）市、县应当结合改造完善党建引领城市基层治理机制。鼓励结合城镇老旧小区改造成立小区党组织、业主委员会，搭建居民沟通议事平台，利用“互联网＋共建共治共享”等线上手段，提高居民协商议事效率。鼓励下沉公共服务和社会管理资源，按照有关规定探索适宜改造项目的招投标、奖励等机制。

（二）市、县应当推进相邻小区及周边地区联动改造。结合城市更新行动、完整居住社区建设等，积极推进相邻小区及周边地区联动改造、整个片区统筹改造，

加强服务设施、公共空间共建共享，推动建设安全健康、设施完善、管理有序的完整居住社区。鼓励各地结合城镇老旧小区改造，同步开展绿色社区创建，促进居住社区品质提升。

（三）鼓励市、县以改造为抓手加快构建社区生活圈。在确定城镇老旧小区改造计划之前，应以居住社区为单元开展普查，摸清各类设施和公共活动空间建设短板，以及待改造小区及周边地区可盘活利用的闲置房屋资源、空闲用地等存量资源，并区分轻重缓急，在改造中有针对性地配建居民最需要的养老、托育、助餐、停车、体育健身等各类设施，加强适老及适儿化改造、无障碍设施建设，解决“一老一小”方面难题。

（四）市、县应当多渠道筹措城镇老旧小区改造资金。积极通过落实专业经营单位责任、将符合条件的城镇老旧小区改造项目纳入地方政府专项债券支持范围、吸引社会力量出资参与、争取信贷支持、合理落实居民出资责任等渠道，落实资金共担机制，切实提高财政资金使用效益。

（五）鼓励市、县吸引培育城镇老旧小区改造规模化实施运营主体。鼓励通过政府采购、新增设施有偿使用、落实资产权益等方式，在不新增地方政府隐性债务的前提下，吸引培育各类专业机构等社会力量，全链条参与改造项目策划、设计、融资、建设、运营、管理。支持规范规模化实施运营主体以市场化运作方式，充分挖掘运营社区服务等改造项目收益点，通过项目后续长期运营收入平衡改造投入，实现可持续。

（六）市、县应当推动提升金融服务力度和质效。鼓励与各类金融机构加强协作，加快产品和服务创新，共同探索适合改造需要的融资模式，为符合条件的城镇老旧小区整体改造项目，以及水电气热信等专项改造项目，提供金融支持。鼓励金融机构为专业机构以市场化方式投资运营的加装电梯、建设停车设施项目，以及以“平台＋创业单元”方式发展养老、托育、家政等社区服务新业态项目提供信贷支持。在不增加地方政府隐性债务的前提下，鼓励金融机构依法依规参与投资地方政府设立的城镇老旧小区改造等城市更新基金。

（七）各地应当加快构建适应存量改造的配套政策制度。积极构建适应改造需要的审批制度，明确审批事项、主体和办事程序等。鼓励因地制宜完善适应改造需要的标准体系。加快建立健全既有土地集约混合利用和存量房屋设施兼容转换的政策机制，为吸引社会力量参与、引入金融支持创造条件，促进城镇老旧小区改造可持续发展。

（八）鼓励市、县将改造后专营设施设备的产权依照法定程序移交给专业经营单位，由其负责后续维护管理，切实维护水电气热信等市政配套基础设施改造成果，守牢市政公用设施运行安全底线。

（九）市、县应当结合改造建立健全城镇老旧小区住宅专项维修资金归集、使用、续筹机制，促进小区改造后维护更新进入良性轨道。

（十）鼓励市、县积极引导小区居民结合改造同步对户内管线等进行改造，引导有条件的居民实施房屋整体装修改造，带动家装建材消费。

三、完善督促指导工作机制

（一）科学评价工作质量和效果。各地要对照底线要求，逐项排查改进工作中存在的问题；以推动高质量发展为目标，聚焦需攻坚的难题，借鉴先行地区经验做法，完善工作机制及政策体系，不断提升工作质量和效果。各地要以人民群众满意度和受益程度、改造质量和财政资金使用效率为衡量标准，科学评价本地区改造工作成效，形成激励先进、督促后进、以先进促后进的浓厚氛围；各地可参照城镇老旧小区改造工作衡量标准（见附件），统筹谋划各环节工作，扎实系统推进。

（二）建立巡回调研指导机制。住房和城乡建设部将组织相关部门、地区及行业专家，组成巡回调研指导工作组，聚焦破解发动居民参与共建、吸引社会力量参与、多渠道筹措资金、合理拓展改造实施单元、健全适应改造需要的制度体系等难题，加强对各地的调研指导，对部分工作成效显著的省份，重点总结其可复制可推广经验做法、政策机制；对部分工作进展有差距的省份，重点开展帮扶指导，帮助其健全机制、完善政策、明确措施。各省（区、市）可结合本地区实际，建立相应的巡回调研指导机制，加强对市、县的指导。

（三）健全激励先进、督促落后机制。城镇老旧小区改造工作成效评价结果作为安排下达中央财政补助资金的重要参考。对中央预算内投资执行较好的地方，给予适当奖励。将城镇老旧小区改造工作纳入国务院督查激励事项，以工作成效评价作为确定激励名单的重要依据。各省（区、市）住房和城乡建设、发展改革、财政等部门要加大督促指导力度，畅通投诉举报渠道，对发现市、县工作成效突出的，要及时总结上报好的经验做法，对督导检查、审计、信访、媒体等发现市、县存在违反底线要求的，要及时督促整改，问题严重的依法依规严肃处理。

（四）加强宣传引导。各地要加大城镇老旧小区改造工作宣传力度，注重典型引路、正面引导，全面客观报道城镇老旧小区改造作为民生工程、发展工程的工作进展及其成效，提高社会各界对城镇老旧小区改造的认识。要准确解读城镇老旧小区改造政策措施，加大对优秀项目、典型案例的宣传力度，营造良好舆论氛围。主动接受舆论监督，及时解决群众反映的问题、改进工作中的不足，积极回应社会关切，形成良性互动。

住房和城乡建设部办公厅
国家发展改革委办公厅
财政部办公厅
2021 年 12 月 14 日

附件 2.6.4　关于总结推广加强城镇老旧小区改造资金保障典型经验的通知

国家发展改革委办公厅关于总结推广加强城镇老旧小区改造资金保障典型经验的通知

发改办投资〔2021〕794号

各省、自治区、直辖市及计划单列市、新疆生产建设兵团发展改革委：

为贯彻落实国务院办公厅《关于全面推进城镇老旧小区改造工作的指导意见》（国办发〔2020〕23号），按照《关于用好中央预算内投资扎实推进城镇老旧小区改造工作的通知》（发改投资〔2020〕305号）和《关于加强城镇老旧小区改造配套设施建设的通知》（发改投资〔2021〕1275号）部署，加大相关政策宣传贯彻力度，推进各地方总结推广、交流借鉴、相互启发、共同发展，进一步加快推进城镇老旧小区改造工作，现建立加强城镇老旧小区改造资金保障典型经验交流借鉴制度。相关事项通知如下：

一、总结推广重点内容

请各地方对照相关政策要求，全面总结本地区加强城镇老旧小区改造资金保障的经验做法和典型案例，重点围绕以下内容：

（一）“项目化”推进城镇老旧小区改造，加大项目储备、前期推进和开工建设力度；

（二）充分发挥中央预算内投资引导作用，统筹地方财力优先用于保障城镇老旧小区改造，制定税费、土地等支持政策；

（三）发挥开发性、政策性银行等作用，商业银行以可持续方式加大金融支持；参与设立城市更新基金等；

（四）引入社会资本包括以小区、社区乃至街区为单位整体参与，专业承包单项或多项需改造设施，以及其他方式；

（五）落实专业经营单位出资责任，推动小区原产权单位出资，引导居民出资；

（六）充分利用低效土地、盘活存量房屋设施，依法合规简化用地、规划等审批程序；

（七）统筹加大排水设施、“一老一小”、停车、充电桩等设施建设，实现“一钱多用”；

（八）发挥党建引领作用，推行物业专业化管理，完善长效管理运维机制等。

二、总结推广具体形式

（一）向同级人民政府报送有关政务信息、工作专报等。

（二）通过各类既有信息渠道或新建信息渠道印发各地市进行交流借鉴。

（三）看得准的措施扎实、成效明显的加大对外宣传力度。

（四）通过召开现场会、推介会等形式进行推广交流。

（五）建章立制，总结形成相关文件印发实施等。

三、有关要求

（一）各地方上报或下发的相关文件、书面材料，请同步抄送国家发展改革委固定资产投资司。国家发展改革委对有关地方的好经验好做法，将开展宣传推广，上报政务信息，通过《发展改革情况通报》等印发各地交流借鉴。

（二）国家发展改革委将按季度定期组织各地方梳理报送总结推广情况并进行通报。请各地方于2021年12月前完成首次报送，2022年起每季度末定期报送最新总结推广情况，并将书面材料电子稿同步通过纵网邮箱报送我委投资司城建处，有关材料篇幅控制在3000字以内，主要包括以下方面内容：

1.进展情况。近年来特别是今年以来城镇老旧小区改造资金保障情况，重点是上述八方面重点内容形成的可复制可推广经验，并将相关具体案例作为附件；

2.资金保障等方面存在的问题和困难；

3.下一步工作举措以及政策建议。

城镇老旧小区改造是重大民生工程和发展工程，关乎人民群众生命财产安全，关乎满足人民群众美好生活需要，是“我为群众办实事”的一项生动实践。各省级发展改革部门要高度重视，会同有关部门进一步加强相关政策宣传贯彻，加大对市县的督促指导，及时总结推广好经验好做法，切实强化资金保障，全面推进城镇老旧小区改造工作。

国家发展改革委办公厅

2021年10月18日

附件 2.6.5　关于加强城镇老旧小区改造配套设施建设的通知

国家发展改革委 住房城乡建设部关于加强城镇老旧小区改造配套设施建设的通知

发改投资〔2021〕1275 号

各省、自治区、直辖市及计划单列市、新疆生产建设兵团发展改革委、住房和城乡建设厅（住房和城乡建设委、建设和交通委、建设局）：

加强城镇老旧小区改造配套设施建设，关乎人民群众生命财产安全，关乎满足人民群众美好生活需要，是“我为群众办实事”的一项生动实践。为贯彻落实党中央、国务院决策部署，加强城镇老旧小区改造配套设施建设与排查处理安全隐患相结合工作，现将有关要求通知如下：

一、加强项目储备

（一）进一步摸排城镇老旧小区改造配套设施短板和安全隐患。结合住房和城乡建设领域安全隐患排查整治工作，认真摸排 2000 年底前建成的需改造城镇老旧小区存在的配套设施短板，组织相关专业经营单位，联合排查燃气、电力、排水、供热等配套基础设施以及公共空间等可能存在的安全隐患；重点针对养老、托育、停车、便民、充电桩等设施，摸排民生设施缺口情况。

（二）科学编制年度改造计划。将安全隐患多、配套设施严重缺失、群众改造意愿强烈的城镇老旧小区，优先纳入年度改造计划，做到符合改造对象范围的老旧小区应入尽入。编制老旧小区改造方案时，把存在安全隐患的燃气、电力、排水、供热等设施，养老、托育、停车、便民、充电桩等民生设施，作为重点内容优先改造。

（三）规范履行审批程序。依法合规办理审批、核准、备案以及建设许可等手续。市县人民政府组织有关部门联合审查城镇老旧小区改造方案的，各相关部门应加强统筹、责任共担，避免顾此失彼；涉及燃气、电力、排水、供热等安全隐患改造内容，应确保安全审查不漏项。

二、强化资金保障

（四）政府投资重点保障。中央预算内投资全部用于城镇老旧小区改造配套设施建设项目。各地应统筹地方财力，重点安排消除城镇老旧小区各类安全隐患、提高排水防涝能力、完善养老托育设施、建设停车场和便民设施等城镇老旧小区配套设施改造内容。城镇老旧小区改造资金，积极支持消除安全隐患。

（五）落实专业经营单位责任。督促引导供水、排水、燃气、电力、供热等专业经营单位履行社会责任，将需改造的水电气热信等配套设施优先纳入年度更新改造计划，并主动与城镇老旧小区年度改造计划做好衔接；落实出资责任，优先安排老旧小区配套设施改造资金；落实安全责任，加强施工和运营维护力量保障，消除安全隐患。

（六）推动多渠道筹措资金。推动发挥开发性、政策性金融支持城镇老旧小区改造的重要作用，积极争取利用长期低成本资金，支持小区整体改造项目和水电气热等专项改造项目。鼓励金融机构参与投资地方政府设立的老旧小区改造等城市更新基金。对养老托育、停车、便民市场、充电桩等有一定盈利的改造内容，鼓励社会资本专业承包单项或多项。按照谁受益、谁出资原则，积极引导居民出资参与改造，可通过直接出资、使用（补建、续筹）住宅专项维修资金、让渡小区公共收益等方式落实。

三、加强事中事后监管

（七）加强项目实施工程质量安全监管。切实加强城镇老旧小区改造项目监管，项目行业主管部门严格落实日常监管责任，监管责任人应做到开工到现场、建设到现场、竣工到现场，发现问题督促及时解决。建设单位严格落实首要责任，严格按批复的建设内容和工期组织建设，保障工程项目质量安全；勘察设计单位应认真踏勘小区及周边设施情况，排查安全隐患，在改造方案中统筹治理；施工单位应严格按标准规范施工，确保施工质量和安全；监理单位应认真履行监理职责，特别是加强对相关设施安全改造的监督检查。

（八）强化项目建设统筹协调。将城镇老旧小区改造与城市更新以及排水、污水处理、燃气、电力等市政管网设施建设，养老、托育、停车等公共服务设施建设，体育彩票、福利彩票等各类专项资金支持建设的体育健身、无障碍等设施建设有机结合，统筹安排城镇老旧小区改造、防洪排涝、治污、雨水资源化利用、市政建设等工程，优化空间布局和建设时序，避免反复开挖。

（九）严格组织项目竣工验收。项目建成后，各级发展改革、住房和城乡建设部门应督促各有关方面，按照国家有关规定组织竣工验收，将安全质量作为竣工验收的重要内容。鼓励相关各方进行联合验收。安全质量达到规定要求的，方可通过竣工验收；安全质量未达到要求、仍存在隐患的要及时整改达标，否则不得通过竣工验收。

四、完善长效管理机制

（十）压实地方责任。各级城市（县）应切实履行安全管理主体责任，抓紧建立完善燃气、电力、排水、供热等市政设施管理制度。落实相关部门责任，按照职责开展安全监督检查。压实专业经营单位责任，按照有关规定开展安全巡查和设施管养。

（十一）充分发挥党建引领作用。推动建立党组织领导下的社区居委会、业主委员会、物业服务公司等广泛参与、共商事务、协调互动的社区管理新机制，推进社区基层治理体系和治理能力现代化，共同维护改造成果。

（十二）推行物业专业化管理。城镇老旧小区完成改造后，有条件的小区通过市场化方式选择专业化物业服务公司接管；引导将相关配套设施产权依照法定程序移交给专业经营单位，由其负责后续维护管理。建立健全住宅专项维修资金归集、使用及补建续筹制度。拓宽资金来源渠道，统筹公共设施经营收益等业主共有收入，保障城镇老旧小区后续管养资金需求。

五、其他事项

自2021年起，保障性安居工程中央预算内投资专项严格按照有关专项管理办法规定，支持小区内和小区周边直接相关的配套设施建设，不支持单独的城镇污水处理设施及配套管网建设。各地方要严格按要求将中央预算内投资分解落实到具体项目。2021年已分解落实的具体项目中，不符合要求的应及时调整并报国家发展改革委备案。

各级发展改革、住房和城乡建设部门要高度重视城镇老旧小区改造，加强城镇老旧小区改造配套设施建设与排查处理安全隐患相结合工作，强化项目全过程管理，强化事中事后监管，节约集约规范用好中央预算内投资，加快推进城镇老旧小区改造配套设施建设，切实提高人民群众安全感、获得感、幸福感。

特此通知。

国家发展改革委

住房城乡建设部

2021年9月2日

附件 2.6.6　城镇老旧小区改造可复制政策机制清单（扫二维码查看）

1. 住房和城乡建设部办公厅关于印发城镇老旧小区改造可复制政策机制清单（第一批）的通知

2. 住房和城乡建设部办公厅关于印发城镇老旧小区改造可复制政策机制清单（第二批）的通知

3. 住房和城乡建设部办公厅关于印发城镇老旧小区改造可复制政策机制清单（第三批）的通知

4. 住房和城乡建设部办公厅关于印发城镇老旧小区改造可复制政策机制清单（第四批）的通知

5. 住房和城乡建设部办公厅关于印发城镇老旧小区改造可复制政策机制清单（第五批）的通知

6. 住房和城乡建设部办公厅关于印发城镇老旧小区改造可复制政策机制清单（第六批）的通知

参考文献

[1] 曲直 . 城市老旧住宅改造设计研究——以北京前三门地区高层住宅群为例 [D]. 北京：清华大学，2011.

[2] 朱晨旖 . 老旧城区消防安全发展对策研究——以南昌市东湖区为例 [J]. 消防界（电子版），2022，8（7）：21-23.

[3] 程小红 . 消防形势依然严峻，建筑防火规范新体系创建迫在眉睫 [N]. 中国建设报，2020-12-17.

[4] 赵雪峰 . 城市老旧小区消防安全现状及防火对策研究 [J]. 中国住宅设施，2021（10）：57-58.

[5] 观研报告网 . 中国老旧小区改造行业发展趋势分析与投资前景研究报告（2022—2029年）[R/OL]. 2022. https：//www.chinabaogao.com/baogao/202205/594035.html.

[6] 吴彬 . 城市旧住宅区热网平衡与保温改造技术研究 [D]. 哈尔滨：哈尔滨工业大学，2011.

[7] 老房装修研究院 . 老房装修中的结构改造加固 [EB/OL]. 2019.https：//zhuanlan.zhihu.com/p/69839176.

[8] 黄榕江，曾强 . 夏热冬冷地区老旧小区外墙节能改造评价体系研究 [J]. 节能，2021，40（2）：9-11.

[9] 江苏省住房和城乡建设厅，江苏省城市规划设计研究院 . 江苏老旧小区改造（宜居住区创建）技术指南 [S]. 2021-4.

[10] 海南省住房和城乡建设厅 . 海南省城镇老旧小区改造技术导则（试行）[S]. 2020.

[11] 张佳丽 . 城镇老旧小区改造实用指导手册 [M]. 北京：中国建筑工业出版社 .2021：454-469.

[12] 张朝旭，王清勤 . 既有建筑综合改造工程实例集 [M]. 北京：中国城市出版社，2012：243-250.

[13] 赵红梅 . 城市更新中的旧居住区改造模式研究——以长春为例 [D]. 长春：东北师范大学，2005.

[14] 民用建筑可靠性鉴定标准 GB 50292–1999[S].

[15] 既有建筑鉴定与加固通用规范 GB 55021–2021[S].

[16] 建筑灭火器配置设计规范 GB 50140–2005[S].

[17] 住宅区和住宅建筑内光纤到户通信设施工程设计规范 GB 50846–2012[S].

[18] 无障碍设施施工验收及维护规范 GB 50642–2011[S].

[19] 住宅小区供配电设施建设技术标准 DB 13（J）/T 8463–2022[S].

[20] 城镇燃气设计规范 GB 50028–2006[S].

[21] 建筑业高质量大发展 强基础惠民生创新路——党的十八大以来经济社会发展成就系列报告之四 [J]. 中国勘察设计，2022（10）: 8-11.

[22] 国务院办公厅 . 国务院办公厅关于全面推进城镇老旧小区改造工作的指导意见 [Z]. 2020: 11-15.

[23] 尹思南 . 英国北方传统历史街区更新利用政策研究 [J]. 住宅产业，2021（8）: 60-63.

[24] 尹伯悦，等 . 装配式建筑智能化系统综合技术及工程案例 [M]. 北京: 中国建筑工业出版社，2022.

[25] 住房和城乡建设部政策研究中心，北京筑福国际工程技术有限责任公司 . 既有建筑加层技术与政策研究 [M]. 北京: 中国建筑工业出版社，2013.

[26] 张景秋，刘欢，齐英茜，等 . 北京城市老年人居住环境及生活满意度分析 [J]. 地理科学进展，2015，34（12）: 1628-1636.

[27] 陈文，韩涵，李鹏，等 . 老旧小区住宅内部空间适老改造案例 [J]. 建筑与文化，2018（6）: 85-87.

[28] 彭典勇，贺祥宇，邹彦慧，等 . 既有居住建筑室内空间改造及装配式内装技术应用 [J]. 城市住宅，2020，27（1）: 16-22.